野生类

檵　木

中华绣线菊

细叶水团花

伞形绣球

兰香草

毛枝连蕊茶

光叶石楠

水团花

丛化柃

厚皮香

赤　楠

棣　棠

野珠兰

轮叶蒲桃野生

算盘子

绣球绣线菊

翅　柃

宁波溲疏

水马桑

庭　藤

短尾越橘

毛冬青

白棠子树

流苏树

草珊瑚

粉花绣线菊

微毛柃

蝴蝶戏珠花

鹅毛竹

细枝柃

隔药柃

江南越橘

石斑木

黄瑞木

秀丽野海棠

乌饭树

生产类

东方野扇花扦插苗

小叶乌饭随采随播苗出苗情况

小叶蚊母地栽苗

朱砂根仿生栽培

朱砂根容器苗

罗木石楠

钝齿冬青苗木

杜茎山扦插苗

应用类

杜茎山的应用

小叶蚊母的应用

臭牡丹的应用

算盘子野生苗的应用

紫金牛的应用

小叶蚊母的应用

轮叶蒲桃的应用

美丽胡枝子的应用

黄瑞木野生苗匠林的应用

朱砂根的应用

野生木本地被植物资源开发与应用

练发良 编著

中国林业出版社

图书在版编目(CIP)数据

野生木本地被植物资源开发与应用／练发良 编著. —北京：中国林业出版社，2010.8

ISBN 978-7-5038-5898-7

Ⅰ.①野… Ⅱ.①练… Ⅲ.①野生植物:木本植物:地被植物－植物资源－资源开发－浙江省 ②野生植物:木本植物:地被植物－植物资源－资源利用－浙江省 Ⅳ.①Q948.525.5

中国版本图书馆 CIP 数据核字(2010)第 161383 号

中国林业出版社·环境景观与园林园艺图书出版中心

责任编辑:于界芬

电话:83229512 **传真**:83227584

出版 中国林业出版社(100009 北京西城区刘海胡同 7 号)

网址 lycb.forestry.gov.cn

发行 新华书店北京发行所

印刷 北京地质印刷厂

版次 2010 年 9 月第 1 版

印次 2010 年 9 月第 1 次

开本 787mm×1092mm 1/16

印张 14.75 彩插 16

字数 273 千字

印数 1～2000 册

定价 40.00 元

序

FOREWORD

随着我国城市园林绿化建设的快速发展和绿化水平的不断提高，对地被植物使用要求不断提升，要求的种类多，品种全，数量也越来越大。近年来较重视从国外引进新品种，大种草坪，而对开发利用国内的木本地被植物却关注不够。其实木本地被植物比草本地被植物和草坪植物具有更多的优越性，如木本地被植物更耐干旱、成型速度快、高度可调性强、景观稳定性好、寿命又长、抗病虫等独特的优点。

中国是一个野生植物资源十分丰富的国家，被誉为“世界园林之母”。各地在选择地被植物时还应以乡土植物为主。我国野生植物种类繁多、适应性强、繁殖容易、养护成本低廉，使用乡土植物容易突出地方特色，避免千城一景的现象。全国不同区域都有大批值得开发利用的野生观赏植物资源，其中不乏优良的木本地被植物资源。但由于各种各样的原因，目前我国各地对野生木本地被植物资源的系统开发利用研究还比较少，大部分研究仅停留在资源调查等比较单一的层面上，真正能够开发成木本地被植物产品利用的更少，以致造成了我国木本地被植物多样性不高，特色乡土木本地被植物缺乏，大量野生木本地被植物资源浪费严重等问题，急需加强这方面的研究力度。

本书作者在浙江省科技厅等单位的支持下，为浙江省的野生木本地被植物资源的开发利用做了大量、扎实的研究工作，内容包括了野生资源调查、资源评价、类型划分、优质资源筛选与收集；进行生物学特性与生态适应性试验，摸索其繁育技术、园林应用的观察比较。研究较为系统、全面，筛选出一批具有较高开发利用价值的木本地被植物，部分资源已经得到市场的认可，正成为一些地方的重要木本地被植物在推广应用。

该书是一本既有理论又有很强实用价值的木本地被植物开发利用

方面的专著，也是作者多年研究和试验成果的结晶。该书的出版是对我国城市园林绿化事业做出的新的贡献。

本人深为这一研究团队的强烈的责任感、使命感和积极的探索创新精神所感动，对其所得的丰硕成果表示赞赏，欣然允作此序。望该书的出版对我国野生乡土地被植物的保护和开发利用产生积极的影响和更大的推动作用。

南京林业大学教授
木犀属品种国际登录权威　向其柏

2010年7月25日

前言

PREFACE

随着社会的发展，人们对环境的要求越来越高，如何营造景观丰富、群落稳定、生态功能完备的人居环境，已引起整个社会的普遍关注。植物是营造优良环境的重要元素和基础材料，不断增加园林植物种类和丰富园林景观是园林建设的永恒追求。随着审美观念的变化和环保意识的增强，人们对城市绿地的评判标准也逐渐成熟，对营造自然生态的需求更为迫切。具体表现在：①城市绿地中草坪面积所占比例受到明显限制，大力提倡用其他类型地被植物，特别是利用木本地被植物覆盖地面渐成趋势。②提倡多层次结构的密林式绿地，即生态型城市森林，促使有限的城市绿地发挥出最大的生态效益，在生态型城市森林建设中有两个技术非常关键，即倡导加密上层乔木和配植大量的耐荫林下地被植物。在城市绿地建设的这两种趋势中，都与地被植物的使用密切相关。由此可见，地被植物已经成为现代园林不可缺少的重要组成部分，它对保护和美化环境，丰富园林绿地景观，提高园林绿地的植物多样性具有重要意义。木本地被植物是园林地被植物的重要类型，它较其他类型地被植物，具有高度可调性强、成型速度快、景观稳定性好等诸多特点，在地被植物中具有特殊的地位。

城市绿地的景观多样性、功能多样性、立地条件多样性决定了地被植物也必须具备多样性，这一点已经得到了业界人士的普遍认可。在实际工作中，地被植物的繁殖和使用还存在许多问题。一是实际应用的地被植物种类偏少。在江浙等植物适生性强的地区，常用的地被植物也不过百余种，其中灌木地被占1/3，常用品种则更少，只有20多种，满足不了城市绿地植物多样性要求。二是使用的各类地被中，综合性能差，存在这样那样的问题。如常用灌木地被植物中，龟甲冬青抗热性不足，种在硬质界面上，夏季高温日灼严重，金叶女贞的叶斑病严重，杜鹃则杜鹃冠网蝽危害严重，火棘生长太快，树形易乱等等。三是对野生地被植物资源开发利用研究不足，导致特色乡土地被植物产品缺乏，野生资源浪费严重。这些问题，极不利于我国城市园林建设的植物多样化和特色化，也不利于我国园艺产业的健康发展。

近年来，我们针对园林地被植物生产应用研究中存在的问题，在浙江省科技厅、丽水市科技局和丽水市建设局的大力支持下，以浙江省为研究范围，以野生植物资源极为丰富的浙西南为重点研究区域，系统地开展了野生木本地被植物资源的调查、评价、类型划分、优质资源筛选与收集、生物学特性、生态适应性、繁育技术、园林应用等方面的研究，取得了一些阶段性成果，小叶蚊母等一些野生木本地被植物资源被成功繁育和利用，并逐步成为区域性的主要木本地被种类。

为了使我们的研究工作能够更好地为我国的园林建设和园艺产业发展服务，同时也为其他同志相关的研究提供一点借鉴和帮助，我们对数年来的研究情况进行整理，并在此基础上对27种野生木本地被植物资源作了分种介绍，以供相关研究人员、园林设计人员、园林施工人员和苗木生产人员参考使用。

全书共分7章，第1章绪论由练发良、何小勇、刘跃钧、陈建洪撰写；第2章由练发良、葛永金、雷珍撰写；第3章由练发良、何小勇、袁德义、莫文娟、雷珍、楼炉焕撰写；第4章由何小勇、雷珍、练发良、向盛萍、袁德义、李影丽、莫文娟、楼炉焕、吴林森、柳新红撰写；第5章由练发良、雷珍、汤兆成、谢益贵、叶荣华、何小勇、袁德义、刘跃钧、戴海英撰写；第6章由练发良、雷珍撰写；第7章由楼炉焕、汤兆成、雷珍、王军峰、练发良编写；附件A由楼炉焕、汤兆成、练发良、王军峰、雷珍完成；附件B由练发良、王军峰、楼炉焕、汤兆成、雷珍、武巧民、周冬梅、葛永金、谢建秋、曹建春完成；3个苗木生产标准由练发良、汤兆成、雷珍起草。全书由练发良、何小勇统稿，由王军峰、戴海英、雷珍、刘跃钧、何林审核。章凯敏、施力威、谢建秋、曹建春等同志参加了文献查阅、数据调查和资料统计工作。

当然，野生木本地被植物资源的开发利用研究是一项艰巨而复杂的工作，本书所涉及到的研究只能算是这项工作一个小小的开端，还有大量更多更细致的工作需要更多的同志去共同完成。希望本书的出版，能够为今后从事这方面工作的同仁与广大苗木生产者提供一点参考和帮助。

由于编者时间仓促，水平有限，加上许多研究的深度和广度不够，书中的不妥之处，敬请大家批评指正。

著者

2010 年 7 月 20 日

目录

CONTENTS

序

前言

第1章　绪　论 …………………………………… (1)

1.1　地被植物的含义 …………………………………… (1)

1.2　地被植物的分类与功能 …………………………… (3)

1.3　木本地被植物的特点与作用 ……………………… (7)

1.4　地被植物研究进展与发展趋势 …………………… (9)

1.5　野生木本地被植物资源开发利用研究的意义……… (13)

第2章　野生木本地被植物资源调查与评价 ……………… (16)

2.1　野生木本地被植物资源调查 ……………………… (16)

2.2　野生木本地被植物资源多样性……………………… (21)

2.3　野生地被植物资源评价……………………………… (24)

第3章　野生木本地被植物优良类型选择 ………………… (35)

3.1　野生木本地被植物的个体差异……………………… (35)

3.2　小叶蚊母性状多样性与类型划分…………………… (36)

3.3　轮叶蒲桃形态变异与类型划分……………………… (48)

第4章　野生木本地被植物生物学特性研究 ……………… (51)

4.1　野生木本地被植物的生长特性……………………… (51)

4.2　野生木本地被植物的光合特性……………………… (56)

4.3　野生木本地被植物抗逆性研究……………………… (67)

第5章　野生木本地被植物繁育技术研究 ………………… (79)

5.1　播种育苗技术……………………………………… (79)

5.2 扦插繁殖技术 …… (86)
5.3 组织培养技术 …… (99)
5.4 工程苗生产技术 …… (104)
5.5 耐阴野生地被植物仿生栽培技术 …… (110)

第6章 野生木本地被植物的园林应用研究 …… (113)
6.1 野生木本地被植物园林适应性研究 …… (113)
6.2 野生木本地被植物苗木园林种植技术研究 …… (127)
6.3 野生木本地被苗木的园林应用效果研究 …… (134)

第7章 部分野生木本地被植物 …… (138)
7.1 南天竹 *Nandina domestica* Thunb. …… (138)
7.2 小叶蚊母 *Distylium buxifolium* (Hance) Merr. …… (139)
7.3 檵木 *Loropetalum chinense* (R. Br.) Oliv. …… (142)
7.4 光叶石楠 *Photinia glabra* (Thunb.) Maxim. …… (143)
7.5 尖叶黄杨 *Buxus aemulans* (Rehd. et Wils.) S. C. Li et S. H. Wu …… (144)
7.6 石斑木 *Rhaphiolepis indica* (L.) Lindl. …… (145)
7.7 厚叶石斑木 *Rhaphiolepis umbellata* (Thunb.) Makino …… (146)
7.8 锦鸡儿 *Caragana sinica* (Buch.) Rehd. …… (147)
7.9 毛冬青 *Ilex pubescens* Hook. et Arn. …… (148)
7.10 尾叶冬青 *Ilex wilsonii* Loes. …… (149)
7.11 矮冬青 *Ilex lohfauensis* Merr. …… (149)
7.12 钝齿冬青 *Ilex crenata* Thunb. …… (150)
7.13 胶州卫矛 *Euonymus kiautschovicus* Loes. …… (151)
7.14 毛枝连蕊茶 *Camellia trichoclada* (Rehd.) Chien …… (152)
7.15 金丝梅 *Hypericum patulum* Thunb. ex Murray …… (153)
7.16 芫花 *Daphne genkwa* Sieb. et Zucc. …… (155)
7.17 赤楠 *Syzygium buxifolium* Hook. et Arn. …… (156)
7.18 轮叶蒲桃 *Syzygium grijsii* (Hance) Merr. et Perry …… (157)
7.19 短尾越橘 *Vaccinium carlesii* Dunn …… (158)
7.20 朱砂根 *Ardisia crenata* Sims …… (159)
7.21 紫金牛 *Ardisia japonica* (Thumb.) Bl. …… (160)
7.22 杜茎山 *Maesa japonica* (Thumb.) Moritzi ex Zoll. …… (161)

7.23 白棠子树 *Callicarpa dichtoma* (Lour.) K. Koch …… (161)
7.24 兰香草 *Caryopteris incana* (Thunb.) Miq. …… (162)
7.25 水团花 *Adina pilulifera* (Lam.) Franch. ex Drake …… (163)
7.26 栀子 *Gardenia jasminoides* Ellis …… (164)
7.27 鹅毛竹 *Shibataea chinensis* Nakai …… (165)

附表 A 浙江野生灌木地被植物资源名录 …… (167)
附表 B 浙江野生木本园林地被植物资源综合评价表 …… (183)
小叶赤楠籽播育苗生产技术规程 …… (194)
小叶蚊母扦插苗生产技术规程 …… (202)
朱砂根籽播容器苗生产技术规程 …… (209)

参考文献 …… (217)

第1章 绪论

木本地被植物是园林地被植物的重要类型，较其他类型地被植物而言，具有高度可调性强、成形速度快、景观稳定性好等诸多优点，在园林地被植物中具有特殊的地位，是现代生态园林建设不可缺少的植物材料。随着我国园林建设的不断推进和对草坪类地被植物应用比例的严格限制，其需求量将继续扩大，具有广阔的市场前景，特别是利用各地野生植物资源进行新优木本地被植物的开发，不仅可能获得良好的生产效益，也是解决我国目前园林植物多样与乡土化不足的有效途径。目前，我国在这方面的工作明显落后于园林建设的步伐，造成了新优乡土木本地被植物产品种类缺乏、野生地被植物资源浪费严重、优质地被资源不断消亡等问题，加强野生木本地被植物的资源开发利用意义重大。

1.1 地被植物的含义

地被植物，顾名思义是覆盖地表的低矮植物。但在植物学上，地被植物被认为是指覆盖在阴湿处的苔藓、地衣及其他一些覆地生长的低等植物，多数是依靠孢子繁殖的。地被植物从广义来说是指覆盖在土壤上面的一切植物，而在园林中却有所特指，但还没有形成一个完全统一的定义。传统的园林地被植物的概念是指凡能覆盖地面的植物，除草本外，木本植物中之矮小灌木、匍伏性或半蔓性的灌木以及藤本，均可能作园林地被植物使用(陈有民，1988)。王莲英(1990)认为，地被植物一般指低矮的植物群体，它能覆盖地面，不仅有草本和蕨类植物，也包括小灌木和藤本。赵锡惟(2000)对地被植物的生长特性补充了“低矮、枝叶密集、成片种植、具有较强扩展能力、能迅速覆盖地面”，也具体了使用方式“既用于大面积裸露地面或坡地，也可用于林下空地”。刘建秀等(2001)也将在攀援或缠绕它物生长后，其茎(蔓)叶内贴近附着物，对附着物起保护作用，以形成美丽的景观的植物归为地被植物。张玲慧(2003)认为地被植物是指生长高度在1m以下、枝叶密集、成片种植具较强扩展能力，能覆盖地面的植物，包括木本、草本、藤本及肉质植物。夏宜平(2006)定义地被植物为那些自然生长高度或者是修剪后高度在1m以下，最下分枝较贴近地面，成片种植后枝叶密集，能较好地覆盖地面，形成一定的景观效果，并且具有较强扩展能力的植物，包括木本、草本、藤本及多肉植物。

从上述学者对地被植物的定义可见，目前不同学者对地被植物定义的分歧主要体现在植物的高度和所包含的植物类别上。这种差异的形成主要与现代园林植物配置方式的变化和园林植物的不断丰富有关，如关于植物类型的分歧上，传统概念中把草本植物排除在地被植物的范畴之外，这显然是不科学的，理由是现代园林地被植物中，无论是种类和数量，还是应用规模上，草本植物都是地被植物的主力军，而从特征性状上，草本植物也是十分优秀的地被植物材料。又如，大部分学者仅把矮生灌木或灌木归在地被植物之内，而实际上，目前园林中所使用的许多木本地被植物均非灌木树种，而是小乔木甚至乔木树种，只不过是可以通过人工控制在既定的高度之内而已，如现在我国使用广泛的红叶石楠、红花檵木、小蜡等地被植物均为乔木树种，甚至瓜子黄杨、大叶黄杨其自然高度也超过2m，而自然高度真正在1m或1.2m以下的木本植物种类并不多。关于地被植物的高度，大部分概念中均使用了“低矮”一词，这是一个模糊的概念。国外的学者将高度标定为“从至少1in到4ft”(David S，1997)，国内大部分学者将地被植物的高度标准定为1m，同时也认为那些在自然生长条件下植株高度超过1m，但是具有耐修剪或苗期生长缓慢的特点，通过人为干预高度可以控制在1.5m以下的，也视为地被植物。实际上，传统的地被植物，一般高度在15～20cm；现代园林中，园林行业常把高度(自然或经修剪)在45～100cm的低矮灌木划入地被植物的范围。

我们认为，地被植物的概念应该从地被植物的基本特征和园林中的类别划分这两个方面去同时考量，而至于其自然高度多少、属于何种植物类型并不是十分重要，因为园林地被植物只是根据其在园林中的用途，即在园林使用中的功能定位来划分的，只要能达到其在园林中该类别植物的功能要求和性状特征即可，不需要与植物分类上的类别完全对应起来。因此，我们认为园林地被植物是指植物低矮或高度可控性强，萌芽或萌蘖性能好，枝叶密集，有较强的环境适应性和地表覆盖能力，具有一定观赏价值，对人畜和生态安全，作为园林绿地最底层植物使用的一类植物。根据这一概念，园林地被植物应具备以下特征要求：

(1)基部枝叶着生部位低矮，植株高度可控性好；

(2)全部生育期在露地栽培；

(3)枝叶密集，萌芽或萌蘖力好，覆盖力强；

(4)观赏价值较高；
(5)在适合的生长环境中具有较高的稳定性；
(6)对人畜无害；
(7)能够管理，即不会泛滥成灾，对生态安全造成威胁。

1.2 地被植物的分类与功能

地被植物是一个庞大的植物家族体系，成员众多，不同成员间的植物类别、生长特性、生态类型、园林用途有很大差异，根据不同的标准，可分成不同的类别。

1.2.1 地被植物的分类

1.2.1.1 按植物习性划分

(1)草本地被植物。包括一、二年生和多年生的直立草本、披散草本、草质草本和匍匐草本。一、二年生草本植物主要取其花开鲜艳，大片群植形成大的色块，能渲染出热烈的节日气氛。多年生草本植物生长低矮，宿根性，管理粗放，开花见效快，色彩万紫千红，形态优雅多姿，在地被植物中占有很重要的地位。地被植物资源调查结果表明，现有地被植物中多年生草本占2/3，如吉祥草、石蒜、葱兰、麦冬、鸢尾类、玉簪类、萱草类等都是应用非常普遍的多年生草本地被植物。草坪草也为多年生草本植物，由于其在园林中使用广泛，性能与地位独特，也可以独立归类。

(2)木本地被植物。包括亚灌木、灌木、木质藤本、部分小乔木或乔木。作为地被植物的木本植物应具有以下特征：植株低矮或枝叶密集，萌芽性强，耐修剪，高度容易控制，一般以叶片小、光泽度好、叶色有变化或花色艳丽的常绿植物为好，如小叶蚊母、轮叶蒲桃、红花檵木、六月雪、南天竹、瓜子黄杨、金丝桃、紫金牛、杜鹃等，多为一些慢生树种。

1.2.1.2 按需光性划分

(1)喜光地被植物。这类地被植物的正常生长发育需要有充足的阳光，适合在全光照的空旷地生长，而在光照不足的半阴地或庇荫地，则表现为观赏性下降、生长不良甚至死亡。主要为一些观花类的草本植物和彩叶类地被植物，如常夏石竹、火星花、百里香、野茉莉、金叶女贞、红叶石楠等。

(2)中性地被植物。此类植物对光照适应性较强，在全光照、半光照和一定庇荫环境下均能生长，但以在全光照或半光照环境中生长最好，大部分木本地被植物属于此种类型。如小叶蚊母、瓜子黄杨、杜鹃、茶梅、常春藤、大叶黄杨、络石、小叶栀子等。

(3)耐阴地被植物。这类地被植物喜庇荫环境，在遮荫处生长良好，在全光照条件下生长不良，表现为叶片发黄、枝叶枯焦等日灼状，严重时甚至全株枯死。如：桃叶珊瑚、朱砂根、紫金牛、杜茎山、东方野扇花、草珊瑚、八角金盘、大吴风草、吉祥草、玉簪、虎耳草、庐山楼梯草等。

1.2.1.3 按观赏期划分

(1)周年性观赏地被植物。指植物在年生长周期中，全年的每个时段都有较好观赏效果的地被植物，包括多年生常绿地被植物和枝条具有特殊观赏价值的落叶植物。如小叶蚊母、轮叶蒲桃、钝齿冬青、尖叶黄杨、红瑞木、宽叶麦冬、沿阶草等。

(2)季节性观赏地被植物。绝大部分落叶木本和藤本地被植物、半落叶木本和藤本地被植物、多年生宿根草本植物和一、二年生草本植物，其年生长周期中有某一个时段因为落叶或地上部分枯萎而失去观赏价值，这类植物即属于季节性观赏地被植物。如紫叶小檗、金丝桃、宁波溲疏、中国绣球。

1.2.1.4 按观赏特性划分

(1)观叶地被植物。以叶片为主要观赏对象的地被植物，根据叶色的不同可分为绿叶地被植物和色叶地被植物，绿叶地被植物如小叶蚊母、轮叶蒲桃、东方野扇花、黄杨、龙柏等，色叶地被植物，如红花檵木、金边黄杨、金叶女贞、紫叶小檗等。

(2)观花地被植物。以花为主要观赏对象，包括时花地被和一些花期长、花色艳丽，在开花期能以花取胜的低矮植物，如月季类、绣线菊类、地被菊、红花醉浆草、石蒜、石竹等。

(3)观果地被植物。一些地被植物果色鲜艳，挂果期长，除具有常规的观叶价值外，植物的果色也成为其观赏的重要特色。如草珊瑚、朱砂根、紫金牛、南天竹、平枝栒子等。

1.2.1.5 按园林用途划分

(1)观赏型地被植物。指具有较高的观赏价值的彩叶地被植物、观花地被植物和观果地被植物。如红花檵木、金叶女贞、月季类、绣线菊、草珊瑚等。

(2)生态型地被植物。指具有较强或特别的适应能力，用于改善生态环境为主的特种地被植物、林下地被植物。如火棘、小叶蚊母、八角金盘等。

(3)游憩型地被植物。具有一定的抗践踏能力，可以供游人在上面休息和游憩，如很多禾本科、莎草科的植物。

(4)环保型地被植物。在抗污染方面有优秀的表现，可以大量吸附有毒气体和烟尘。如毛地黄、马齿苋等。

(5)保健型地被植物。植物的枝叶能够散发出一定的挥发性物质，在杀菌、抑菌、改善人体健康方面能起良好的作用。如景天科的植物。

1.2.2 地被植物的功能

1.2.2.1 造景功能

地被植物在园林绿地中处于最底层，高度低，其冠面在人的视觉范围之内，是对人近距离视觉冲击最大的景观层位，对园林绿地的景观效果和风格形成具有重大影响。如以单一的草坪草为地被，给人以简约整洁、空阔朴素之感；以大量的时花为地被，给人以热烈繁华、艳丽时尚之感；以多种灌木组成不同颜色的色块、色带和模纹花坛，给人以厚重严实、雍容华贵之感；以多类别地被植物材料按花镜配植方式营建的绿地，给人以自然野趣、轻松活泼之感。通过地被植物的科学培植与合理应用，可以形成丰富多彩的园林景观。

1.2.2.2 生态功能

地被植物的生态功能主要包括促进空气碳氧平衡功能、去污功能、杀菌功能、吸尘功能、调节温湿度功能和减噪功能。

(1)促进空气碳氧平衡功能。地被植物通过其光合作用，吸收空气中的二氧化碳，释放出氧气，促进了空气中局部范围内的碳氧平衡，缓解或消除局部缺氧、改善局部地区空气质量。李辉(1998)通过研究表明，早熟禾 24 m^2，或野牛草 34 m^2，或涝峪苔草 153 m^2，或麦冬 57 m^2，或结缕草 18 m^2 一天释放的氧气可以满足一个成年人一天包括燃气和呼吸在内的耗氧量。

(2)净化空气。很多地被植物还具有吸收空气中有害气体的功能，在体内通过氧化还原过程将污染物中和成无毒物质(即降解作用)，或通过根系排出体外，或积累贮藏于某一器官内，从而起到净化空气的作用。

(3)杀菌功能。地被植物的杀菌功能主要是通过以下两种途径实现的：一种途径是通过植物的滞尘作用减少附着于尘埃而悬浮在空气中的细菌数量；另一种途径是通过分泌出挥发性杀菌物质(如丁香酚、松脂、肉桂油等)直接杀灭空气中的细菌。部分地被植物除能释放杀菌物质外，还能释放一些提神或保健功能物质。

(4)除尘功能。地被植物对空气净化功能的另一主要特征是由于地被植物对地表大面积的高效覆盖，除可以极大地减少地表灰尘的形成之外，还可以吸附空气中的粉尘，有效减少空气中粉尘含量。

(5)调节温湿度功能。地被植物的使用，从根本上改变了空气下垫面的性质。通过地被植物的蒸腾作用，使得其周围的空气湿度大幅提高，同时由于空气湿度的提高，又改变了空气的热容量，从而又改变了环境的热变化规律。另一方面，植物对光的有效吸收，在把太阳能转化成化学能的同时，使下垫面的热量大幅减少，白天温度下降。李辉(1998)研究表明 $1m^2$ 的早熟禾夏天的日吸热量相当于功率 1kW 的空调机 6.2 工作小时。调查显示，有地被植物的林下比没有地被的林下温度低1～2℃，空气湿度提高 10%～20%。

(6)减噪功能。地被植物对噪音的消减功能虽然没有上层植物和中层植物明显，单层地被植物对噪音的消减量也未见报道，但陈振兴等(2003)研究表明，不同结构形式的绿篱减噪效果有差异，经测定证明，以高中低不同层次的灌木、乔木组成的密集绿篱，其减噪效果最好。按植物立体层次将草坪、地被、灌木、乔木布置成40m 宽的绿地，可降低噪音 10～15db。靠近草坪植物根部的土壤能吸收声流，对消除城市噪音起着重要作用。

1.2.2.3 防护功能

地被植物的防护功能主要包括防止水土流失功能、抑制杂草维护景观功能和改良土壤功能。

(1)防止水土流失功能。地被植物一方面通过其茂密的枝叶承接了雨水巨大的冲击力，从而有效降低雨水对地表的直接侵蚀，另一方面又通过植物枝体、根部、枯枝落叶对降水的吸收以及地被植物对地表径流的阻挡作用，使发生降雨时的地表径流量大为减少，从而起到防止水土流失的作用。

(2)抑制杂草维护景观功能。适宜的地被植物种植后，通过短期的养护和杂草拔除，即可成为园林绿地中下层植物的优势群体，且随着时间的推移，其群体优势会不断得到加强，地被植物茂密的枝叶牢牢地占据了下层植被的生长空间，使得杂草难以大量形成。通过对杂草的有效控制，保证了绿地中其他植物，特别是较为低矮的球类植物和花灌木的正常生长和景观功能的正常体现，从而起到了维护园林绿地景观的功能。

(3)改良土壤功能。地被植物生长密度高，群体和根系庞大，可以涵养水源，改善土壤的物理性状。龙忠富等(2002)研究表明，生长葛藤的土壤密度比空旷地小 $0.23g/cm^3$，总孔隙度、非毛管孔隙度、非毛管孔隙度与总孔隙度的比值分别为空旷地上相应指数的 1.13 倍、1.85 倍及 1.48 倍，可有效改善土壤的物理性状。与空旷地相比，土层蓄水量增加 $94.92t/hm^2$，土壤饱和贮水量增加 $96.3t/hm^2$，渗透速率是其 2.34 倍。

1.2.2.4 生产功能

地被植物的生产功能主要指植物生长过程中产生有机物质的功能、带动苗木生产发展的功能。

(1)生产有机物质功能。地被植物种植后的生长发育过程中，通过植物体的一系列代谢活动把碳等无机物质转化为有机物质，使植物体不断增大，生物量不断增多，然后以枯枝落叶或人工修剪的方式不断收集产生的有机物以供人类使用或回馈土地，提高土地的有机质含量，改良土壤理化性质，提高土壤质量。

(2)带动种苗产业发展功能。现代园林绿地建设十分重视地表的全覆盖，各类绿地建设都把黄土不露天作为绿化的基本要求和强制规范的内容之一。除此之外，许多地方还对草坪应用的比例进行限制，要求草坪使用的比例不能超过一定限度，必须有相当比例的绿地种植其他类型地被植物。由此，地被植物成为园林植物中苗木用量最大的植物类型。地被植物的苗木生产在花卉种苗生产中占有很大的比重，对苗木产业的发展具有积极的推动作用。如浙江萧山是全国著名的绿化苗木主产区，而该区主要的产品类别是木本地被植被为主的地被苗木。

1.3 木本地被植物的特点与作用

1.3.1 木本地被植物的特点

木本植物与草本植物在组织结构和生长方式上有很大不同，这种差异使得木本地被植物与草本地被植物相比呈现出以下一些特点。

1.3.1.1 成型快捷

木本地被植物使用时，苗木均已具有相当的冠幅，且往往枝叶较多，种植后叶片不易脱落，枝叶较挺立，加上合适的种植密度，具有较高的覆盖度和绿视率，再经修剪，即可产生很好的景观效果。因此，很多园林项目都非常重视木本地被的使用。

1.3.1.2 高度可调

木本植物的干和枝条会不断分化出木质层和形成层，木质层使植物枝干硬度增加，形成层使枝干不断变粗，从而使植株枝干的承受力不断增大，保证了枝干对植物不断生长的承重需求，促使植物不断向上生长。此外，木本植物芽(包括隐芽)很多，在自然生长的情况下，其顶部的芽萌发成新枝，中下部的芽不萌发或萌发短枝。一旦遇到了人工修剪等外部刺激，植物的自然生长节律就被打破，其下部的芽或隐芽就会很快被激活，甚至在皮孔产生不定芽，促使剪口下部枝条在很短时间内抽发出更多的新梢，使地被植物的观赏面很快恢复，且修剪后抽发新梢的枝叶比修剪前更加密集整齐，叶龄小，冠面叶片多为嫩叶，使地被植物更具观赏性。木本地被植物这一生长特性在园林应用中发挥了重要作用。既可通过对木本地被植物的修剪，调控木本地被植物的生长高度，又可通过对同一绿地中不同区块地被植物的高度调节，形成地被植物的高度层次变化，创造更加秀美的园林景观。

1.3.1.3 景观稳定

地被植物景观稳定性是指地被植物种植后在一定时期内能保持较好观赏效果的特性。它包含了两个层次的含义：一是植物在年生长周期中景观的稳定性；二是地被植物的生命周期长短，包括在其生命周期中景观效果是否能够得到保持，通俗地说就是地被植物的寿命长短及其在生命周期中是否容易衰败的特性。地被植物的景观稳定性如何也是考量地被植物优劣的指标之一。景观稳定性好的地被植物是指在其年生长周期中，能表现出较好的观赏效果且生命周期较长不容易衰败的地被植物，这种效果可以随着季节的变化而变化，如杜鹃花、红花檵木、小叶栀子等，虽然花期不长，但在非开花季节同样有较好的观赏性的地被植物也被认为有好的景观稳定性。因此，可以认为常绿地被植物的景观稳定性比半常绿地被植物要好，半常绿地被植物景观稳定性比落叶地被植物要好，多年生地被植物景观稳定性比一二年生地被植物要好。

木本地被植物均为多年生植物，且绝大部分为常绿植物，一般具有较为发达的根系，只要在园林植物配植时能做到适地适树，后期养护科学合理，大部分木本地被植物都有较长的观赏周期，因此，木本地被植物的景观稳定性较好。

1.3.2 木本地被植物在园林中的作用

地被植物是园林植物的重要组成部分，也是园林造景的重要植物材料，在提高园林绿地质量中，不仅具有维护生态平衡、保护环境、减少污染等生态功能，还具有丰富绿地景观层次，柔化、烘托硬质主体，暗示空间边界等景观功能，并能节约园林绿地造景成本，兼有用材、食用、药用、香料等多种经济价值。

木本地被植物种类繁多，类型多样，既具有一般地被植物覆盖地表的功能，又有其他类型地被植物无可比拟的一些优点，从而使之成为在园林工程中用量最大、使用最广泛的园林植物类型之一。木本地被植物是各类道路隔离带中使用量最多的地被植物，宽度小于2m的隔离带，多以木本地被植物整片种植为主，宽度2m以上的隔离带，木本地被植物使用量也很大，在各类广场绿地、庭院绿地中，木本地被植物使用极其广泛，种植面积占单项绿地工程面积比例高。

1.4 地被植物研究进展与发展趋势

1.4.1 研究进展

地被植物已经成为现代园林不可缺少的组成部分，其对保护和美化环境，丰富园林景观，提高园林绿地生物多样性意义深远。由此，国内外许多学者投入到地被植物的研究工作中，研究的内容主要包括以下几个方面。

1.4.1.1 野生地被种质资源研究

野生植物资源是自然界赐予人类的重要物质财富，是人类生存和发展的重要物质基础，对野生植物资源的开发利用水平，标志着社会的文明建设水平。谁先掌握并利用种质资源，谁就能在相关的产业竞争中处于主动地位。目前人类利用的各种植物无不是先人利用植物资源的成果。

国外对地被植物野生资源重视较早，尤其是地被植物野生资源的调查和筛选工作。如 Powell(1973)经过几年调查，筛选出 20 种适合堪培拉地区生长的灌木地被植物，并对栽培方式提出合理化建议；Dikey(1971)对适合在佛罗里达州生长的地被进行大量调查和观察；Spruyt(1982)筛选出 40 种适合做地被的植物；Fortgens(1992)探讨了唇形科野生和栽培的地被植物的生态学和观赏特性。此外，Fleme(1977)、Percy(1985)也在地被植物筛选方面做了研究工作。

国内对地被植物资源研究起步最早的是中国科学院北京植物园，他们首先把野牛草引入北京栽培。20 世纪 70 年代末，国内部分城市逐渐开始重视对地被植物资源的调查研究，经过几代园林工作者的努力，也取得了不少进展。1979 年，北京林学院为丰富北京地区的园林地被植物种类，特地到秦岭地区调查野生花卉和地被植物的种质资源，共记载了 57 科、122 种植物，其中重点介绍了 23 科、51 种植物。1982 年，北京市园林科学研究所开始从北京的郊区平原如海淀、小汤山地区以及山地如百花山、灵山、雾灵山、上方山等地收集地被植物，到 1985 年共收集 90 多种，其中重点推出了 9 种(垂盆草、匍枝委陵菜、鹅绒委陵菜、蛇莓、百里香、小冠花、百脉根、白三叶、崂峪苔草)，并在一些公园和街头绿地中进行了中试推广；1987 年，上海植物园在调查基础上，推荐了垂盆草、连线草、蛇莓、野豌豆、短叶决明和天蓝苜蓿等地被植物；1988 年，杭州植物园在调查基础上，推荐了德国鸢尾、蝴蝶花、吉祥草、紫萼、白穗花、阔叶山麦冬、倭海棠、倭竹、菲白竹、铺地龙柏等地被植物；中国科学院植物研究所在大量引进野生花卉基础上，筛选观赏价值较高的宿根花卉无毛紫露草、垂直绿化植物花叶爬山虎和适宜北方栽培的蕨类植物荚果蕨等 3 种野生地被植物；广州园林科学研究所从国产资源中挖掘出适合热带和亚热带天台绿化的地被植物绿景天；北京天坛公园、香山公园等调查了园内野生地被资源，并对某些种类进行了扩繁和试种研究。

周家琪、吴涤新等(1982)对秦岭南坡火地塘等地区的野生花卉和地被植物种质资源进行了调查，对23科、51种野生花卉和地被植物种的生活型、花期、花色以及植株高度、幅度、分枝情况和园林应用作了研究和评价。谭继清、李清明等(1988)对重庆市的园林地被植物资源进行了调查和应用研究，结果认为重庆市的园林地被植物资源丰富，常见的地被植物有86科、278属、429种，其中禾草占21.9%、菊科占10%、蕨类占14.2%，可作休息草坪和运动场草坪的暖季型草种是结缕草、中华结缕草、假俭草；坡堤绿地可使用的地被植物有麦冬、萱草、苔草、狼尾草、芒、野菊花、过路黄、地肤等；墙垣绿化，降低房屋在伏夏时辐射热的地被植物有爬山虎、葡萄、欧常春藤、金银花等；可用于河岸绿化的植物有芦苇、甜根子草、狗牙根等耐水淹、保土固沙力强的植物；在有粉尘和酸碱、污染的工厂车间，可用蜈蚣蕨、凤尾蕨、地瓜藤、火碳母、接骨草、臭牡丹等。国内对野生地被植物的调查和筛选有报道的省市还有：济南118种(赵遵田，2001)、南京地区66种(陈启银，1994)、乌鲁木齐80种(王玉生，1995)、昆明攀缘和地被植物49种(尹擎，2001)、塔里木河流域草皮和地被植物14种(段新玲，2000)、南岭国家自然保护区地被植物49种(冯学华，2001)、浙江省丽水地区生长良好的地被植物共有57科139种(王昌腾，2008)。

在地被植物引种方面，国内许多科研生产单位也相继开展了此项工作。地被植物引种主要有两种形式：一种是从当地野生地被中引种驯化，二是从国外或国内其他地方引种。近年来，我国从野生地被中引种还相对较少，而从国外引种却非常盛行。如上海上房园艺有限公司目前经营的1000多种观赏植物中，大部分是从国外引种进来的，其中以草本地被植物为主；浙江森禾种业股份有限公司从国外引种了大量色叶木本地被品种，并已成功推出了红叶石楠、金森女贞、大花六道木、水果蓝、金山绣线菊、金焰绣线菊等。

1.4.1.2 适应性研究

目前国内外对地被植物适应性和耐性研究主要集中在耐阴性、耐寒性和耐盐碱性方面，其中又以耐阴性研究最多。国内苏雪痕教授最早对杭州园林植物群落中的一些种群在不同光照条件下的生长发育及光合特性作了研究，并提出了园林植物耐阴性及群落配置理论；伍世平等(1994)以11种地被植物为材料对其耐阴性进行了定量和定性研究；国外的Dymovao等(1988)指出在庇荫的情况下，植物形态的可塑性和光合特性变化范围是很窄的；Sire等(1998)设计了3种光照梯度

(25%，50%，75%)对几种灌木地被植物生长的影响试验，研究出每种地被植物适宜光照强度。Francios(1980)通过观察盐分对地被植物的影响，总结出灌木地被植物在受到盐害时所表现出来的症状及具体防治方法。Sulgrove(1987)对6种灌木地被植物耐寒性进行了调查，筛选出5种耐寒性强的品种。

1.4.1.3 地被植物育种研究

随着地被植物种苗产业的不断发展，对地被植物的育种研究也逐步受到重视。程金水等(2000)通过杂交育种培育出地被菊新品系；邱新军(1990)等通过杂交育种培育出"雪中笑"抗寒性杜鹃；黄苏珍等(1997)近年来也开展了鸢尾属的杂交育种工作；东北林业大学将露地菊进行了航天育种，其后代有些变异体可以作为地被菊育种材料。国外Uosukaimen(1998)通过杂交培育出6个品系抗寒杜鹃，Arisumi(1992)通过杂交选育出抗热性杜鹃新品种。同其他花坛花卉和切花育种相比，目前地被植物主要是采取传统育种方法，分子育种的公开报道很少。

多年来，地被植物的研究取得了不错的成绩，其中有些研究的学术价值非常高，但在生产应用方面却一直是力度不足、面积不大。这主要有三方面的原因：其一，地被植物本身在生产繁殖、施工应用、养护管理等方面存在先天不足，如许多地被植物不结实或结实率很低，主要通过分株、埋条、扦插等无性方式扩繁，这需要耗费大量的时间和人力，但繁殖系数还不高，而扩繁出来的种苗由于无法像冷季型草坪草那样成卷铺植，应用到绿地时又得耗费大量的时间和人力来栽种，这两项重复性的工作无形中大大地增加了成本，影响了地被植物的应用；其二，由于历史原因，地被植物的研究工作在半个多世纪内多次中断，许多曾经引种的地被植物种源流失，其生物学特性和栽培、繁殖技术的研究成果丢失，曾经从事该项工作的技术人员也大多转行或退休，使得同一植物的引种、筛选工作多次重复进行，早在20世纪80年代就引种、推广的一些地被植物目前仍处于试种阶段，没有形成产业化；其三，冷季型草坪进入国内园林绿化市场，由于其特殊的优点，如景观优美、绿色期长、繁殖容易、能在短时间内形成绿地等，使得冷季型草坪迅速成为了地面绿化植物中的主导者，逐渐取代了曾经应用的地被植物，因为冷季型草坪草的冲击，使得地被植物的应用力度更趋缓慢。

2000年以后，全国各大城市的草坪热愈演愈烈，仅北京市的草坪面积就已达5000万m^2，并且仍在以较快的速度发展。虽然草坪景观优美，但国内众多城市水资源的短缺已成为其继续发展的制约因素。不能大面积种植草坪，那裸露的地面应如何处理？中断了十几年的有关乡土野生地被植物的开发应用研究又被提上了日程。众多科研院所、大专院校及私人企业都开始日益重视园林地被植物的选育和储备。例如，从2003年开始，北京市园林绿化局结合奥运绿化，开始着手地被植物在城市绿地中开发应用的研究，引种了几十种园林地被植物，并于街头绿地及公园中进行中试，已取得了初步进展。

1.4.2 发展趋势

20 世纪 90 年代后国外开始注重育种种质资源的研究，同时开展地被植物生理学和生态学特性研究，并且通过育种方法培育出彩色地被植物，在国际上非常有竞争力。而国内的研究主要还处于国外品种的引种与推广、野生资源的调查、优良资源的开发应用和一些简单的特性研究方面。综合国内外研究现状和产业发展的需要，地被植物的未来研究主要集中在地被种质资源的保存利用、新优品种的培育、地被植物的特性和效益等方面的研究。

1.4.2.1 种质资源保存与利用研究

我国具有丰富的野生木本地被植物资源。因此，一方面，要进一步加大野生木本地被植物种质资源的收集，在木本地被植物生物学特性、适应性、抗性和观赏价值等系统研究及综合评价基础上，建立起完整的野生木本地被植物个体资料，开展木本地被植物资源鉴别和分类，为新品种创新奠定物质基础；另一方面，对野生木本地被植物资源要合理利用，科学保护，维护生态平衡，野生木本地被植物是大自然给予人类的宝贵财富，但由于人们对这方面认识还不够，对野生木本地被植物资源采取掠夺式开发，使植物种质资源急剧下降，因此，对野生木本地被植物，尤其是一些珍稀濒危野生园林地被植物资源，要加以保护，探讨致濒原因及解决措施，在采取就地保护、迁地保护、人工繁殖的同时，也要对濒危种群开展种群遗传学和生殖生物学等方面的研究。

1.4.2.2 良种创新研究

园林建设对木本地被植物特性的要求是多方面的，对具有不同特性的木本地被植物种类多样性要求是无止境的，园林木本地被苗木市场永远希望有更多姿态优美、颜色鲜艳、覆盖力强、抗逆性好、养护方便的地被植物新产品出现。也正因为这样，综合性能突出的新优地被植物产品很容易成为园林苗木市场的宠儿，能给苗木生产者带来高额的生产利润。但目前木本地被植物产品种类还比较少，特别是适合在林下庇荫处、建筑物西北面的阴湿地、石砾含量高的劣质坡地等恶劣生境应用的优质木本地被植物种类更是十分缺乏。因此，我国在今后相当长的时期内，应大力加强木本地被植物优良种、品种的引种、选择和杂交育种研究，引进或开发出更多观赏性能更好适应性更强的木本地被植物新产品，使各类劣质裸地能得到更充分绿化，使园林绿地越来越美。

1.4.2.3 生物生态学特性、景观效果和生态效益研究

城市生态园林的主体是植物群落，植物多样性只有在和谐有序及稳定的植物群落中才能实现，园林绿地也只有在稳定和高效的植物群落形成后才能发挥出最大的生态和社会效益。目前，学术界对园林地被植物的研究还仅仅局限于单个或几个方面，并且主要研究集中在地被植物的观赏性方面，对地被植物在生态系统中的生物生态学特性的研究还不够深入，没有形成系统，今后要加强这方面研究。同时，也要开展地被植物混合配置效果和生态效益方面的研究，使地被植物在适宜的地方形成最好的景观效果。

1.5 野生木本地被植物资源开发利用研究的意义

随着社会的发展，人们对环境的要求越来越高，如何营造景观丰富、群落稳定、生态功能完备的人居环境，已引起人们和整个社会的普遍关注。植物是营造优良环境的重要元素和基础，不断增加和丰富城市绿地的植物种类是园林设计者和城市环境建设的永恒追求。生态化的城市一方面要求降低城市绿地中草坪面积所占比例，大力提倡用其他类型地被植物，特别是利用木本地被植物覆盖地面渐成趋势；另一个方面是提倡建设多植物层次结构的密林式绿地，即生态型城市森林，促使有限的城市绿地发挥出最大的生态效益。在以上两种城市绿地建设趋势中，都与加大地被植物的使用密切相关。因此，地被植物的应用是今后我国城市绿地建设的一个重要方向。

1.5.1 地被植物在园林应用中的主要问题

城市绿地的景观多样性，功能多样性，立地条件多样性决定了地被植物也必须具备多样性。这一点已经得到了业界人士的普遍认可。但在实际工作中，地被植物的生产和使用还存在以下问题：

(1)实际应用的地被植物种类偏少，就江苏、浙江等植物适生性强的地区，使用的地被植物也不过100多种，其中木本地被占1/3，常用品种则更少，只有20多种，满足不了城市绿地植物多样性要求。

(2)目前使用的各类地被中，综合性能不够理想，存在这样那样的缺陷。如常用木本地被植物中，龟甲冬青抗热性不足，种植在硬质界面上，夏季高温日灼严重；金叶女贞的叶斑病严重；杜鹃则杜鹃冠网蝽危害严重；火棘生长太快，树形易乱等。

(3)对各地本土特色地被植物的重视不够，缺乏地方特色。在地被植物的研

究利用方面，大多是引进国外的品种，这些品种对我国的城市绿化起到了重要作用。但由于对国内各地本土植物开发不够，结果一方面导致了城市绿地植物品种单调，各城市之间景观千篇一律；另一方面也浪费了国内大量优秀的地被良种资源。与外来种相比，开发乡土地被植物较引种更有意义。因为乡土地被植物在其原生区域内的城市绿地种植，成功可能性更大，又无外来生物入侵的危险，有利于构建生态型和环保型城市绿地，同时乡土地被植物的大量应用有利于塑造城市的地方特色和个性，此外由于对国内品种研究相对简单，可以节省大量的人力、物力、财力。

(4)新的地被植物种类和品种少，推广不力。由于对知识产权保护不到位，利用现代育种手段培育新品种工作进展缓慢。科研部门、生产部门与园林部门缺乏必要的交流和了解，又阻碍了新产品的推广，设计单位不了解生产单位生产的产品，设计时只能设计那些常用的苗源充足的种类，使得一些新产品不能顺利的得到利用，这样又反过来影响了生产单位生产新品的积极性。

(5)地被植物的种质资源库建设滞后，极不利于种质资源的保护和新产品的系统开发。地被植物的种质资源库构建一直被业界专家学者认为是一项极其重要的工作，但目前还很少有人去涉及。植物种质资源库的构建可起到资源保护、试验观测、引种驯化和为培育新品种提供种质材料来源。可以说种质资源库的构建对园林植物的持续发展有着十分重要的意义。

1.5.2 研究地自然条件和资源状况

浙江省地处中国东南沿海长江三角洲南翼，东临东海，南接福建，西与江西、安徽相连，北与上海、江苏接壤。浙江省东西和南北的直线距离均为450km左右，陆域面积10.18万km^2，为全国的1.06%，是中国面积最小的省份之一。浙江地形复杂，山地和丘陵占70.4%，平原和盆地占23.2%，河流和湖泊占6.4%，耕地面积仅208.17万hm^2，故有“七山一水两分田”之说。地势由西南向东北倾斜，大致可分为浙北平原、浙西丘陵、浙东丘陵、中部金衢盆地、浙南山地、东南沿海平原及滨海岛屿等六个地形区。

浙江属亚热带季风气候区，四季分明，气候温和，雨量充沛，土地肥沃。目前，全省森林覆盖率60.5%，名列全国前茅；全省林业社会总产值1218亿元，位居全国前列。“十五”期间，全省累计完成造林更新17.3万hm^2，城镇扩绿1.87亿m^2，建成绿色通道1.38万km，建成清水河道7134km，海塘绿化750km，整治复绿废弃矿山615个，城镇(市)绿化覆盖率达到30.37%，城镇人均公共绿地增加到8.15 m^2。

浙江动植物资源丰富，素有“东南动植物宝库”之称。全省有高等植物4552种，孢子植物674种，蕨类植物499种，种子植物3379种。国家林业局和农业部联合公布的我国第一批国家重点保护的野生植物中，浙江有一级保护植物11种，二级保护植物41种，如百山祖冷杉、普陀鹅耳枥、金钱松等。有古树名木21.39万株。全省已建立国家级自然保护区8个，省级自然保护区2个，县级自然保护区11个，自然保护小区353个。

丽水市位于浙江省西南部，号称“浙江绿谷”，是浙江省植被最好，野生植物资源最为丰富的区域，也 是我国东南植物宝库。全市已知维管束植物3546种，其中苔藓植物58科132属295种，蕨类植物41科88属325种，种子植物175科902属2926种(其中木本植物107科401属1710种)。列入国家重点保护的野生植物有35种，其中一级保护植物7种，即中华水韭、百山祖冷杉、红豆杉、南方红豆杉、伯乐树、长喙毛茛泽泻、莼菜；二级保护植物28种。在植物区系上具有种类丰富，地理成分复杂，生态多样性的特点，有不少世界广布的植物种类，也有众多的热带植物区系和相当比例的温带区系成分，因此，在该区域内有大量具有开发价值、特色明显、性状优良的野生地被植物资源。如兼具耐旱耐湿、耐寒耐热、喜光耐阴、病虫害少、观赏性强诸多特点的小叶蚊母；枝条纤细、树形优美、四季常青、适应性强的轮叶蒲桃等。

1.5.3　野生木本地被植物开发的重要性

野生植物资源只有经过开发利用后，其潜在的价值才能得到更好的发挥。目前，我国正处在城市园林建设和生态环境建设的大发展过程中，木本地被植物作为园林绿地和生态绿地建设的重要植物材料，其应用种类的多样性还极其不足，急切需要有更多种类的地被植物以供选择。丰富地被植物产品类别的方式有3种，即外地引种、新品种培育、野生资源的开发利用。外地引种受知识产权保护的制约以及引种后适应性的影响很大，一般只适合在专业研究院校和有植物进出口权的大型企业才能进行。新品种培育则需要更专业的人员，且需要较长时间。相比以上2种途径而言，进行野生地被植物开发是丰富地被植物种类最快最高效的途径。这是因为，一方面野生木本地被植物资源丰富，全国各地都有相当种类的野生木本地被植物资源，且不同地方的资源差异性较大，这样，就全国范围来说，野生木本地被植物种类极其多样；另一方面，野生地被植物都是经过自然界长期选择后生存下来的植物，已适应在各地的生长环境中生长，因此，开发野生地被植物进行园林应用成功的可能性高。此外，野生地被植物的开发利用，有利于地方特色园林植物体系的形成和地方特色园林景观的塑造。

第2章 ——野生木本地被植物——资源调查与评价

2.1 野生木本地被植物资源调查

2.1.1 调查的方法与步骤

野生木本地被植物资源的调查可以分为一般调查和重点调查。一般调查，主要是掌握该区域的有关社会经济条件、自然地理条件、植被和植物资源状况等基本情况。重点调查是在一般调查的基础上，选择不同立地类型和地被植物资源丰富的重点地区进行实地调查，记载资源的相关信息资料，拍摄野生植物照片，采集标本或收集植株，以便对资源进行深入研究。

2.1.1.1 调查前的准备

为了保证调查的顺利进行，在开始正式调查之前，需要做好以下几个方面的准备工作：

(1)调查资金落实。资源调查是一项繁琐的基础性工作，不但工作辛苦，而且工作量大，耗时多，所需的经费也不少，因此，调查的资金落实极为重要。野生木本地被植物资源的调查不像森林资源调查一样受政府和行业主管部门的重视，调查资金不能得到政府的定期保证，比较而言，地被植物资源调查主要是专业人员的专业行为，因此，其资金来源还主要靠专业人员通过科技立项或大型种苗企业的资助取得。

(2)资料收集与分析。调查前应收集有关资料，作为调查的参考。需要收集的资料主要有地方植物志或植物名录，域内保护区自然(若有)的相关资料，调查区域的地形地貌、地质土壤等自然情况，气象资料以及周边区域的一些简单植物资源情况。此外，还需收集调查区域内的花卉种苗生产历史特别是地被植物的生产历史、产品结构、特色产品和品种，产品和品种的来源以及资源的历史外流情况。然后，对收集到的资料进行综合分析，初步分析调查区内的野生木本地被植物资源的种类、分布、特色资源和重点资源，为野外调查作准备。

(3)人员组织。在落实好调查资金后，就可以开始组织调查工作了。调查的组织工作主要包括调查人员的确定、分组、分工。调查人员的确定主要是确定调查人员的结构组成、规模以及调查总负责人；分组由总负责人根据人员情况和工作任务的轻重将调查队伍分成若干个小组，每个小组一般 3 至 5 人，其中至少包括 1 名记录员、1 名调查员、1 名标本收集员；分工包括调查总负责人对各个调查小组的分工和各个小组内成员间的工作分工，小组间分工主要是明确每个小组的调查区域、调查重点、调查时间要求。

(4)岗前培训和物资准备。资源调查是一项技术性较强的工作，为了保证调查结果的规范性和准确性，在正式开展野外调查之前须对全体参加调查的人员进行一次理论和实践培训。培训内容主要有野外调查的方法和要求、调查表的填写、调查仪器的使用、注意事项等。调查的物资包括调查技术物资和调查生活物资。调查技术物资主要是调查必需的仪器设备(如海拔仪、照相机、GPS 定位仪等)、调查记录表、标签、记号笔、记录笔、修枝剪、铁锹、标本收集袋。生活物资主要包括干粮、饮用水和常规应急药品(伤药、蛇药和解暑药等)。

2.1.1.2　野外调查

在做好以上准备工作后即可开始野外调查。野外调查按小组分区块或分线路进行，野外调查需携带好必要的技术物资和生活物资。野外调查的主要工作内容包括：选择野生地被植物资源、记录各种资源的主要特征、生境特点和分布特征、拍摄资源的野外典型形态照片、采收标本或繁殖材料。对同种不同生长类型或不同观赏类型的植物要分别记录和收集标本，对优良类型和珍贵变异材料，除做好常规的拍照记录外，还要进行挂牌保护和观察，并在适合的时段采收有性繁殖材料(若有)和无性繁殖材料。

2.1.1.3　资料整理与保存

资料的整理包括三个层次，即调查单日整理、小组完工整理和调查结束整理。

(1)调查单日整理。指调查小组对单日的调查情况和记录进行补充和规范性整理，包括对单日遇到分类上有疑问的地被植物进行资料查对。该项工作一般在调查单日完成，如遇雨天也可以在次日进行，但不可拖后，以免时间过长影响补充资料的准确性和标本的辨认。此外，最好能撰写调查日记，以记载每日调查的区域、行走路线、遇到的主要问题等情况。

(2)小组完工整理。指调查小组完成本小组的全部野外调查任务后对调查过程和结果的资料整理，包括本小组调查时间、野外实际调查天数、参加调查的人工数、调查路线图、区域图、调查区域内的地被植物资源状况、发现的优秀地被植物资源情况和分布、采收的标本数和处理方式、采收的繁殖材料和应用情况等。

(3)调查结束整理。指完成整个野外调查任务后，由调查总负责人组织对各个调查小组的调查资料进行全面、系统的整理归类，然后形成调查报告的过程。调查报告主要包括调查的基本情况、调查组织与过程、调查结果、资源保护和开发建议等部分内容。

调查的基本情况：包括经费来源情况、调查目的和要求、调查的时间和范围、调查地的基本社会和自然条件、植物资源情况。

调查组织与过程：包括调查的人员构成与分工、调查线路与区域、调查的时段与时间等。

调查结果：包括调查的地被植物种类数量、类型特征、优良种质、分布特点。并编制区域野生地被植物种质资源调查汇总表。

资源保护和开发建议：根据该区域地被植物资源调查结果情况，提出合理的资源保护与利用建议。

2.1.2 野生木本地被植物资源调查的内容

野生木本地被植物资源调查的内容主要包括生长环境调查、分布特点调查、观赏特性调查、生长情况调查、类型及优良种质调查等，调查时要及时填写调查记录表(表2-1)。

2.1.2.1 生长环境调查

野生木本地被植物的自然分布是在其长期的系统发育过程中，经过自然环境的选择后形成的。因此在进行资源调查中，必须要对资源所在地的环境条件进行调查记载，以便了解其生态特性和生物学特性，为以后引种和开发利用提供资料和参考，调查的内容主要有：

(1)地形调查。包括地貌类型、坡向、坡位、坡度、海拔高度。

(2)土壤调查。一般利用自然断面进行观察，必要时再做土壤剖面调查。包括土壤类型、土壤质地、土层厚度。

(3)气象调查。包括温度(年平均温度、绝对最高温度、绝对最低温度)、降水情况(年均降雨量、降雨集中期)、灾害性天气(冻害、旱害)。

2.1.2.2 分布特点调查

植物在自然界的分布受诸多因子的控制和影响，通过对植物在自然分布情况的调查，能了解许多有用的信息。如分布面广，在多种立地类型有分布的植物，一般适应性强，繁殖容易；分布在山脊、山冈的植物耐干旱、耐瘠薄；只在林下有分布的植物喜阴怕光。地被植物分布特点的调查内容主要有：

(1)分布范围。包括纬度范围，经度范围，海拔范围。

(2)分布位置。包括地貌特征与具体位置。

(3)分布环境。包括湿热情况、通风情况与遮荫情况。

2.1.2.3 观赏特性与生长特性调查

观赏特性和生长特性是园林地被植物两个最主要的影响因子。观赏特性决定地被植物的观赏价值；生长特性决定地被植物的生长特征，影响地被植物的苗木培育、园林应用和日常养护。调查内容主要包括树体特征、枝条特征、叶片特征、花特征、果特征。

(1)树体特征。包括植物的常绿落叶性、树高、冠幅、冠面、枝下高、叶层厚度等。

(2)枝条特征。包括枝条的分枝习性、枝条疏密度、枝条粗细度、枝条硬度、枝条的直立性和下垂性等。

(3)叶片特征。包括叶片大小、叶片的颜色及变化、落叶植物的落叶期、叶片的质地、光泽度。

(4)花特征。包括花期、花色、大小、形状、花量、着生方式、着生部位、开花年龄、花柄长短、花萼特性、香味以及功能特性等。

(5)果特征。包括果实的大小、形状特征、幼果颜色、成熟果颜色、挂果期、落果期、转色期、着果率、果实的可食性及其他功能特性。

2.1.2.4 类型及优良种质调查

园林地被植物资源调查的目的主要是发现优良地被植物资源，继而对其开发利用，以不断丰富园林地被植物种类，推动园林种苗特色产业的发展，为城市绿化美化建设服务，为地方农民致富服务。因此，类型和优良种质调查是园林地被植物资源调查的重点。

(1)类型调查。野生植物由于经历长期高自由度的有性繁殖和多种极端环境条件的综合作用，使得同种植物不同个体间的遗传基础和生长表现有较大差异，自然界中同种植物的种源差异、同种源中的个体差异极为明显。如浙江丽水种源的小叶蚊母叶片无毛或柔毛稀少，而湖南种源的小叶蚊母则柔毛较多。另外，两个种源的小叶蚊母在叶片色泽上也有一定差异。同为浙江丽水种源的小叶蚊母，其个体间差异也十分明显，如根据叶片大小的不同，可分为小叶系和大叶系；根据嫩叶颜色的不同可分为红色系和黄色系；根据枝条疏密程度的不同可分为密枝型和有疏枝型；根据花色的不同可分为红花型和黄花型，此外在抗寒性方面也表现出一定的差异。作为园林地被植物的类型调查，类型划分以观赏性或适应性方面的差异为主要依据。

类型调查的主要内容有：调查区域内各种地被植物在观赏性或适应性方面的种内差异、种内差异类型的划分、各类型的主要性状、各类型的典型植株定位和相关信息。

（2）优良种质调查。优良种质一般具有两重特性，即资源的新颖性和性状的优良性。园林地被植物的优良种质资源是指调查中发现的性状优良的地被植物变异植株或营养体，优良地被种质资源的挖掘是园林地被植物资源调查的重要成果，因为这类资源通过遗传稳定性测定、适应性观测和个体扩繁后，即可直接进行利用。

优良种质调查的内容包括：优良种质母株定位（包括定位图和线路图）、优良种质母株的生长环境因子调查、观赏特性调查、生长特性调查、年生长及变化观测、适应性调查、优良性状的详细说明、母株照片、优良性状局部照片。

表 2-1　野生木本地被植物资源调查项目表

<table>
<tr><td>编　　号</td><td></td><td>植物名称</td><td></td><td>别　名</td><td colspan="2"></td></tr>
<tr><td>科　　名</td><td></td><td>属　　名</td><td></td><td>拉丁名</td><td colspan="2"></td></tr>
<tr><td colspan="2">代表株生长地点</td><td colspan="5">省　　　市(区)、县　　　乡(镇)　　　村</td></tr>
<tr><td>地　　名</td><td colspan="2"></td><td>具体位置</td><td colspan="3"></td></tr>
<tr><td>调查日期</td><td colspan="2"></td><td>调查人</td><td></td><td>向导</td><td></td></tr>
<tr><td colspan="7">A　代表植株生长地概况</td></tr>
<tr><td>立地类型</td><td colspan="2"></td><td>坡向</td><td></td><td>坡位</td><td></td></tr>
<tr><td>坡　　度</td><td></td><td>海　　拔</td><td></td><td>成土母质</td><td colspan="2"></td></tr>
<tr><td>土壤类型</td><td></td><td>土壤厚度</td><td></td><td>土壤质地</td><td colspan="2"></td></tr>
<tr><td>年均温度</td><td></td><td>绝对最高温度</td><td></td><td>绝对最低温度</td><td colspan="2"></td></tr>
<tr><td colspan="2">年均降雨量</td><td></td><td colspan="2">降雨集中期</td><td colspan="2"></td></tr>
<tr><td colspan="7">B　所属种的分别概况及特点</td></tr>
<tr><td>分布范围</td><td colspan="6"></td></tr>
<tr><td>分布部位</td><td colspan="6"></td></tr>
<tr><td colspan="3">分布环境（全光照　半光照　荫蔽）</td><td colspan="4"></td></tr>
<tr><td colspan="3">分布特点（零星分布　片状分布　不定）</td><td colspan="4"></td></tr>
<tr><td colspan="7">C　代表株概况</td></tr>
<tr><td>树　　龄</td><td></td><td>高　　度</td><td></td><td>冠　　幅</td><td colspan="2"></td></tr>
<tr><td>枝下高</td><td></td><td>叶层厚度</td><td></td><td>年抽枝次数</td><td colspan="2"></td></tr>
<tr><td colspan="2">每母枝抽枝数量</td><td></td><td colspan="2">枝条疏密度</td><td colspan="2"></td></tr>
<tr><td>新梢粗度</td><td></td><td>枝条硬度</td><td></td><td>直立性</td><td colspan="2"></td></tr>
<tr><td>叶片长度</td><td></td><td>叶片宽度</td><td></td><td>颜色及变色</td><td colspan="2"></td></tr>
</table>

（续）

落叶期		叶片质地		光泽度	
花　期		花　色		形　状	
大　小		花　量		着生方式	
着生部位		香　味		功能特性	
果实大小		果实形状		果实颜色	
挂果期		落果期		转色期	
D　类型调查记录					
类型编号		类型划分依据			
本类型特征					
代表株生长					
优良种质调查记录					
优良种质编号			代表株		
特性描述					
主要优点					
主要缺点					

2.2　野生木本地被植物资源多样性

浙江省地处亚热带地区，自然气候条件良好，域内山体众多，地形地貌复杂，垂直高差大，有利于多种类型植物的生长发育，为植物多样性提供了良好条件。但由于浙江省地域面积小，人口密集，大部分地区原生植被受到强度破坏，植物资源分布不均，其中以浙南的丽水和温州的部分地区，浙中的衢州部分地方，浙北的临安、淳安等地资源较为丰富，且这些地方多为浙江省与邻省交接地，有一些特色资源。为此，我们以这些地方为重点调查地，参考全省的资源文献材料和有关资源调查成果，对浙江省的野生木本地被植物资源进行调查与分析，结果如下。

2.2.1　野生木本地被植物资源的种类多样性

根据野生木本地被植物资源的标准，通过野外调查和查阅文献(《浙江植物志》编委会，1993；《中国植物志》编写委员会，2004；郑万均等，1985；丁炳扬等，2000；李根有等，1994；梅笑漫等，2002；楼炉焕等，2000；高小辉，

2001；高兵红等，2004），对研究区域的野生木本地被植物资源调查结果进行了统计。结果表明浙江有野生木本地被植物143种（含变种，详见附表A），分属29科（表2-2）64属。含野生木本地被植物资源5种以上的科有12个，分别是小檗科、虎耳草科、蔷薇科、豆科、冬青科、山茶科、杜鹃花科、紫金牛科、马鞭草科、茜草科、禾本科与忍冬科，这12个科的种类数占野生木本地被植物资源种类总数的78.32%，其中蔷薇科所含的种最多，达17个，占比最大，达到11.89%；其次是山茶科，有15个种，占10.49%。

表2-2 浙江野生木本地被植物分科统计表

序号	科名	拉丁名	种数	所占比例
1	金粟兰科	Chloranthaceae	1	0.70%
2	桑科	Moraceae	3	2.10%
3	壳斗科	Fagaceae	1	0.70%
4	小檗科	Berberidaceae	6	4.20%
5	樟科	Lauraceae	1	0.70%
6	虎耳草科	Saxifragaceae	12	8.39%
7	海桐花科	Pittosporaceae	1	0.70%
8	金缕梅科	Hamamelidaceae	2	1.40%
9	蔷薇科	Rosaceae	17	11.89%
10	豆科	Leguminosae	9	6.29%
11	大戟科	Euphorbiaceae	2	1.40%
12	黄杨科	Buxaceae	4	2.80%
13	冬青科	Aquifoliaceae	9	6.29%
14	卫茅科	Celastraceae	1	0.70%
15	山茶科	Theaceae	15	10.49%
16	藤黄科	Guttiferae	2	1.40%
17	胡颓子科	Elaeagnaceae	1	0.70%
18	桃金娘科	Myrtaceae	2	1.40%
19	野牡丹科	Melastomataceae	4	2.80%
20	五茄科	Araliaceae	1	0.70%
21	三茱萸科	Cornaceae	1	0.70%
22	杜鹃花科	Ericaceae	10	6.99%
23	紫金牛科	Myrsinaceae	8	5.59%
24	木犀科	Oleaceae	3	2.10%
25	马鞭草科	Verbenaceae	6	4.20%
26	马钱科	Loganiaceae	1	0.70%
27	茜草科	Rubiaceae	6	4.20%
28	忍冬科	Caprifoliaceae	9	6.29%
29	禾本科	Gramineae	5	3.50%
合计			143	100%

2.2.2 野生木本地被资源的生长类型多样性

不同生长类型的地被植物有不同的园林用途和栽培要求。常绿植物覆盖性好，生态功能稳定，为地被植物的重要特性之一；但落叶植物往往有一定的特殊观赏价值，也可在某些地方使用；匍匐或披散类地被覆盖快，还可减少修剪强度；小乔木类地被往往适应性强，萌芽性好，耐修剪，生长速度适中，观赏性好的树种也可以作为木本地被使用，而且由于其高度调节幅度大，特别适合在需要层次变化的工程中应用。如现在工程中常用的红叶石楠、红花檵木、小蜡等都属于此类。在浙江野生木本地被植物中，有常绿植物85种，落叶植物52种，半常绿植物6种，所占比例分别为59.44%、36.36%、4.20%；其中常绿亚灌木4种，常绿灌木75种，半常绿灌木5种，常绿小乔木4种，常绿披散或匍匐灌木2种，半常绿披散灌木1种，落叶灌木52种。

2.2.3 野生木本地被植物资源的生态类型多样性

植物的生态适应性决定了植物适用范围，是实现适地适树的重要基础。在全省的野生木本地被植物资源中包含了不同光适应性的各种类型植物，其中耐阴地被植物8种，占5.59%，耐阴偏中树种19种，占13.29%，这两种生态类型的地被主要为紫金牛科植物，其他分属于金粟兰科、虎耳草科和马鞭草科、野牡丹科；中性地被植物33种，占23.08%，主要分属在禾本科、茜草科、马鞭草科、冬青科中；喜光地被植物14种，占9.79%，喜光偏中或中性树种67种，占46.85%；对光适应性强，适合在向阳到庇荫环境生长的地被资源2种。

2.2.4 野生木本地被植物的观赏类型多样性

园林地被植物主要功能是地表覆盖和园林造景。园林绿地中的木本地被植物由于控制高度和维持冠面整齐的需要，需经常进行修剪，修剪后植物开花结果的枝条大部分会被剪去，对植物的开花结果有很大的影响，因此，叶片是地被植物最主要的观赏对象。但一些地被植物除有良好的观叶效果之外，还有一定的观花观果价值，若能在园林使用和养护中科学把握，也可以取得良好的景观效果。此外，花果观赏性强的木本地被植物也可以作为园林绿地的中层植物使用。

浙江野生木本地被植物资源中，有观花植物88种，占61.54%；观果植物46种，占32.17%。观花树种主要分属于蔷薇科、小檗科、虎耳草科、忍冬科、野牡丹科、豆科。色彩鲜艳、季相分明的野生观花地被植物是野生地被植物中最重要的种质资源，是园林景观配置中不可多得的素材。观花植物中花色以白色和红色为主，也有紫色和蓝色等花色。开花季节以春季和夏季为多，也有部分冬花植物，冬花植物主要是山茶科植物。观果树种主要分属于冬青科、蔷薇科、紫金牛科、忍冬科、马鞭草科。观果植物的果色以红色为主，也有白、紫、褐等颜色，果实成熟期主要在秋季。

2.3 野生地被植物资源评价

2.3.1 野生地被植物资源评价的重要性

每一区域内的野生地被植物资源均是一个庞杂的群体，其中包含了大量的植物种类和类型。不同植物的种，或者同种植物的不同类型，它们的观赏价值、生物学特性、生态适应性、栽培与养护要求等各个方面都存在差异，这些差异造成了不同种类的植物资源具有不同的园林用途和开发价值，其中那些观赏价值高、适应性强、容易繁殖和栽培养护的植物资源开发利用价值高，推广应用前景广阔。如红花檵木原为我国湖南的野生木本植物，由于其叶色红艳，观赏价值高、适应性强、繁殖简单、栽培容易，很快得到市场的认可，成为我国长江以南广大地区用量最大的木本地被植物。观赏价值一般的植物开始虽然不会引起市场的注意，但若其他性状较为优良，也会有很好的市场前景；观赏价值高而适应性差的植物却很难得到推广应用。因此，面对某一地区庞大的野生地被植物资源，如何在利用开发前科学判断各种资源的开发利用价值，减少研究和生产的盲目性，是一件十分重要的工作。

2.3.2 野生地被植物资源的评价方法

评价方法对评价结果影响很大，采用不同的评价方法，往往得出不同的评价结果，因此选择科学的评价方法极为重要。虽然还没有形成专门针对园林地被植物资源的评价方法，但园林地被植物是观赏植物的一个分支，其他观赏植物资源评价方法的原理同样适用于地被植物资源的评价。一般来说观赏植物资源评价的方法可分为直接评价法和综合评价法两大类。

（1）直接评价法。即针对植物的性状作直接的描述性评述。这种方法直接明了，但不便于进行种间比较，也很难进行综合性评价。

（2）综合评价法。是综合观赏植物的观赏价值、生物生态学特性、栽培养护特性等各方面相关性状的一类评价方法。这种方法便于进行同类用途植物的种间比较。

2.3.3　野生地被植物资源综合评价体系

为了对种类繁多、性状千差万别的野生地被植物资源进行科学的评价，我们参考其他类型观赏植物资源的综合评价方法，根据地被类植物的功能特点和特性要求，建立地被植物资源综合评价体系。

2.3.3.1　评价体系构建原理

地被植物资源的优良性是由地被植物的观赏特性、生态适应性、生物学特性、栽培养护特点等方面的性状决定的，而这些性状又是由一系列更加具体的子性状所决定。为此我们通过目标性状的逐级分解建立目标性状控制体系，然后利用问卷调查法、专家咨询法、目标权重法等方法获取相应性状的权重值和底层指标的水平标准分值，根据各性状间的逻辑关系建立地被植物资源综合评价系统。参照评价体系中指标水平标准分值表，给各种地被植物资源的最底层性状指标赋分，再利用相关数学公式逐级计算上一级指标分值，最后得出该植物的综合评价分值。

2.3.3.2　评价指标

根据野生地被植物评价体系构建原理，选择观赏性、适应性、生长特性、栽培特性这4个性状作为地被植物资源综合评价的约束层指标，然后根据各约束层指标的主要影响因子，把每个约束层指标分解成数个副约束层指标。

(1)观赏性指标。地被植物的观赏性决定了植物的观赏效果和推广价值。观赏性指标又可分为观赏期、颜色、质地、整齐度等副约束层指标。

观赏期：包括观赏期的长短和特色观赏期的有无，地被植物观赏期是由植物的叶、花、果、枝等器官的特性决定的，其中又以叶的特性为主。因此，把观赏期指标分为常绿有特色观赏期、常绿无特色观赏期、落叶有特色观赏期、落叶无特色观赏期等4个水平。

叶色：观赏植物的开发利用价值除了植物的实际观赏效果之外，还与植物的稀有程度有关。不同叶色的地被植物可形成不同的景观效果，不同叶色植物其稀有程度也存在很大的差别。叶色指标分为绿色、红色、黄色、多色和其他颜色等水平。

质感：植物的质感是由植物叶片的大小、厚薄、硬度、光泽度和枝叶的疏密度等因素形成的直观感觉，划分为粗糙、中等、细腻3个水平。

整齐度：地被植物的整齐度是指未修剪的自然冠面或通过修剪后所形成的冠面的整齐程度，划分为整齐、较整齐、不整齐3个水平。

(2)适应性指标。地被植物适应性是衡量地被植物对生长环境适应能力的综合性指标，关系到地被植物的使用区域、使用绿地类型、使用后的生长状况、景观效果以及养护要求等各个方面。根据影响植物生长的环境因子，将适应性指标分解为温度适应性、水分适应性、土壤适应性、抗污性、光适应性5个指标。

温度适应性：地被植物的抗低温能力是决定其分布和推广应用范围的主导因素，而对高温的适应性是关系到其使用绿地类型和应用区域的关键因子，如抗热性差的地被植物不宜用于强光照下的硬化地边，抗寒性差的地被植物不宜在寒冷地区使用。根据地被植物对温度的要求，把温度适应性划分为温度适应性强（既耐热又耐寒）、温度适应性较强（耐热同时轻度耐寒或耐寒同时轻度耐热）、温度适应性较弱（耐热不耐寒或不耐热耐寒）、温度适应性差（耐热耐寒性均差，温度适应范围小）4个水平。

水分适应性：地被植物对水分的适应性主要影响植物的应用部位和养护成本。耐旱性强的植物适栽区域广，浇水次数少，养护时省工节水。考虑地被植物用于旱地，绿地积水可通过排水措施得以解决，低洼积水地则用水生植物绿化，不用地被植物绿化，因此，地被植物的水分适应性主要以抗旱性为依据。水分适应性指标分为水分适应性强（既耐干旱又耐水湿）、水分适应性较强（耐干旱不耐水湿）、水分适应性较弱（中等耐旱性）、水分适应性弱（耐旱性差）4个水平。

土壤适应性：地被植物的土壤适应性也是影响地被植物生长状况和应用的重要指标。土壤对植物生长的影响是多方面的，不同的酸碱度、土壤类型以及肥力状况都会对植物的生长产生很大影响。根据地被植物在不同土质的生长表现，将地被植物对土壤的适应性分为适应性强、适应性中等、适应性弱3个水平，划分标准分别为在多种劣质土壤上能正常生长、在劣质土壤上生长不良、在劣质土壤上不能生长。

光的适应性：地被植物的光适应性是指地被植物对光强的适应范围，对光强适应范围广的植物适应性广，适合应用的区域就多。光适应性指标分为光适应性强、光适应性中等、光适应性差3个水平，标准分别为喜光耐阴、喜光耐半荫或喜荫耐半光、喜光不耐阴或喜荫不耐光。

抗污性：地被植物的抗污性分为抗污性强、抗污性中等、抗污性弱3个水平，标准分别为对多种污染物有较强抗性、对特定污染物有较强抗性、对污染物抗性弱。

（3）生长性指标。地被植物的生长性指标包括与地被植物生长有关的各种性状指标，地被植物的生长性状既与植物的观赏性密切相关，又与植物的苗木培育和使用寿命等经济性状有关，是地被植物的重要约束性指标，包括植物高度、生长速度、衰退快慢、耐修剪性、枝叶浓密程度5个副约束层指标。

植物高度：地被植物本来为低矮的植物，但由于园林对植物多样性的需要和现代精细化的管理，使得大量的小乔木甚至乔木树种也应用到地被植物中，如红叶石楠，因此，若以园林绿地中修剪后的高度为评价指标，不仅没有意义，也不具备可操作性。而植物的自然高度不仅是不同植物所固有的特性之一，而且也会影响到植物应用的其他性能，因此该指标以植物的自然高度为划分依据，分为高度 2m 以上、高度 1 ~ 2m、高度 1m 以内 3 个水平。

生长速度：生长速度快的地被植物具有苗木培育周期短的优点和养护管理时修剪次数多的缺点，而生长速度慢的地被植物则具有景观稳定、修剪次数少、苗木培育期长等优缺点。生长速度指标分为快、中、慢 3 个水平。

衰退速度：地被植物衰退快慢影响到植物的观赏和使用周期，因而直接关系到绿地的建设和养护等经济性状。本指标划分为衰退快、中、慢等 3 个水平。

耐修剪性：地被植物是一类修剪频度大的观赏植物，绝大部分木本地被植物控制高度、保持良好观赏效果都是通过修剪来实现的。地被植物耐修剪性是指地被修剪后萌发新梢的能力。划分为耐修剪、中等耐修剪、不耐修剪 3 个水平。

枝叶浓密度：地被植物的枝叶浓密程度对地被的观赏效果影响很大。该指标划分为浓、中等、稀 3 个水平。

(4)栽培性指标。地被植物的栽培性指标是指与地被的繁育、种植、养护相关的性状指标，决定了地被植物批量生产的可能性，又与苗木的生产成本、应用成本密切相关，是决定地被优良度的经济性和技术性综合指标。该指标包括繁殖难易、移植难易、养护难易、病虫害防治难易 4 个副约束层指标。

繁殖难易：地被苗木用量大、苗龄小、一致性好，必须采用人工繁殖的方法培育苗木方可达到以上要求。因此，地被植物的人工繁殖难易，成为地被植物能否推广的先决条件之一。该项指标分为繁殖易、中等、繁殖难 3 个水平。

移植难易：该项指标影响到地被植物移植成活率、移植技术要求、移后生长恢复等方面。就传统的地栽苗生产方式而言，移栽难易对苗木的生产、工程苗木使用、用后的工程效果都有一定影响。该指标分为移栽难、中等、移栽易 3 个水平。

养护难易：地被植物是多年生观赏植物，种植后可多年观赏，需进行多年养护，因此地被植物的养护难易深受业主单位、施工养护单位的关注，是影响地被植物使用价值和推广前景的因素之一。该项指标分为养护难、中等、养护易 3 个水平。

病虫害防治：地被植物的病虫害防治不仅增加苗木管理和绿地养护成本，而且会造成环境污染。随着人类环保意识的增强和地被植物种类的丰富，有严重病虫害的地被植物种类应用越来越少，如黄杨类植物使用量已大幅减少。该项指标分为防治难、中等、防治易 3 个水平。

2.3.3.3 指标权重值和标准分值

地被植物评价的诸多指标中，不同性状指标对地被植物开发利用价值影响的重要程度是不一样的，确定各个指标的权重值和副约束层指标的水平分值，对评价体系的有效性有很大影响，成为评价工作的重点和难点。常规的层次分析法，虽便于操作，但我们认为同一指标不同水平间、不同指标各水平间的重要性差别是不相等的。如繁殖性指标，其繁殖易的水平分值可为 1，中等水平的分值水平可以是 0.8 或其他，但繁殖难的分值应该很低，因为繁殖难，则该植物基本就无法产业化和推广，只能通过驯化野生植株来应用，局限性很大，而繁殖性中等的植物可通过增加繁殖数量来实现产业化，但随着科学的发展，目前繁殖难的植物通过技术攻关可能找到有效的繁殖方法，成为繁殖易的植物。而移植难易指标中的各个标准水平，虽有差异，但不同水平对植物应用推广的影响不会太大，因为移植成活难的植物可以通过培育容器苗的方式进行弥补。对指标的重要性分值和水平分值，不同类型的从业人员以及同一类型从业人员的不同个体会有不同的赋分标准。为了增加评价的客观性，尽力避免主观性，必须扩大参评群体，现代发达的网络系统为我们进行多区域大范围的问卷调查提供了可能。对地被植物的评价指标重要性分值采取问卷调查方法取得，调查对象为从事园林相关行业的人员，包括园林设计人员、园林施工人员、苗木生产人员、行业管理人员、综合类人员等。通过对 490 位专业人员的问卷调查结果统计，取得地被植物评价指标权重值，见表 2-3 至表 2-7，次约束层指标的水平分值见表 2-8。

表 2-3 地被植物约束层性状重要性调查统计表

性状	重要性分值				
	观赏性	适应性	生长特性	栽培特性	合计
得分	30.87	33.76	18.15	17.22	100

注：每性状打分范围根据其重要性在 0～100 范围内打分，但四项分值之和要等于 100。

表 2-4 地被植物观赏性构成因子重要性调查统计表

因子	分　值				
	观赏期	颜色	质感	整齐度	合计
分值	32.41	28.05	21.13	18.41	100

注：每因子打分范围根据其重要性在 0～100 范围内打分，但四项分值之和要等于 100。观赏期指全年或季节性观赏，整齐度指修剪后整齐度。

表 2-5　地被植物适应性构成因子重要性调查统计表

因子	水适应性	温度适应性	土壤适应性	抗污染性	光适应性	合计
分值	19.95	23.32	26.16	15.64	15.33	100

注：每性状打分范围根据其重要性在 0 ~ 100 范围内打分，但五项分值之和要等于 100。

表 2-6　地被植物生长习性构成因子重要性调查统计表

S 因子	植物高度	生长速度	衰退快慢	耐修剪性	枝叶浓密	合计
分值	15.42	19.11	20.83	24.25	20.39	100

注：每性状打分范围根据其重要性在 0 ~ 100 范围内打分，但五项分值之和要等于 100，植物类型指小乔木、灌木、小灌木。

表 2-7　地被植物栽培习性构成因子重要性调查统计表

因子	繁殖难易	移植难易	养护难易	病虫害防治	合计
分值	20.00	22.33	31.00	26.67	100

注：每性状打分范围根据其重要性在 0 ~ 100 范围内打分，但四项分值之和要等于 100。

表 2-8　地被植物性状优良性调查统计表

性状	因子	水平	分值
观赏性	观赏期	常绿、常年观赏、有特色观赏期	89.63
		常绿、常年观赏、无特色观赏期	75
		落叶、季节性观赏、有特色观赏期	80.49
		落叶、季节性观赏、无特色观赏期	60
观赏性	叶色	绿色	76.59
		红色	79.15
		黄色	81.66
		变色	83.41
		花色	80.61
	质感	细腻	85.49
		中等	77.32
		粗糙	66.83
	整齐度	好	86.71
		中等	78.29
		差	61.59

性状	因子	水平	分值
生长习性	植物自然高度	2m 以上	81.07
		1 ~ 2m	83.45
		1m 以内	85.24
	生长速度	快	80.71
		中	87.86
		慢	76.31
生长习性	衰退速度	快	62.62
		中	76.9
		慢	86.67
	耐修剪性	耐修剪	92.45
		中等	76.9
		不耐修剪	60.95
	枝叶浓密度	浓	87.26
		中等	79.88
		稀	61.9

（续）

性状	因子	水平	分值
适应性	耐旱性	耐干旱强耐水淹	90.12
		耐干旱同时耐轻度水湿、耐水湿同时耐轻度干旱	83.61
		耐干旱不耐水湿	67.95
		耐干旱耐水湿性均差	55.61
	耐热性	既耐寒，又耐热	85.49
		耐热同时轻度耐寒、耐寒同时轻度耐热	80.24
		耐热不耐寒、耐寒不耐热	66.22
		对温度敏感、耐热性耐寒性均较差	53.41
	土壤适应性	土壤适应性强，在劣质土上正常生长	90.37
		土壤适应性一般，在劣质土上生长不良	74.63
		土壤适应性差，在劣质土上不能生长	51.59
	抗污染性	对多种污染物具较强抗性	84.27
		对特定污染物具有较强抗性	78.54
		对污染物敏感，抗性弱	60.12
	光的适应性	喜光耐阴	87.17
		喜光，也具一定耐阴或耐阴也能耐一定条件光强	80.12
		喜光不耐阴，耐阴不耐光	67.07

性状	因子	水平	分值
栽培习性	繁殖难易	易	86.67
		中等	76.79
		难	63.21
	移植难易	易	90.5
		中等	75.71
		难	58.09
	养护难易	易	90.36
		中等	76.71
		难	56.67
	病虫害防治	易	93.57
		中等	78.1
		难	53.69
	您从事的工作（请在相应栏中打√）	园林设计	180
		园林施工	70
		苗木生产	100
		行业管理	90
		综合类型	50

注：每个水平打分范围为0～100。

2.3.3.4 指标分值计算

在对指标权重值和水平值调查时为了调查对象的赋分方便，采用百分制进行调查，为此需把调查分值换算成权重值常用的1分制，即将调查得到的分值除以100。根据各个指标的权重值和标准分值，可以得出一组指标分值计算公式。

（1）野生地被植物资源综合评价分值计算式：

$$K = 0.3087G + 0.3376Y + 0.1815S + 0.1722Z \qquad \text{（公式 1）}$$

式中：K——野生地被植物资源的开发利用价值综合评价总得分值；

G——野生地被植物资源的观赏性分值，其相应的权重值为 0.3087；

Y——野生地被植物资源的适应性分值，其相应的权重值为 0.3376；

S——野生地被植物资源的生长特性分值，其相应的权重值为 0.1815；

Z——野生地被植物资源的栽培特性分值，其相应的权重值为 0.1722。

（2）约束层各指标分值计算公式：

$$G = 0.3241Gg + 0.2805Gy + 0.2113Gz + 0.1841Gq \qquad (公式2)$$

式中：Gg——野生地被植物观赏期分值，其相应的权重值为 0.3241；

Gy——野生地被植物的叶色分值，其相应的权重值为 0.2805；

Gz——野生地被植物的质感分值，其相应的权重值为 0.2113；

Gq——野生地被植物整齐度分值，其相应的权重值为 0.1841。

$$Y = 0.1995Ys + 0.2332Yw + 0.2616Yt + 0.1564Yr + 0.1533Yg \qquad (公式3)$$

式中：Ys——野生地被植物水适应性分值，其相应的权重值为 0.1995；

Yw——野生地被植物温度适应性分值，其相应的权重值为 0.2332；

Yt——野生地被植物土壤适应性分值，其相应的权重值为 0.2616；

Yr——野生地被植物抗污染性分值，其相应的权重值为 0.1564；

Yg——野生地被植物光适应性分值，其相应的权重值为 0.1533。

$$S = 0.1542Sg + 0.1911Ss + 0.2083St + 0.2425Sx + 0.2039Sn \qquad (公式4)$$

式中：Sg——野生地被植物自然高度分值，其相应的权重值为 0.1542；

Ss——野生地被植物生长速度分值，其相应的权重值为 0.1911；

St——野生地被植物衰退快慢分值，其相应的权重值为 0.2083；

Sx——野生地被植物耐修剪性分值，其相应的权重值为 0.2425；

Sn——野生地被植物枝叶浓密度分值，其相应的权重值为 0.2039。

$$Z = 0.2000Zf + 0.2233Zy + 0.3100Zh + 0.2667Zb \qquad (公式5)$$

式中：Zf——野生地被植物繁殖难易分值，其相应的权重值为 0.2000；

Zy——野生地被植物移栽难易分值，其相应的权重值为 0.2233；

Zh——野生地被植物养护难易分值，其相应的权重值为 0.3100；

Zb——野生地被植物病虫害防治难易分值，其相应的权重值为 0.2667。

（3）副约束层部分指标性状划分标准：

A. 观赏期中的特色观赏期是指具有 15 天以上良好观赏效果的花期、果期、彩叶期。

B. 颜色是指叶色，年彩叶期累计长度达到 90 天以上的，则按彩叶的颜色为颜色类别，彩叶期累计长度不到 90 天的，则以成熟叶叶色为颜色类别，彩叶和色彩艳丽的果色为特色观赏期。

C. 整齐度好是指未修剪冠面也较整齐，或修剪后冠面很整齐，且较为稳定的地被植物，如龟甲冬青；整齐度差是指修剪后整齐度不稳定或根本无法取得整齐冠面的地被植物，如月季类；整齐度中等是指自然冠面不整齐，但通过修剪可取得较好的整齐度，且可维持一段时间(生长期1~2个月)的地被植物，如火棘。

D. 在干旱区域常有自然分布的地被植物资源为耐干旱地被植物资源；只分布在非干旱区域的地被植物资源为不耐干旱地被植物资源；在干旱区域少有分布，主要在半干旱和非干旱区分布的地被植物资源为中等耐旱资源。能连续耐水淹72小时以上的地被植物为耐水淹地被植物，否则为不耐水淹。

E. 野生地被植物资源的耐热性水平，以其自然分布和在高温季节的生长表现划分。在自然区域内的高温地带有分布，且在夏季高温季节无生长不适现象的地被植物资源为耐热性强的地被植物资源；在区域内的高温地带无自然分布的资源为耐热性弱的地被植物资源；在区域内高温地带虽有分布，但在夏季高温时有生长不适反应的地被植物资源为中等耐热资源。同理，耐寒性强的地被植物资源是指在区域内低温地带有自然分布且在常规低温年份无冻害发生的野生地被植物资源；在区域内的低温地带无分布，在非低温地带中分布，在常规年份也有冻害现象的地被植物资源为耐寒性弱的地被植物；在低温地带偶有分布，在常规低温年份中，分布在低温地带的植株有冻害，分布在非低温地带的植株无冻害的资源为耐寒性中等的资源。

F. 生长速度快是指幼龄植物年枝生长量在35cm或成年枝生长量在50cm以上的植物；慢生地被为枝条年生长总长度在15cm以下的植物；中间类型为生长速度中等的地被植物。

G. 常有大龄植株分布，且生长良好的野生地被植物为衰退慢的地被植物；未见大龄植株分布，且成龄植株常有生长不良现象的资源为衰退快的资源类型；偶有大龄植株，但大都生长衰退，而成龄植物生长良好的资源为中等衰退速度资源。

H. 修剪后新枝萌发快，且萌枝率高的地被植物为耐修剪地被植物；修剪后萌发很慢，且萌枝率低，新枝生长势不良的地被植物为不耐修剪的地被植物，不需修剪的地被植物归为耐修剪地被植物。

I. 繁殖难是指籽播出苗率低或种子量少，用其他繁殖方式培育小苗也较困难的地被植物；繁殖易是指通过一种或几种繁殖方式可以获得大量人工幼苗，且繁殖费用低的地被植物；繁殖难度中等植物是指经过一些技术措施可繁育新个体，但繁殖成本较高的地被植物。

J. 在种植季节裸根移植成活率高的地被植物为移植易的地被植物；裸根移植成活率低，带土移植成活率高的植物为移植难度中等地被植物；带土移植成活率较低的地被植物为移植难的地被植物。

K. 养护强度低，技术简单的地被植物为养护易地被植物；养护强度中等，成本一般的地被为养护难度中等地被植物；养护强度大，养护不及时对景观影响大的地被为养护难的地被植物。

M. 病虫害很少发生，或偶有发生，但防治容易的为病虫害防治易的地被植物；病虫害常有发生，但防治效果好的为病虫害防治中等难度的地被植物；病虫害经常发生，且防治技术要求高，防治次数多，防治不到位对观赏效果影响大的为病虫害防治难的地被植物。

2.3.3.5　资源等级划分

为了便于选择与开发，我们根据各种野生地被植物的综合评价分值高低进行资源优良等级的划分，并把资源划分为Ⅰ类资源、Ⅱ类资源、Ⅲ类资源等 3 种优良等级类型，以区分不同资源的优良程度和开发价值。其中Ⅰ类资源为综合性状最优资源，Ⅱ类资源为中等优良性状资源，Ⅲ类资源为综合性状较差的资源。根据评价体系，对各副约束层指标选取适合的水平分值，分别计算出各类资源的控制基础分值。

（1）Ⅰ类资源标准。根据优秀地被植物的性状要求，Ⅰ类资源地被植物各副约束层指标（*Gg*、*Gy*、*Gz*、*Gq*、*Ys*、*Yw*、*Yt*、*Yr*、*Yg*、*Sg*、*Ss*、*St*、*Sx*、*Sn*、*Zf*、*Zy*、*Zh*、*Zb*）标准分别设定为：观赏期为落叶有特色观赏期、颜色为绿色、质地为细腻、整齐好、耐干旱耐轻度水淹、耐寒耐热、土壤适应性强、对特定污染物有较强抗性、喜光耐半荫或喜荫耐半阳、植物高度 2m 以内、生长速度中等、衰退慢、耐修剪、枝叶浓密、繁殖中等、移植中等、养护易、病虫害防治容易，它们相应的分值分别为 0.8049、0.7659、0.8549、0.8671、0.8361、0.8549、0.9037、0.7854、0.8012、0.8107、0.8786、0.8667、0.9245、0.8726、0.7679、0.7571、0.9036、0.9357。根据公式 2、3、4、5 分别计算出 *G*、*Y*、*S*、*Z* 值分别为 0.8455、0.8572、0.8741、0.8721，根据公式 1 计算可得Ⅰ类资源基础分值 *Ky* 为 0.8446。

（2）Ⅱ类资源标准。根据一般地被植物的性状要求，Ⅱ类资源地被植物各副约束层指标（*Gg*、*Gy*、*Gz*、*Gq*、*Ys*、*Yw*、*Yt*、*Yr*、*Yg*、*Sg*、*Ss*、*St*、*Sx*、*Sn*、*Zf*、*Zy*、*Zh*、*Zb*）标准分别设定为：常绿无特色观赏期、颜色为绿色、质地为中等、整齐度中等、耐干旱耐轻度水淹、耐寒同时轻度耐热或耐热轻度耐寒、土壤适应性一般、对特定污染物有较强抗性、喜光稍耐阴或喜荫稍耐光、植物高度 2m 以上、生长速度快、衰退速度慢、耐修剪性中等、枝叶中等浓密、繁殖中等容易、移植难、养护中等容易、病虫害防治中等容易，它们相应的分值分别为：0.7500、0.7659、0.7732、0.7829、0.8367、0.8024、0.7463、0.7854、0.8012、0.8107、0.8071、0.7690、0.7690、0.7988、0.7679、0.7571、0.7671、

0.7810。利用公式 2、3、4、5 分别计算出 G、Y、S、Z 值分别为 0.7654、0.7107、0.7700、0.7294。根据公式 1 计算可得Ⅱ类资源基础分值 K_Z 为 0.7838。

(3)资源等级划分。按照各类资源的基础分值要求，将野生地被植物资源划分为以下 3 个类型(表 2-9)。

表 2-9 野生地被植物资源类型划分标准表

资源等级类别	资源优良度类型	资源综合评价分值(K 值)	可开发性
Ⅰ类	优等资源	$K \geq 84.46$	好
Ⅱ类	一般资源	$84.46 > K \geq 78.38$	一般
Ⅲ类	次等资源	$K < 78.38$	较差

2.3.4 浙江野生木本地被植物资源评价

利用“野生园林地被植物资源综合评价体系”，对浙江 143 种野生木本地被植物进行评价，结果见附表 B，从附表 B 可以看出：

(1) 观赏性评价：各种植物的观赏性分值在 71.68 至 85.28 之间，其中分值在 80 分以上的植物有 48 种，以南天竹、轮叶蒲桃和赤楠的观赏性分值最高，因为这些种植物叶片细小、光泽好、枝叶密集、整齐度好、嫩叶颜色鲜艳美观。

(2) 适应性评价：各种植物的适应性分值在 74.21 至 88.10 之间，最高的植物是小叶蚊母、檵木、小蜡等植物。

(3) 生长特性评价：生长特性以小叶蚊母分值最高，评价分值为 88.20，轮叶蒲桃、赤楠、檵木、茶、罗城石楠等 5 种植物得分在 87 分以上，得分在 85 分以上的种有 15 个，说明这些植物的生长特性非常适合作为园林地被植物使用。

(4) 栽培特性评价：栽培特性分值在 90 分以上的有小叶蚊母等 7 种植物，在 80 分至 90 分的植物有 56 种植物，最低的为地埝，分值为 66.55。

(5) 综合性状评价：从综合性状得分来看，在所有参评的 143 种植物中，超过 84.46 的Ⅰ类植物有 9 种，综合得分在 78.38 至 84.46 分的Ⅱ类植物有 107 种，综合得分低于 78.38 的植物为 27 种。

第3章 野生木本地被植物优良类型选择

选择育种是在种内群体中按一定目标选出部分个体或群体加以繁殖，以改良群体品质的育种方法。选择育种的遗传学基础是利用植物种内群体中基因的分化与重复产生的变异，通过选择及分离繁殖，建立与原始群体有不同基因频率的新群体。与其他森林树种一样，野生木本地被植物多属异花授粉植物，有广阔的自然分布范围，绝大多数树种处在野生、半野生状态，种内变异大，因而，选择育种是野生木本地被植物遗传改良的主要手段。由于木本地被植物育种研究刚刚起步，以个体本身的表型资料为依据的表型选择简单易行，是当前切实可行的方法，特别是当改良的目标性状遗传力较高时，也可得到较好的效果。

3.1 野生木本地被植物的个体差异

根据我们的野外调查和栽培观测，发现许多野生木本地被植物树种的个体间存在明显的形态差异，差异最多样化的性状主要是叶片颜色、叶片大小、花色、花量、枝条和节间长度、树冠形状、果色和结果量等，一些性状的差异表现出强烈的数量性状遗传特征，个体间的性状差异存在大量的过度类型，为类别的准确划分带来很大困难。

2007～2009年，我们对主要从丽水收集的41种野生木本地被植物进行了初步的类型划分，有17个种至少可分2个类型，其中5个种可分3个类型以上(表3-1)。类型最多的是小叶蚊母，可根据叶片大小、花色、嫩叶颜色、开花结果特性、枝叶疏密程度等划分出12个类型。由此可见，优良类型的选择可作为木本地被植物良种选育的重要手段。

表 3-1 丽水野生木本地被植物树种类型统计表

树种名称	类型个数	类型划分依据
小叶蚊母	12	叶片大小、花色、嫩叶颜色、开花结果特性、枝叶疏密程度等
轮叶蒲桃	6	叶片大小、嫩叶颜色、枝条直立性
尖叶黄杨	4	叶片大小，颜色
毛冬青	2	花色
檵木	2	叶片颜色
毛花连蕊茶	3	花色和花瓣的重瓣性
矮冬青	2	嫩叶颜色
石斑木	2	嫩叶颜色
黄背越橘	2	嫩叶颜色
宁波溲疏	2	花色
厚叶石斑木	2	叶片形状
赤楠	3	叶片颜色与密集性，节间长度
光叶石楠	2	新叶颜色
毛枝连蕊茶	2	花色
算盘子	2	嫩叶颜色，果色
乌药	2	成熟果颜色
厚皮香	2	嫩叶颜色
合计	54	

3.2 小叶蚊母性状多样性与类型划分

小叶蚊母（*Distylium buxifolium*）为金缕梅科蚊母属常绿小灌木，该植物树形紧凑，枝叶繁茂，叶色深绿，夏天不枯焦，秋冬不落叶，不枯黄，绿色期长，观赏性持久稳定；枝条平展婆娑，高增长慢，水平延伸快，自然片植冠面整齐不易乱，在大量的园林绿地中使用后景观效果好；对生长环境适应性强，能在酸性、中性或碱性土壤中生长，耐寒耐热、喜光耐阴、耐旱耐涝，病虫害少，是一种优秀的节约型地被植物。近年来该植物推广应用很快，已成为华东地区一些城市园林绿化最重要的地被植物之一。

3.2.1 小叶蚊母类型多样性

小叶蚊母在浙西南丽水市为峡谷溪边常见的常绿灌木树种之一，多分布在溪边常水位和洪水位的变换交接带。我们在进行该区域的小叶蚊母资源调查中发现，小叶蚊母个体形态间存在一些差异。因此，我们结合资源库建设，在该市庆元县、景宁畲族自治县，龙泉市等地选择有表型差异的代表植株，采集枝条进行扦插繁殖，在培育的无性苗木及其他大量的天然杂交群体培育的苗木中选择遗传稳定、特征明显的植物性状进行比较分析，通过集中种植、同步观测，研究浙西南小叶蚊母资源的形态多样性。

3.2.1.1　花色多样性

花是植物的性器官，更是观赏植物的重要观赏器官，它对植物观赏性的体现具有重要作用。花的观赏价值主要是由花色、花形、花期等因素决定的，其中花色又是最为关键的影响因子。花色的遗传具有较高的稳定性。根据《中国植物志》记载，小叶蚊母为雌花或两性花的穗状花序腋生，长1～3cm，苞片线状披针形，长2～3mm。小叶蚊母花瓣退化，花药与花丝颜色鲜艳，其颜色即为花色，一般认为是红色。但我们在研究中发现，浙西南种群中小叶蚊母花的颜色有淡黄、红、紫红3种，其相关的主要性状见表3-2。

表3-2　小叶蚊母花色类型性状表

花色	其他主要性状
红色	嫩叶颜色多样、成熟叶绿色，叶形、树形多样
紫红色	嫩叶颜色多样、成熟叶绿色，叶形、树形多样
淡黄色	嫩叶淡黄色、成熟叶绿色

3.2.1.2　叶色多样性

小叶蚊母不同种源叶色有明显差异，湖南种源的小叶蚊母成熟叶为暗绿色，浙西南种源成熟叶为绿色。浙西南种源中，虽然老叶叶色差异不明显，但其嫩叶叶色差异大，并且极为丰富，共有两个色系，多种颜色。色系分别为红色系和黄色系。颜色有红色、紫色、紫红色、黄色等。色叶期主要是嫩叶期，随着叶片的成熟，彩叶慢慢变为绿色，单季彩叶持续时间一般在25～45天。且同一植株不同时段抽发的新梢，其嫩叶颜色以春梢最深，时间也长。经多年、多地点、多代观察，发现小叶蚊母嫩叶叶色遗传稳定性好，为植物的固定性状特征之一(表3-3)。

表3-3　小叶蚊母叶色类型性状表

嫩叶叶色	嫩叶叶色持续时间	成熟叶颜色	其他主要性状
红色	20～25天	绿色	花色为红色或紫红色，叶片类型多样
紫色	25～40天	绿色	花色为红色或紫红色，叶片类型多样
橙红色	30～45天	绿色	花色为红色或紫红色，叶片类型多样
黄色(或黄绿色)	30～45天	绿色	花色为红色或紫红色或黄色，叶片类型多样

3.2.1.3 叶形多样性

叶形是指植物的叶片形态，叶片的形态主要包括叶片的形状和大小两方面的指标。叶片是植物观赏的主体，是观赏时间最长、对观赏效果影响最大的器官，不同形状、不同大小、不同质地的叶片，给人的感觉不同。小叶蚊母的叶片，无论是其大小还是形状都表现出稳定的遗传差异，叶片的形状有近矩圆形、倒披针形、瓜子形；叶片的大小有小叶形、中叶形、大叶形等(表3-4)。

表3-4 小叶蚊母叶形类型性状综合表

性状类别	形态类别	主要性状
叶片形状	近矩圆形	叶片两边近平行，长为宽的3~4倍
	倒披针形	叶片中部以上宽，长宽比3~4倍
	瓜子形	叶片瓜子形或卵形，长宽比1.8~2.5倍
叶片大小	小叶型	叶片宽5~12mm，长20~40mm，80%以上叶宽小于9mm，叶片倒披针形或长卵形
	大叶型	叶片宽11~27mm，以11~17mm居多，长30~57mm，叶片卵形或长椭圆形

3.2.1.4 树体结构及分枝多样性

小叶蚊母的树体结构和分枝习性也表现出明显的表型差异。从树体结构看，小叶蚊母有结构紧凑型和结构松散型；从分枝习性看，有枝叶密集型和枝叶稀疏型。

枝叶密集型：该类树形的植物枝条较直立，枝条节间较短，长枝少，枝条硬度较大，内膛枝叶多，萌枝力较强，整体树冠结构较圆整密实，花量、结果量相对较少，观赏性好。

枝叶疏松型：该类树形的植物枝条柔软，长枝多，节间较长，萌枝力弱，内膛空，花量和结果多，易落叶，枝叶较稀疏，观赏性差。

3.2.1.5 其他性状的多样性

在研究观察过程中发现，浙西南小叶蚊母除存在以上性状差异外，还存在其他性状差异，如植物抗病性差异、抗寒性差异、开花结果性能差异等。小叶蚊母总体表现抗病性强，植株感病系数低，无论在苗木生产或绿地中，均未进行病虫害防治，但在我们所收集的资源类型中，有2个类型表现为易感叶斑病，易造成落叶和部分枝条枯死。同样，在抗寒性方面也表现出一定差异，多数类型的小叶蚊母在浙西南的各类绿地和苗圃中自然越冬无受冻现象，仅有少数类型在突遇低温时，有嫩叶受冻。此外，在植物的开花结果性能方面也存在明显差异。

小叶蚊母的形态多样，说明了小叶蚊母自然群体是一个杂合度高的群体，也表明小叶蚊母是一个容易发生遗传突变或饰变的物种，这大大提高了人工培育性状更为优良的新品种的可能性。

3.2.2 小叶蚊母类型划分

根据植物个体间的性状差异，我们对浙西南小叶蚊母进行类型划分。共划分为12个类型，各类型分别用LHWM01、LHWM02、LHWM03、LHWM04、LHWM05、LHWM06、LHWM07、LHWM08、LHWM09、LHWM10、LHWM11、LHWM12表示。各类型的区分见检索表(表3-4)。

表3-4 小叶蚊母园艺类型检索表

1. 花药与花丝黄色，叶片宽1.2~1.7cm …… LHWM01
1. 花药与花丝红色。
 2. 嫩叶黄色或黄绿色。
  3. 叶片较小，叶宽0.5~1.1cm …… LHWM02
  3. 叶片较大，叶宽1.1~2.7cm。
   4. 叶片宽1.6~2.7cm，叶长多不及宽的2倍，叶在枝上排列较稀疏 …… LHWM03
   4. 叶片宽1.2~1.8cm，叶长多是宽的2倍以上，叶在枝上排列较紧密 …… LHWM04
 2. 嫩叶淡红色、深红色、橙红色、深紫色或紫色。
  5. 叶片较小，叶宽0.7~1.2cm。
   6. 分枝多，每母枝春发新梢6~12个，枝叶浓密，结果少 …… LHWM05
   6. 分枝少，每母枝春发新梢不到6个，结果多。
    7. 枝多柔软匍匐 …… LHWM06
    7. 枝多直立 …… LHWM07
  5. 叶片较大，叶宽1.1~2.3cm。
   8. 枝多柔软匍匐。
    9. 新叶深紫色，侧枝极少 …… LHWM08
    9. 新叶淡红色，侧枝较多 …… LHWM09
   8. 枝多直展或斜展。
    10. 嫩叶深红色或橙红色
     11. 嫩叶深红色，叶片宽1.1~1.5cm，叶长是宽的2.3~3.5倍 …… LHWM10
     11. 嫩叶橙红色，叶片宽1.3~2.1cm，叶长是宽的1.8~3.1倍 …… LHWM11
    10. 嫩叶深紫色或紫色 …… LHWM12

3.2.3 小叶蚊母不同类型的表型差异

植物形态特征的自然变异是一个繁杂的过程。对8个不同类型的小叶蚊母叶片形态特征进行了观测(表3-5)。从表中可以看出，小叶蚊母除花的颜色存在差异外，叶的形态特征差异也比较明显。特别是嫩叶的色泽和成熟叶片的形状存在较大差异。

表 3-5 小叶蚊母不同类型形态特征的比较

序号	类型	花色	嫩叶色	成熟叶色	叶形	叶端	叶缘	叶基
1	LHWM01	黄色	黄色	深绿色	倒披针形	急尖	全缘	楔形
2	LHWM02	红色	黄色、绿色	深绿色	长圆状倒披针形	急尖	全缘	楔形
3	LHWM04	红色	黄色	深绿色	长圆状倒披针形	急尖	全缘	楔形
4	LHWM05	红色	紫红色	深绿色	倒披针形	急尖	全缘	楔形
5	LHWM08	红色	深紫色	深绿色	倒披针形	急尖	全缘	楔形
6	LHWM09	红色	淡红色	深绿色	倒披针形	急尖	全缘	楔形
7	LHWM10	红色	深红色	深绿色	长圆状倒披针形	急尖	全缘	楔形
8	LHWM11	红色	橙红色	深绿色	阔椭圆形	急尖	全缘	楔形

我们对每个类型的植株按东、南、西、北四个方向，各随机选取 3 张叶片，用电子游标卡尺测量其叶长、叶宽，采用 SPSS 12.0 软件进行分析，结果如表 3-6。

表 3-6 小叶蚊母不同类型叶片大小的比较

序号	材料编号	叶长(mm)	叶宽(mm)	叶形指数
1	LHWM01	38.63b	13.43bc	2.88b
2	LHWM02	34.32cd	9.81d	3.52a
3	LHWM04	43.17a	12.94c	3.34a
4	LHWM05	34.79c	13.37c	2.61cd
5	LHWM08	25.77e	9.38d	2.77bc
6	LHWM09	34.95c	15.18ab	2.46d
7	LHWM10	34.63c	11.76c	2.95b
8	LHWM11	31.30d	16.08a	1.96e

注：表中每列中两两之间若有一个字母相同，表示两者差异不显著，反之差异显著，显著水平为 0.05。

由表 3-6 可见，LHWM02、LHWM04、LHWM10，叶长是叶宽的 3 倍左右，其叶形为长圆状倒披针形；LHWM11，叶形为阔椭圆形，叶长是叶宽的 1.96 倍；而 LHWM01、LHWM05、LHWM08、LHWM09，叶形均为倒披针形，叶形指数在 2.46 ~ 2.88 之间。

在观察的小叶蚊母类型中，LHWM04 叶最长，其平均值为 43.17mm，与其他种质相比差异显著。叶片最宽的是 LHWM11，其平均值为 16.08mm，其次为

LHWM09、LHWM05、LHWM01，方差分析表明，它们与其他种质相比差异显著。叶形指数最大的为LHWM02，其次是LHWM04、LHWM10，最小为LHWM11，方差分析表明差异显著。由此可见，叶片长度、叶片宽度、叶形指数可作为分开鉴定小叶蚊母种质间的叶片特征指标。

3.2.4 小叶蚊母不同类型的解剖差异

研究采集不同类型的小叶蚊母新鲜成熟叶片，先用蒸馏水冲洗后，用10%铬酸和10%硝酸等体积作为离析液，在30～40℃温箱下离析2天，待叶肉组织与上下表皮开始分离时，将离析的材料用水洗净，移入盛有蒸馏水的培养皿中，撕取叶片上下表皮，1%番红染色，酒精系列脱水，二甲苯透明，中性树胶封片，Olympus BX-51数码显微成像系统照相。在同样倍数下(物镜40×目镜10)，测量10个视野中的上下表皮细胞面积、周长、气孔长、气孔宽、气孔密度，所测数据采用SPSS 12.0软件进行分析。

对8种不同类型的小叶蚊母的叶表皮特征观察发现，不同叶型小叶蚊母的上下表皮细胞形状均为不规则形，而垂周壁式样有浅波状、深波状以及平直或弓形。气孔器普遍存在于下表皮，上表皮均无气孔分布，气孔类型为平列型(图3-1)。8种不同类型的小叶蚊母上下表皮细胞大小、细胞面积、周长，气孔长、气孔宽、气孔密度的叶表皮微形态特征上存在着明显的差异(表3-7)。

表3-7 小叶蚊母不同类型叶片表皮显微特征

类型	上表皮					下表皮							
	细胞形状	垂周壁	细胞大小(μm)	细胞面积($μm^2$)	周长(μm)	细胞形状	垂周壁	细胞大小(μm)	细胞面积($μm^2$)	周长(μm)	气孔长(μm)	气孔宽(μm)	气孔密度(个/mm^2)
LHWM01	不规则	浅波状	17.16ab	190.80cd	64.15cd	不规则	平直或弓形	14.98b	104.05c	45.39d	6.90d	2.21bc	1439.9a
LHWM02	不规则	浅波状	21.04a	234.37bc	71.67c	不规则	平直或弓形	16.83ab	218.21a	69.85a	11.15a	2.23bc	948.1cde
LHWM04	不规则	浅波状	17.36ab	228.70bc	71.85c	不规则	平直或弓形	14.94b	139.09bc	55.29bc	7.99cd	1.89c	1148.9bc
LHWM05	不规则	深波状	19.45ab	286.20a	95.19a	不规则	平直或弓形	16.60ab	176.24b	60.91b	7.95cd	2.28bc	1152.3bc

（续）

类型	上表皮					下表皮							
	细胞形状	垂周壁	细胞大小（μm）	细胞面积（$μm^2$）	周长（μm）	细胞形状	垂周壁	细胞大小（μm）	细胞面积（$μm^2$）	周长（μm）	气孔长（μm）	气孔宽（μm）	气孔密度（个/mm^2）
LHWM08	不规则	浅波状	15.73b	172.04d	62.25cd	不规则	平直或弓形	14.46b	100.21c	48.56cd	9.53b	2.43ab	1189.3b
LHWM09	不规则	平直或弓形	17.91ab	256.70ab	71.88c	不规则	平直或弓形	16.77ab	131.81c	53.31bcd	7.60cd	2.16bc	1044.3bcd
LHWM10	不规则	浅波状	17.54ab	294.06a	83.04b	不规则	平直或弓形	21.05a	174.21b	60.98b	7.76cd	2.03bc	744.4e
LHWM11	不规则	平直或弓形	17.87ab	169.29d	57.54d	不规则	平直或弓形	14.58b	126.49c	50.85cd	8.67bc	2.73a	904.0de

注：表中每列中两两之间若有一个字母相同，表示两者差异不显著，反之差异显著，显著水平为 0.05。

从表 3-7 中可以看出，不同类型的小叶蚊母上表皮细胞最大为 LHWM02 号，最小为 LHWM08 号；上表皮细胞面积最大为 LHWM10 号是 294.06$μm^2$，其次为 LHWM05 号，最小为 LHWM11 号是 169.29$μm^2$；上表皮细胞周长最大为 LHWM05 号是 95.19μm，最小为 LHWM11 号是 57.54μm。下表皮细胞最大为 LHWM010 号，最小为 LHWM08 号；下表皮细胞面积最大为 LHWM02 号，是 218.21$μm^2$，其次为 LHWM10 号，最小为 LHWM08 号，是 100.21$μm^2$；下表皮细胞周长最大为 LHWM02 号，是 69.85μm，最小为 LHWM01 号，是 45.39μm；气孔长度最长为 LHWM02 号，是 11.15μm，最短为 LHWM01 号，是 6.90μm；气孔宽度最宽为 LHWM11 号，最窄为 LHWM04 号；气孔密度最大为 LHWM01 号为 1439.9 个/mm^2，其次为 LHWM08 号为 1189.3 个/mm^2，最小为 LHWM10 号为 744.4 个/mm^2，与其他种质相比差异显著。8 种小叶蚊母表皮形态特征表明，它们之间有共同的特征，体现了一定的遗传特性，但同时也表明小叶蚊母叶表皮的形态特征出现了一些变异。

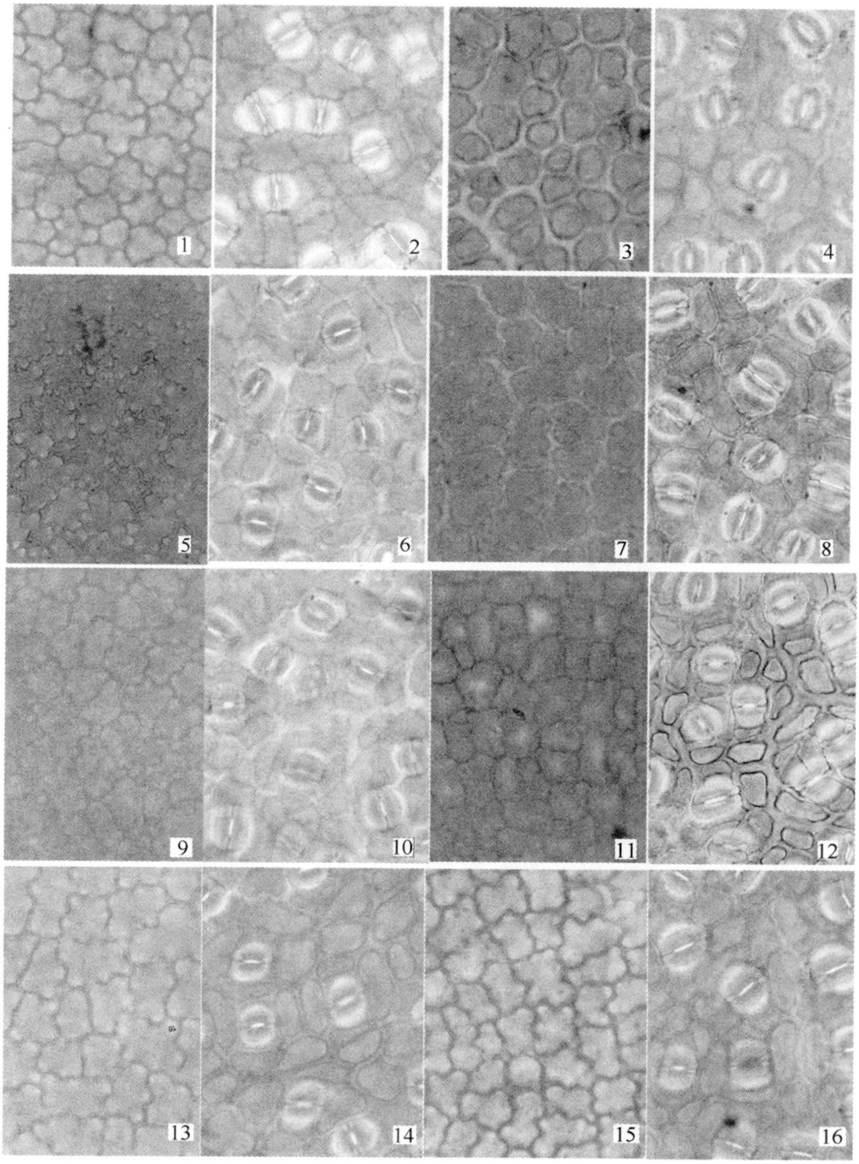

图 3-1　小叶蚊母不同类型的叶片上下表皮形态差异(10×40)

注：1～2：LHWM02 号上、下表皮；3～4：LH11 号上、下表皮；5～6：LHWM05 号上、下表皮；7～8：LHWM09 号上、下表皮；9～10：LHWM01 号上、下表皮；11～12：LHWM08 号上、下表皮；13～14：LHWM10 号上、下表皮；15～16：LHWM04 号上、下表皮

Culter 等(1979)根据大量试验结果分析认为叶表皮特征受遗传因子的强烈控制。气孔是植物与外界环境交换气体及水分的通道，因此，植物的光合作用、呼吸作用和蒸腾作用都离不开气孔。气孔生物学特性的研究，对于全面认识物种具有重要的意义。对 8 种不同类型的小叶蚊母表皮特征的观察表明，它们的叶表皮特征表现一定的共性，主要表现出在上下表皮形状以及气孔类型方面，这体现了一定的遗传性，但各小叶蚊母种质之间的微形态学特征又存在一定的差异，主要表现在气孔密度及气孔长、宽等方面。刘云等(2006)发现不同桑树品种在气孔密度之间差异极显著，而气孔类型和表皮细胞形状均具有共同的特征。陈曦等(2003)认为不同烟草品种气孔大小和气孔密度有所不同。8 种不同类型的小叶蚊母之间这种现象的存在是否与出现了不同类型变异有关，尚需进一步探讨。

3.2.5 小叶蚊母不同类型的 ISSR 分析

近年来，分子标记的研究与利用得到了迅速的发展。目前 ISSR 主要在遗传作图、基因定位、种质资源研究、遗传多样性分析等方面有着较多的应用。虽然在栽培、观赏、生理等方面对小叶蚊母植物有了一定的研究，但是在分子生物学水平上，尤其关于它们的种质鉴定及亲缘关系分析的研究在国内外仍是空白。

3.2.5.1 ISSR 分子标记技术

(1)取样。采摘小叶蚊母新鲜嫩叶，用 70% 乙醇清洗表面，无菌去离子水冲洗干净，再用洁净滤纸吸干，剪去大叶脉，存放至 −70℃超低温冰箱保存待用。

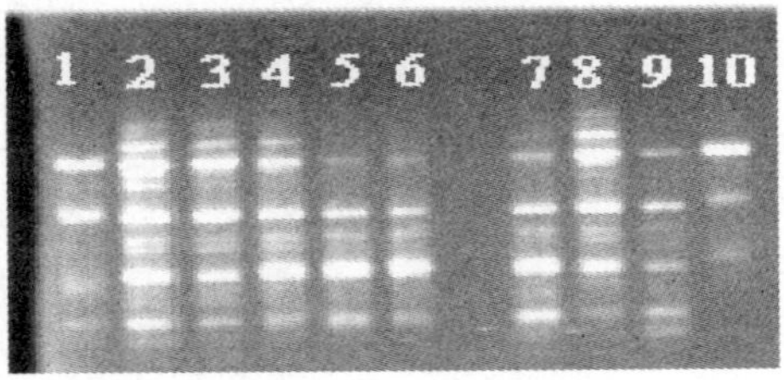

图 3-2 小叶蚊母采用不同的 Mg^{2+}、dNTP 浓度 ISSR－PCR 扩增结果

1～6 分别对应的 Mg^{2+} 浓度：1.25mmol/L、1.5mmol/L、1.875mmol/L、2.5mmol/L、3.125mmol/L、3.75mmol/L

7～10 分别对应的 dNTP 浓度：0.1875mmol/L

(2)DNA 的提取、纯化与检测。采用改良的 CTAB 法提取小叶蚊母植物叶片中的基因组 DNA，然后进行 DNA 纯化，保存备用，或 −20℃长期保存。

(3) PCR 扩增反应体系优化。PCR 扩增在 PE－9600 型 PCR 仪上进行。选用引物(P848)序列：(CA)8RG，就ISSR反应体系中的DNA的模板浓度、引物浓度、Mg^{2+}、dNTP等因素对实验结果的影响进行优化实验。即20μl体系中，DNA模板浓度设置10ng、20ng、30ng、40ng、50ng、60ng、80ng、100ng 8个梯度；随机引物浓度设置0.20μmol/L、0.25μmol/L、0.30μmol/L、0.40μmol/L、0.50μmol/L 5个梯度；Mg^{2+}浓度设置1.25mmol/L、1.50mmol/L、1.875mmol/L、2.5mmol/L、3.125mmol/L、3.75mmol/L 6个梯度；dNTP浓度设置0.1875mmol/L、0.25mmol/L、0.30mmol/L、0.35mmol/L 4个梯度；其他成分为1×buffer、1UTaq DNA聚合酶。反应程序为：94℃预变性5min；94℃变性45sec，55℃退火1min，72℃延伸2min，35个循环；然后72℃延伸7min；4℃保温，最后通过1.2%的琼脂糖凝胶电泳检测其扩增产物。

图3-2列出了小叶蚊母采用不同的Mg^{2+}、dNTP浓度进行ISSR－PCR扩增结果。经过比较，优化后的小叶蚊母ISSR ～PCR扩增的20μl反应体系为：1×buffer、40ng模板DNA、Mg^{2+} 1.5mmol/L、引物0.3μmol/L、dNTP0.25mmol/L、DNA聚合酶1U，其重复性强，结果清晰而稳定。

(4)ISSR引物筛选。研究用100对ISSR引物对各供试材料进行PCR扩增，筛选出有稳定扩增条带且多态性较高的引物。通过对100条ISSR引物的筛选，最终筛选出9个扩增产物清晰且多态性高的引物用于8个不同类型小叶蚊母的PCR扩增。图3-3为其中4个ISSR引物(P848、P853、P856、P857)的扩增结果。

表3-8 用于小叶蚊母ISSR扩增的引物及引物扩增的条带数

引物	序列 (5′to 3′)	条带数 (条)	多态带数 (%)	多态带百分率 (%)
808	(AG)8C	4	3	75.00
811	(GA)8C	4	3	75.00
814	(CT)8A	9	7	77.77
834	(AG)8YT	7	4	57.14
836	(AG)8YA	6	5	83.33
848	(CA)8RG	11	8	72.72
853	(TC)8RT	6	4	66.66
856	(AC)8YA	8	5	62.50
857	(AC)8YG	8	7	87.50

筛选出的9个引物总共扩增出63条DNA条带，其中46条是多态条带，占总条带数的73.02%；每个引物可扩增出的多态性条带数目在4～11条，平均7条(表3-8)。研究表明小叶蚊母8个不同类型在分子水平上的多态性是丰富的，利用ISSR分子标记能够鉴别出这8个不同类型，并能进一步分析出它们的亲缘关系。

(5)数据分析。将重复性好且清晰的条带进行记录(有无条带分别记为1和0)，采用POPGENE32软件分析数据，然后根据Nei和Li(1979)的方法计算Dice相似系数，建立相似矩阵；利用NTSYS PC22.10(Rohlf，1994)软件，用UPGMA法对8个不同类型小叶蚊母资源构建遗传关系系统树。

3.2.5.2　遗传多样性的ISSR分析

对8个不同类型小叶蚊母间的分析结果见表3-9。从表3-9可以看出，8个不同类型小叶蚊母间的遗传一致度的变化范围为0.6190～0.8254，遗传距离为0.1919～0.4796。LHWM11和LHWM01具有最高的遗传一致度，为0.8254，它们之间的遗传距离最小，为0.1919；LHWM08和LHWM02的遗传距离最大，为0.4796，相应的遗传一致度最低，为0.6190。这说明LHWM11和WM01类型间的亲缘关系较近，而LHWM08和WM02类型间的亲缘关系较远，它们间差异可能较大。

表3-9　小叶蚊母不同类型间的遗传一致度(对角线上方)**和遗传距离**(对角线下方)

序号	1	2	3	4	5	6	7	8
1	****	0.7937	0.7143	0.7778	0.6190	0.7619	0.7460	0.7778
2	0.2311	****	0.6984	0.7937	0.6667	0.7460	0.7302	0.7302
3	0.3365	0.3589	****	0.7460	0.6825	0.7937	0.6825	0.7778
4	0.2513	0.2311	0.2930	****	0.6825	0.7619	0.6825	0.7143
5	0.4796	0.4055	0.3819	0.3819	****	0.6984	0.6508	0.7143
6	0.2719	0.2930	0.2311	0.2719	0.3589	****	0.7619	0.8254
7	0.2930	0.3145	0.3819	0.3819	0.4296	0.2719	****	0.8095
8	0.2513	0.3145	0.2513	0.3365	0.3365	0.1919	0.2113	****

3.2.5.3　分子水平上的聚类分析

根据Dice相似系数，采用UPGMA法进行聚类，得到8个不同类型小叶蚊母遗传关系系统树(图3-3)。从图3-3中可以看出：在遗传相似系数为0.75处，可明显分为3类。第一类含(LHWM11、LHWM01)、LHWM10和LHWM09；第二类含(LHWM08、LHWM05)和LHWM04；第三类为LHWM02。同时，聚类分析也显示出各个类型存在一定的差异，可以从分子水平上将它们进行鉴别。

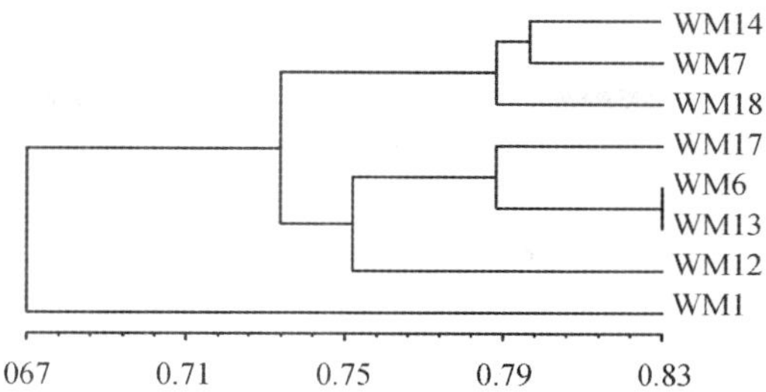

图3-3 8个不同类型小叶蚊母的系统关系树

从形态差异与分子水平分析对比情况看，两者结果并不一致，这可能是因为分子测定的DNA点位不是控制叶色和花色的遗传点位的缘故。

3.2.6 小叶蚊母优良类型选择

小叶蚊母12个类型中，有6个类型由于枝叶稀少，或生长势较弱，或抗性差等原因，不具备优良地被植物条件。其他6个类型生长良好，枝叶密集，适应性强，具备优良地被植物特征，被选择为优良地被类型。

(1)LHWM01。属大叶型，叶片宽度1.2～1.7 cm，长度3.3～4.8 cm，嫩叶黄色，萌芽期2月下旬，春梢停梢期4月上旬，春梢定梢长7～14cm，侧梢长3～7cm，每母枝抽梢7～13个，花黄色，花量较多，花序中等大小，果数一般，每果序果数1～5个。

(2)LHWM02。属小叶型，叶片宽度0.6～1.1 cm，长度3.3～3.6cm，嫩叶黄绿色，萌芽期2月下旬，春梢停梢期4月上旬，春梢顶梢长8～14cm，侧梢长3～9cm，每母枝抽春梢数量3～7个，花红色。花量中等，花序小，果量少。

(3)LHWM04。属大叶型，叶片宽度1.3～1.8 cm，长度3.6～4.8cm，嫩叶淡黄色，黄色期较长，萌芽3月上旬，春梢停梢期4月上旬，春梢顶梢长9～14cm，侧枝长3～7cm，每母枝抽枝数5～11个，花红色。花量较少，花序中等，果量较少。

(4)LHWM05。属小叶型，叶片宽度0.8～1.2 cm，叶片长度3.3～4.0cm，嫩叶紫红色，萌芽期2月下旬至3月初，春梢停梢期4月上旬，春梢顶梢长4～11cm，侧枝长2～6cm，每母枝抽春梢7～9个，花红色。花量较少，花序小，果少，每果序果数1～2个。

(5)LHWM11。属大叶型，叶宽1.3～2.1cm，叶长3.6～4.9cm，嫩叶橙红色，萌芽期3月上旬，春梢停梢期4月上旬，春梢顶梢长5～11cm，侧梢长2～7cm，每母枝抽春梢数极多，一般为8～19个，花红色。花量中等，花序大，果少，果序数和每果序果数均较少。

(6)LHWM12。属大叶型，叶宽 1.3~2.3cm，叶长 3.9 ~5.7cm，嫩叶紫色或深紫色，萌芽期 3 月上旬，春梢停梢期 3 月底 4 月初，春梢顶梢长 6 ~16cm，侧枝长 4 ~7cm，每母枝抽春梢 6 ~11 个，花红色。花量中等，花序中等大小，果少，每果序果数 1 ~2 个。

3.3 轮叶蒲桃形态变异与类型划分

轮叶蒲桃系桃金娘科蒲桃属常绿灌木，树体矮小，冠形规则紧凑，叶片细小有光泽，全株无毛，常给人以干净清爽之感，枝叶浓密，新梢萌发次数多，生长季节停梢期不明显，新芽嫩梢颜色鲜艳，观赏期长，具有很好的观赏效果，是传统常用的盆景制作材料。轮叶蒲桃病虫害少，适应性强，自然分布于长江中下游以南的湖北、湖南、江西、浙江、安徽、福建、广东、广西、贵州等地的干燥贫瘠山地中，习性喜光亦耐阴，耐干旱瘠薄，是难得的集优良观赏性和环境适应性于一体的优良木本地被植物资源。由于轮叶蒲桃特点明显，优点突出，受到园林植物研究人员的重视和园林工程人员的青睐。

轮叶蒲桃为浙西南山地常见的灌木种类之一，多分布在海拔 500m 以下的各类山地，在山脊、山坡、山谷，荫坡或阳坡，无蔽荫或有乔木蔽荫的地方，土层深厚肥沃或土壤瘠薄的山地均有分布，也是河岸和石质山地中难得的常见常绿灌木树种之一。轮叶蒲桃一般呈零星分布，在一些地方也有分布较为密集甚至连片分布，如在遂昌县的湖山水库岸边水位线附近区段有片状分布。轮叶蒲桃常与马尾松、木荷、檵木、石斑木、马银花等乔灌木伴生。我们在进行轮叶蒲桃资源调查中发现，该植物个体间存在明显的形态差异。为此，我们在丽水市莲都区的高溪、碧湖、联城、白云山、云和县的崇头、河上等地确定了不同形态类型的野生植株，连续观测其生长和形态特征；通过采收野生植株种子进行播种繁殖，对繁育后代进行集中种植观测，进行轮叶蒲桃资源的形态多样性和类型划分研究。

3.3.1 轮叶蒲桃的嫩叶叶色多样性

轮叶蒲桃不同个体间嫩叶叶色有明显差异，在浙西南种源中，虽然老叶叶色较为统一，但其嫩叶叶色差异大，并且较为丰富，主要有两个色系，多种颜色。两个色系分别为红色系和绿色系。颜色有深红色、橙红色、淡红色、嫩绿色等（表3-10）。单叶彩叶期较短，约 6 ~8 天，随着叶片的成熟，彩叶慢慢变为绿色，但由于轮叶蒲桃有连续抽梢的习性，自早春起至有冻害发生前，新梢几乎不间断地抽发，为此其嫩叶彩色效果也可持续很长的时间。

表 3-10 轮叶蒲桃嫩叶颜色类型性状表

分类标准	植物类别	主要性状
嫩叶颜色	红叶型	嫩叶深红色、红色或橙红色，成熟叶绿色
	绿叶型	嫩叶嫩绿色，成熟叶绿色

3.3.2 轮叶蒲桃的叶形多样性

轮叶蒲桃的叶形，无论是叶片的大小、叶片形状都表现出显著的遗传差异，叶片的形状有长椭圆形、椭圆形、卵形、菱形；叶片的大小有米叶、细叶、小叶等(表 3-11)。

表 3-11 轮叶蒲桃叶片类型性状表

分类标准	植物类别	主要性状
叶片大小	米叶型	宽 3 ~ 5mm，以 3 ~ 4mm 居多，长 15 ~ 20mm，叶片呈长椭圆形、椭圆形、卵状椭圆形
	细叶型	宽 5 ~ 8mm，以 5 ~ 6mm 居多，长 12 ~ 20mm，呈椭圆形、倒卵状椭圆形
	小叶型	宽 8mm 以上，长度 15 ~ 26mm，呈倒卵形、椭圆形、近菱形叶片轮生或对生

3.3.3 轮叶蒲桃的类型划分

根据植株的叶片大小、嫩叶颜色、枝条习性的差异，可将浙西南轮叶蒲桃划分为以下类型：红米叶蒲桃、米叶蒲桃、红细叶蒲桃、细叶蒲桃、红小叶蒲桃、小叶蒲桃等 6 个类型，各类型的主要特征见表 3-12。

表 3-12 轮叶蒲桃类型划分及主要性状表

植物类型	主要性状
红米叶蒲桃	嫩叶红色或紫红色，叶片细小如米状，叶片宽度在 4mm 以下，叶形为长椭圆形、椭圆形或卵状椭圆形，枝条向上，枝叶浓密
米叶蒲桃	嫩叶绿色或近绿色，叶片细小如米状，叶片宽度在 4mm 以下，叶形为长椭圆形、椭圆形或卵状椭圆形，枝条向上，枝叶浓密
红细叶蒲桃	嫩叶红色或紫红色，叶片细小，叶片宽度 4 ~ 7mm，叶形为椭圆形或卵状椭圆形，枝条向上，枝叶浓密

（续）

植物类型	主要性状
细叶蒲桃	嫩叶绿色或近绿色，叶片细小，叶片宽度4～7mm，叶形为椭圆形或卵状椭圆形，枝条向上，枝叶浓密
红小叶蒲桃	嫩叶红色或紫红色，叶片小，叶片宽度在7mm以上，叶片卵形、椭圆形或菱形，枝条向上，枝叶浓密
小叶蒲桃	嫩叶绿色或近绿色，叶片小，叶片宽度在7mm以上，叶片卵形、椭圆形或菱形，枝条向上，枝叶浓密

第4章 野生木本地被植物生物学特性研究

植物的生物学特性是指植物生长发育的特点及相关性状，如种子发芽，根、茎、叶的生长，花、果、种子的发育，分蘖或分枝特性，各生育时期对环境条件的要求等。研究探讨木本地被植物在一年或一生中的生长与发育及形态结构，各器官发生、发展的内在规律和功能，以及与环境条件和栽培技术的关系，利用这些规律，可以更好地开发利用野生植物资源，减少生产与利用的盲目性。

4.1 野生木本地被植物的生长特性

树体大小、年生长量等基本情况，是生物学特性研究及一些试验研究的基础资料，代表每个生长季节对自然条件和栽培条件的综合反映。木本地被植物作为一个特殊用途的植物类别，其生长具有一定的特性。

4.1.1 枝条生长特点

地被植物的主要功能是覆盖地表和造景观赏，这两个方面的功能体现都与地被植物枝条的生长特性密切相关，密集的枝叶、整齐的树冠、稳定的效果是优良地被植物的基本特征或基本条件。木本地被植物既具有木本植物枝条生长的基本特性，又必须具备地被植物的特征要求，因此，木本地被植物的枝条生长一般应具备以下特点：

(1)分枝部位低。地被植物高度低矮，低分枝是实现木本地被植物高度控制和早期地表覆盖的基础。木本地被植物的低分枝一般是植物的分枝生长特性之一，如本属于低矮灌木类的六月雪、瓜子黄杨、小叶蚊母、轮叶蒲桃等，但也有部分干性较强的植物，自然分枝往往较高，必须通过人工修剪的方法，促使其低位抽枝，如石楠类。

(2)萌枝力强。木本地被植物一般具有较强的萌枝力，萌枝力强有利于形成密集的枝架结构，还可以抑制顶枝的过量生长，维持低矮树冠。我们观测发现，常规木本地被植物的常规枝条自然抽枝在5个以上，多者可达20多个，如小叶蚊母、红花檵木。

(3)抽枝次数多。木本地被植物一般都有一年多次抽枝的特性，具体抽枝次数与生长条件有关，一般在苗圃等水肥条件好的环境抽枝次数多，如小叶蚊母、檵木苗圃中一年自然抽枝3～4次，而轮叶蒲桃抽枝次数更多，表现出常年不间断抽枝。多次抽枝有利于紧密树冠的形成与保持，同时还因为嫩叶比老叶观赏性好，多次抽枝可提高木本地被植物的景观效果。

(4)枝条节间短。木本地被植物多数为自然树体矮小或者生长缓慢的树种，这些植物的特征之一是单枝生长量小，节间短。节间短有利于枝叶密集和树冠紧凑，提高观赏价值，减少修剪次数。除徒长枝外，木本地被植物枝条节间长一般小于15mm。

4.1.2 叶片生长特点

叶片是植物营养物质的制造器官，也是地被植物的主要观赏器官。木本地被植物由于控制植株高度和保持整齐观赏面的需要，须进行经常性修剪，修剪后植物的生殖枝常被剪去，开花结果受到很大影响，花和果的观赏价值很难得到充分体现，叶片成为木本地被植物最重要的观赏器官，因此，木本地被植物叶片生长特性对木本地被植物的观赏有较大影响。优秀的木本地被植物叶片一般具备以下生长特性：

(1)叶形细小。叶片大小对木本地被植物的感官质地影响较大，叶片细小的植物质地细腻，在一定空间内生长的叶片数量多，少量的落叶、病叶和生长异常的叶片对地被植物的整体观赏效果影响小，能给人以叶茂的感觉。因此，除八角金盘、红叶石楠等少数具有特殊应用价值的树种外，木本地被植物的叶片均比较细小，如龟甲冬青、瓜子黄杨、轮叶蒲桃等植物，其叶长7～25mm，宽2～15mm。

(2)叶龄适中，集中落叶期不明显。木本地被植物的叶龄要适中，叶龄过长，老叶不容易脱落，影响观赏效果，叶龄过短或落叶期集中，会造成阶段性叶片稀疏，使观赏性下降。如落叶植物和半落叶植物，在长江以南地区很少作为地被植物使用。

(3)叶片数多，枝条下部叶片不易脱落。叶片密集是地被植物实现覆盖功能和防护功能的重要基础，枝条上抽发的叶片多，且枝条下部的叶片不容易脱落，才可以使植物形成浓密的树冠。

4.1.3 根系生长特点

根系是地被植物的重要组成部分，根系的生长活动、分布情况、吸收和合成能力直接影响地上部分的生长发育，因此根系观察、特性研究是植物研究的重要组成部分，是进行科学管理的基础。地被植物地上部分与地下部分是相互作用相互影响的统一整体，地上部分的管理措施也会影响到根系的生长。但根系深入地下，不易直接观察，只有通过挖根或在根窖内才能了解到它的分布和活动情况。我们对小叶蚊母、轮叶蒲桃、钝齿冬青、毛冬青、尖叶黄杨等5种浙西南野生木本地被植物的圃地苗木根系进行了调查分析。

4.1.3.1 根系生长调查方法

调查在丽水市绘景园林发展有限公司莲都区白桥试验基地进行。该地前作为水稻田，土质疏松肥沃，排灌条件良好，原耕作层厚约30cm左右。调查的钝齿冬青为原生庆元县荷地镇黄杨村的多年生野生驯化苗，移栽驯化2.5年；尖叶黄杨为扦插0.5年+1.5年苗，为松阳种源；毛冬青和轮叶蒲桃为丽水种源的籽播苗，苗龄0.3年+1.3年；小叶蚊母调查2种类型苗木，分别为1年+1年+2.5年的扦插苗、1.5年籽播苗。

研究采用选择标准株调查法进行调查，调查时根据苗木大小挖取足够大的根系土块，以保证所挖根系的完整性，然后逐步往内去土至露出细根，测定根冠大小，而后把带土苗木移至水槽浸泡，小心洗清根部土壤，自然平放在平地上自然风干根表水分，最后用卷尺和天平测定根系的分布和各根级的重量。

4.1.3.2 树冠与根系的关系

从表4-1可见，5种地被植物中除轮叶蒲桃的根幅明显大于冠幅外，其他4种地被植物的树冠与根幅比例均为1∶1左右，而轮叶蒲桃的根幅比冠幅大，比例约为2∶1。两种不同繁殖类型小叶蚊母苗木的根幅冠幅比十分接近，均为1∶1左右，说明同种植物的根冠幅比例较为固定。5种植物的树高与根的深度比例没有表现出一定的规律，根系分布深度在20～50cm，一般在40cm左右，除钝齿冬青根系分布小于耕作层厚度之外，其他植物的根系都达到或已穿入犁底层，特别是轮叶蒲桃根系穿入犁底层较多。由此可见，地被植物根系深度受犁底层的影响较大。5种地被植物6种苗木的根系垂直集中分布层均在0～30cm范围中，其中4种地被4种类型苗木根系集中分布在0～20cm范围内，以轮叶蒲桃集中分布层最浅，集中分布范围为0～15cm。

表 4-1 木本地被植物根分布情况调查表

植物名称	苗木类型	苗龄（年）	树冠		根系分布		
			冠幅（cm）	苗高（cm）	根幅（cm）	根深（cm）	集中分布层（cm）
钝齿冬青	野生驯化	2.5	50×65	52	60×60	20	0～20
尖叶黄杨	扦插苗	0.5+1.5	50×50	45	55×55	40	0～25
毛冬青	籽播苗	0.3+1.3	65×65	76	60×60	42	0～20
小叶蚊母	扦插苗	1+1+2.5	70×40	79	70×70	40	0～30
小叶蚊母	实生苗	1.5	30×26	70	34×25	32	0～20
轮叶蒲桃	实生苗	0.3+1.3	40×50	50	75×80	50	0～15

4.1.3.3 生物量构成

从表4-2可见，除钝齿冬青的地下部分鲜重大于地上部分鲜重外，其他4种植物都是地下部分鲜重小于地上部分鲜重，钝齿冬青、尖叶黄杨、毛冬青、小叶蚊母(扦插苗)、小叶蚊母(籽播苗)、轮叶蒲桃5种地被植物6种类型苗木的地下部占整个植株的鲜重比例分别为57.30%、21.79%、40.86%、42.94%、34.17%、12.99%。由此可见，不同植物的圃地苗木的地上地下部分生物量分配差异极大，不同种类间这种比例差异可达4倍以上，其中以钝齿冬青、小叶蚊母、毛冬青根系比例高，说明这些植物根系较发达。从小叶蚊母2种苗木的生物量分配来看，没有移栽过的实生苗根系比例小于经过两次移栽的扦插苗，这也证明了扦插苗根系好于籽播苗的根系。

表 4-2 木本地被植物生物量构成调查表

植物名称	苗木类型	苗龄（年）	地下鲜重（g）	地上鲜重（g）	总鲜重（g）	2mm以下根重（g）	2～5mm的鲜根重（g）	5mm以上根重（g）
钝齿冬青	野生驯化	2.5	395.9	295	690.9	149	27.9	219
尖叶黄杨	扦插苗	0.5+1.5	16.8	60.3	77.1	7.1	5.5	4.2
毛冬青	籽播苗	0.3+1.3	145.1	210	355.1	70	23.5	51.6
小叶蚊母	扦插苗	1+1+2.5	459	610	1069	216	85	158
小叶蚊母	实生苗	1.5	73.7	142	215.7	55	13.8	4.9
轮叶蒲桃	实生苗	0.3+1.3	23	154	177	6.4	3.8	12.8

4.1.3.4 根系结构

通过对各种苗木根系中不同粗度范围内的根重测定，可以分析各种地被苗木根的结构。钝齿冬青野生驯化苗、小叶蚊母1年+1年+2.5年扦插苗这两种苗龄较大的移植苗，尽管根径在2mm以下的细根重量为最大，分别达到395.9g和459g，但由于其大苗主根粗度大，重量也大，因而这两种类型苗木的细根占地下部分重量比例却不是最大，分别只有37.63%和47.06%，小于小叶蚊母实生苗的74.63%和毛冬青的48.24%，粗度为2mm以下细根所占比例最小的是轮叶蒲桃，只有27.83%，最高的是1.5年小叶蚊母实生苗，达74.63%。5种地被植物6种类型苗木粗度在2~5mm骨干根的根重比例分别为7.05%、32.74%、16.20%、18.51%、18.72%、16.52%，以钝齿冬青的骨干根根重比例最小，只有其他植物的21.53%~42.67%，这一方面是由于钝齿冬青的总根量大，因而其所占比例就小，另一方面也说明该植物根系结构简单，骨干根少而短，细根分布密集。尖叶黄杨根系中骨干根比例最大，说明该地被苗木根系结构层次丰富，其他3种地被植物4种苗木类型，根粗在2~5mm的骨干根比例相近。根粗在5mm以上的大根根重比例在6.65%~55.65%，大小相差近8倍，其中小叶蚊母扦插苗粗根根重比例是实生苗的5.16倍，说明同种植物的扦插苗与籽播苗根系结构有巨大差别。

4.1.4 主要物候期

物候期是木本地被植物生长特性的重要内容，它不仅对木本地被植物的观赏价值有一定的影响，也是指导木本地被植物苗木生产和园林管理的重要依据。以常见的木本地被植物小叶蚊母为例，该植物花期一般为1月下旬至3月中旬，抽梢期一般为2月中旬至10月下旬，无明显集中落叶期(表4-3)。

表4-3 木本地被植物小叶蚊母主要物候期

物候期	起止时间	物候期	起止时间
花芽萌动期	1月中旬至2月上旬	夏梢开始期	5月上旬至中旬
始花期	1月下旬至2月下旬	夏梢停梢期	5月下旬至6月中旬
盛花期	2月中旬至3月上旬	秋梢开始期	9月上旬至中旬
末花期	2月下旬至3月中旬	秋梢停梢期	10月上旬至10月下旬
春梢萌芽期	2月中旬至下旬	果期	4月上旬至10月
春梢停梢期	3月中旬至4月上旬	种熟期	10月

注：表中物候期为浙南种源小叶蚊母丽水圃地苗2007~2008年观测所得。

同样，木本地被植物轮叶蒲桃2月上旬开始萌芽，一年内可以连续多次抽梢，单次抽梢期较短，而停梢期不明显。抽梢期一般为2月上旬至11月下旬，遇暖冬季节可以迟至12月上中旬。第一次梢主梢长一般在9cm左右，第二次梢主梢长一般在15 cm左右，第三次主梢长一般在2.5mm左右，第四次主梢长一般在7.5mm左右。第一次主梢粗度可达5mm，第二次主梢粗度可达4mm，第三、四次主梢粗度分别为3mm、2.5mm；第一次侧梢长6cm，侧枝粗度一般为1～2mm，主、侧枝的生长势和生长量差异明显。由于轮叶蒲桃近乎周年性的抽发新梢，极大地提高了其观赏价值，但在苗木生产过程中，由于枝条不能及时熟化，降低了植株的抗寒能力，增加了苗木受冻的风险，生产与园林管理中要根据这些特点，及时采取措施，促进枝条的熟化，防治冻害发生。

4.2 野生木本地被植物的光合特性

4.2.1 木本地被植物光合特性与园林应用

木本地被植物的光合特性是其在长期的进化过程中形成的基本特性之一，是指导和决定其园林应用的重要依据，植物的光合特性不同，其园林用途也不同。喜光木本地被植物适用于光照充足的地段绿化，如用于上层植物少的色带、色块绿化；中性木本地被植物适用于光照充足或有一定庇荫的地方，适用范围较广，大部分木本地被植物属于此类型；耐阴地被必须使用在有庇荫的地方，否则生长不良甚至死亡，如桃叶珊瑚、朱砂根、紫金牛等。

4.2.2 紫金牛属植物光响应特性

紫金牛属的朱砂根等植物，性喜温暖潮湿气候，多生于林下、溪谷旁之阴湿处，具有很强的耐阴性，具备林下地被植物的光照要求。但同属的不同种植物，对光适应性也是不同的，研究它们对光的响应有助于阐明其冠层光合产物的积累与环境的关系，对这些植物的人工栽培和应用有着重要的指导意义。

4.2.2.1 光响应测定与分析方法

研究测定了紫金牛属朱砂根、红凉伞、东南紫金牛3种植物光合作用对光的响应，阐明植物对环境光合特性的适应性和生理响应，探讨光照强度对植物生长发育的影响。试验在丽水市城西科教园区进行，该地位于丽水市区边缘，海拔高度60m，属中亚热带季风气候，年降水量1379mm，年均温度18.1℃，极端高温41.5℃，极端低温 -7.7℃，无霜期237天，年平均相对湿度75%，≥10℃年积温5727℃。试验观测的植物材料为2年生盆栽籽播苗；采用自行配置的基质栽植；放置在单体钢架大棚内，单层遮荫网遮荫，透光率14%～25%。

2007年9月8～10日对3种植物叶片进行光合特性测定，测定仪器为LI－6400便携式光合测定系统及6400－02B LED红蓝光源。测定方法：每种植物随机选取3株，每株取上部展开叶片进行测定，重复3次。光照强度设为2000、1500、1200、1000、800、600、400、200、100、50、0 $\mu mol/m^2 \cdot s$共11个梯度。当仪器显示各项指标的变异系数小于1%，即状态稳定时记录净光合速率*Pn*（$\mu molCO_2/m^2 \cdot s$）、蒸腾速率*Tr*（$mmolH_2O/m^2 \cdot s$）、气孔导度*Gs*（$molH_2O/m^2 \cdot s$）、胞间CO_2浓度*Ci*（$\mu mol\ CO_2/mol$）、叶片温度T_f（℃）。水分利用效率*WUE*（$\mu molCO_2/mmolH_2O$）采用Fischer and Turner的方法计算（高聚林等，2007）：

$$WUE = Pn/Tr$$

根据光合作用的羧化和电子传递两个基本过程描述光合作用与生物化学之间关系的叶片Farquhar模型（式1），利用SPSS软件采用迭代法分别对每一种植物的光响应曲线进行拟合，得出最大净光合速率（A_{max}，$\mu mol\ CO_2/m^2 \cdot s$）、表观量子效率（$\Phi$）、光响应曲线的曲角（*K*）、光下呼吸速率（$R_{day}$，$\mu mol\ CO_2/m^2 \cdot s$）（Graham D F，2001）。

$$A = \frac{\Phi Q + A_{max} - \sqrt{(\Phi Q + A_{max})^2 - 4\Phi QKA_{max}}}{2K} - R_{day} \qquad (1)$$

式中：*A*——净光合速率*Pn*（$\mu mol\ CO_2/m^2 \cdot s$）；

Q——光合有效辐射强度PARi（$\mu mol\ CO_2/m^2 \cdot s$）；

Φ——表观量子效率AQY；

R_{day}——光下呼吸速率（$\mu mol\ CO_2/m^2 \cdot s$）。

光合补偿点*LCP*（$\mu mol/m^2 \cdot s$）计算：当光响应曲线中$A=0$时，光合作用过程中吸收的CO_2和光呼吸过程中释放的CO_2等量，此时光合有效辐射强度Q值即为光合补偿点*LCP*（$\mu mol/m^2 \cdot s$）。

光合饱和点*Ps*（$\mu mol/m^2 \cdot s$）：拟合光强在200$\mu mol/m^2 \cdot s$以下与净光合速率*A*的直线回归方程：$A = a + bQ$，令$A = A_{max}$，求得$Q = \frac{A_{max} - a}{b}$，也就是把200$\mu mol/m^2 \cdot s$以下的直线方程与最大净光合速率与*X*轴平行的直线相连，得出的交点。这虽然与一般意义上的光饱和点不同，但为客观计算所得。

4.2.2.2 光响应特性

植物叶片的光合作用是植物物质生产的基础，光合速率的高低决定了光合能力的强弱，是植物生物产量形成的关键。3种紫金牛属植物的光合速率在0～400$\mu mol/m^2 \cdot s$强度的范围内均随光照强度的增强而增加，植物叶片的净光合速率*Pn*随瞬时光合有效辐射强度*PARi*的增加而增加，且两者呈明显的正相关关

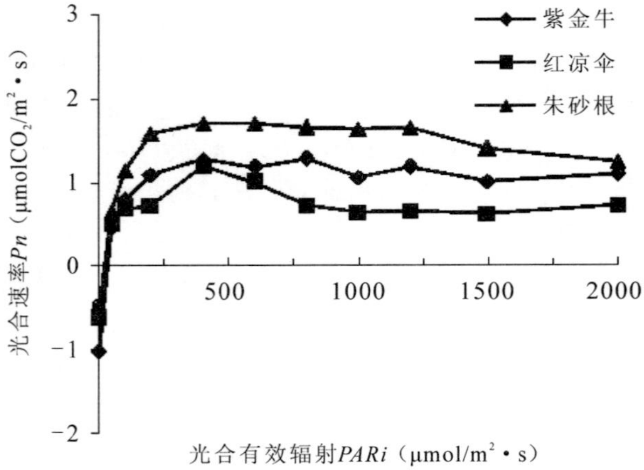

图 4-1　3 种紫金牛属植物的 $Pn-PARi$ 响应曲线

系，至 400μmol/m² · s 时达到最高值。随着光强的继续升高，净光合速率 *Pn* 有所下降(图 4-1)。

从图 4-1 可以看出，当光合有效辐射强度 PAR_i 超过 400μmol/m² · s 后，3 种植物均出现了明显光抑制现象，也就是当植物叶片接受的光能超过它所能利用的量时，长时间的强光照射可以引起叶片光合活性的降低。光抑制是植物光合作用非气孔限制因素的主要形式，充分显示了这 3 种植物耐阴不喜光的特性，必须在庇荫处应用，不适合在上层植物不足的绿地中应用。经过计算分析，3 种植物的光响应参数如表 4-4。

表 4-4　3 种紫金牛属植物的光响应参数

种类	光合饱和点 *Ps* (μmol/m² · s)	光合补偿点 *LCP* (μmol/m² · s)	表观量子效率 *AQY*	最大光合速率 P_{max} (μmol CO_2/m² · s)	光下呼吸速率 R_{day} (μmol CO_2/m² · s)
东南紫金牛	281.5106	51.6789	0.0316	2.1563	1.0156
红凉伞	199.2518	33.6378	0.0070	1.1915	0.6255
朱砂根	224.0593	11.9340	0.0216	2.0417	0.4853

光合饱和点 *Ps* 反映了植物对强光的喜好程度，越高说明植物在受到强光刺激时越不易发生光抑制(赵溪竹等，2007)。3 种植物的光合饱和点 *Ps* 均比较低，其中最大的是东南紫金牛达 281.5106μmol/m² · s，其次朱砂根为 224.0593μmol/m² · s，最小的红凉伞只有 199.2518μmol/m² · s。因此，这 3 种植物在强光下会发生光抑制。这 3 种植物的光合饱和点 *Ps* 大小与曾小平等对 25 种南亚热带植物耐阴性的初步研究中的耐阴性较强的植物基本一致(曾小平等，2006)，充分说明了它们的耐阴性。

光补偿点 *LCP* 是植物利用弱光能力的一项重要指标，光补偿点 *LCP* 低表明对弱光的利用能力相对较强。从表 4-4 可知，这 3 种植物的光补偿点 *LCP* 均在

$100\mu mol/m^2 \cdot s$以下，最大的东南紫金牛也只有$51.6789\mu mol/m^2 \cdot s$，其次红凉伞为$33.6378\mu mol/m^2 \cdot s$，最小的朱砂根只有$11.9340\mu mol/m^2 \cdot s$。可见这3种植物对弱光的利用率较强，在低光强的林下环境也有较好地生长。

从表4-4还可以看出，这3种植物的表观量子效率*AQY*在0.0070～0.0316，最大光合速率A_{max}为$1.1915 \sim 2.1563\mu mol\ CO_2/m^2 \cdot s$，光下呼吸速率$R_{day}$为$0.4853 \sim 1.0156\mu mol\ CO_2/m^2 \cdot s$，均反映出具有较好的耐阴性，说明可以在庇荫环境中运用。

4.2.2.3　蒸腾作用对光强的响应

蒸腾作用是水分从活的植物体表面(主要是叶子)以水蒸气状态散失到大气中的过程。与物理学的蒸发过程不同，蒸腾作用不仅受外界环境条件的影响，而且还受植物本身的调节和控制，因此它是一种复杂的生理过程。由图4-2可见，随着瞬时光合有效辐射强度*PARi*的增加，3种紫金牛属植物叶片蒸腾速率*Tr*均随之增加。当光合有效辐射强度*PARi*超过光饱和点后，3种植物的蒸腾速率*Tr*增加趋于缓和。东南紫金牛最大蒸腾速率*Tr*达$0.52\ mmol\ H_2O/m^2 \cdot s$，红凉伞为$0.43\ mmol\ H_2O/m^2 \cdot s$，朱砂根为$0.39\ mmol\ H_2O/m^2 \cdot s$。可见朱砂根和红凉伞的蒸腾速率*Tr*比东南紫金牛低，显示了具有更好的耐阴性。

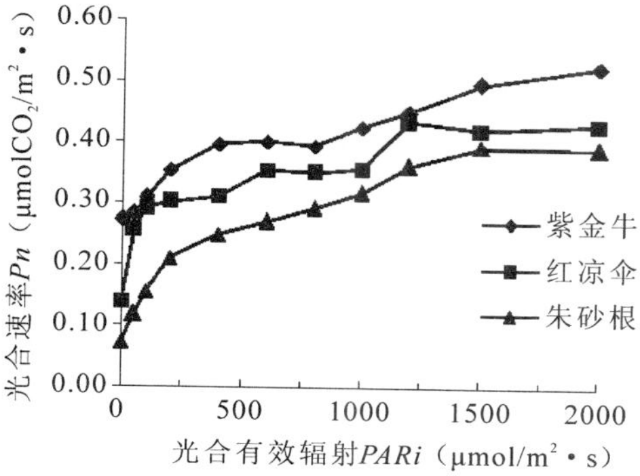

图4-2　3种紫金牛属植物的蒸腾速率与光强的关系

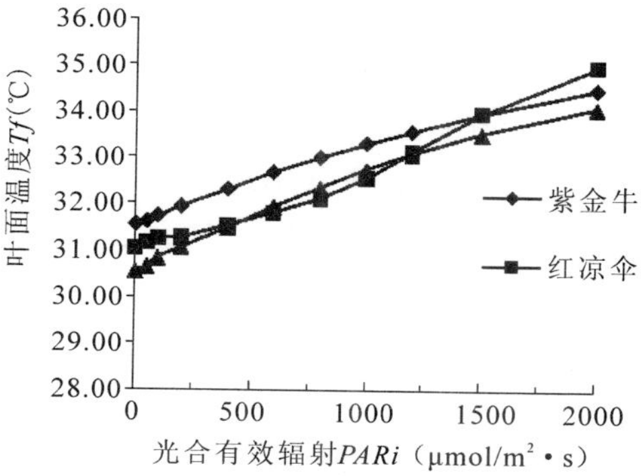

图4-3　3种紫金牛属植物的叶温与光强的关系

4.2.2.4　叶温对光强的响应

3种紫金牛属植物的叶温*Tf*均随光照强度的增加而升高(图4-3)。在光强*Pn*由$0\mu mol/m^2 \cdot s$增加至$2000\ \mu mol/m^2 \cdot s$过程中，东南紫金牛叶温*Tf*变化幅度为2.96℃(31.54～34.49℃)，红凉伞叶温*Tf*变化幅度为3.92℃(31.05～34.97℃)，朱砂根紫叶温*Tf*变化幅度为3.55℃(30.54～34.09℃)。这说明，在相同光照条件下东南紫金牛比其他2种植物有更强的调节叶温能力，使叶温保持较低水平，并且随光强的变化幅度小。这种在高光照下保持较低叶温的能力，对维持叶片正常生理功能具有积极的意义。相对来说，东南紫金牛比朱砂根、红凉伞具有更强的抗日晒能力。

4.2.2.5　气孔导度对光强的响应

气孔是植物叶片与外界进行气体交换的主要通道。通过气孔扩散的气体有 O_2、CO_2和水蒸汽。植物在光下进行光合作用，经由气孔吸收 CO_2，所以气孔必须张开，但气孔开张又不可避免地发生蒸腾作用，气孔可以根据环境条件的变化来调节自己开度的大小而使植物在损失水分较少的条件下获取最多的 CO_2。气孔开度对蒸腾有着直接的影响，一般用气孔导度 *Gs* 表示，它与蒸腾作用成正比，与气孔阻力呈反比。由图 4-4 可见，当光合有效辐射强度 *PARi* 较低时，3 种植物的气孔导度 *Gs* 迅速增大。当光合有效辐射强度 *PARi* 达到 200 ~ 400μmol/m^2 · s 时，3 种植物的气孔导度 *Gs* 趋于稳定。东南紫金牛最大气孔导度 *Gs* 达 0.0170 mol H_2O/m^2 · s，红凉伞为 0.0150 mol H_2O/m^2 · s，朱砂根为 0.0147 mol H_2O/m^2 · s。从图 4-4 还可以看出，随光照强度的进一步增加，光合有效辐射强度 *PARi* 达到 800μmol/m^2 · s 时，气孔导度 G_s 均有所下降，尤其是红凉伞特别明显，这表明这 3 种植物叶片的气孔运动受光强影响较大，高光强引起了气孔关闭。

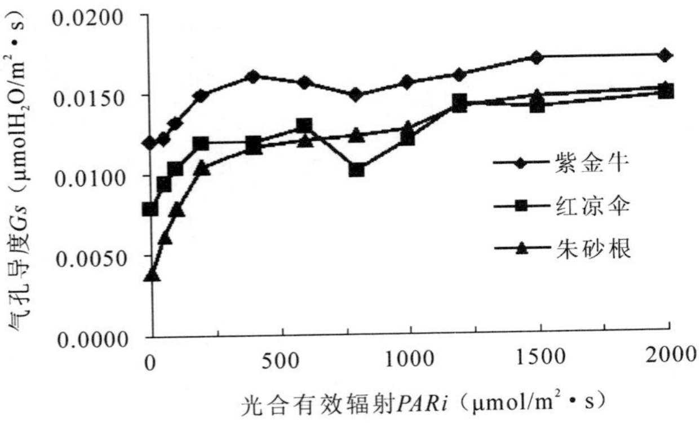

图 4-4　3 种紫金牛属植物的气孔导度与光强的关系

4.2.2.6　水分利用效率对光强的响应

水分利用效率 *WUE* 是指利用单位重量的水分植物所能同化的 CO_2。由图 4-5 可知，3 种紫金牛属植物的水分利用效率 *WUE* 随光强的增加变化趋势基本一致。朱砂根和红凉伞分别在光合有效辐射强度 *PARi* 达到 200μmol/m^2 · s 和 400μmol/m^2 · s 时水分利用效率 *WUE* 达到最高值，随后呈现下降趋势。东南紫金牛在光合有效辐射强度 *PARi* 达到 800μmol/m^2 · s 时才出现水分利用效率 *WUE* 最高值，然后逐渐下降。这 3 种紫金牛属植物的最大水分利用效率 *WUE* 为 2.27 ~ 7.56μmolCO_2/mmol H_2O，总体上看水分利用率 *WUE* 比较低，显示了它们耐阴喜湿的特性。

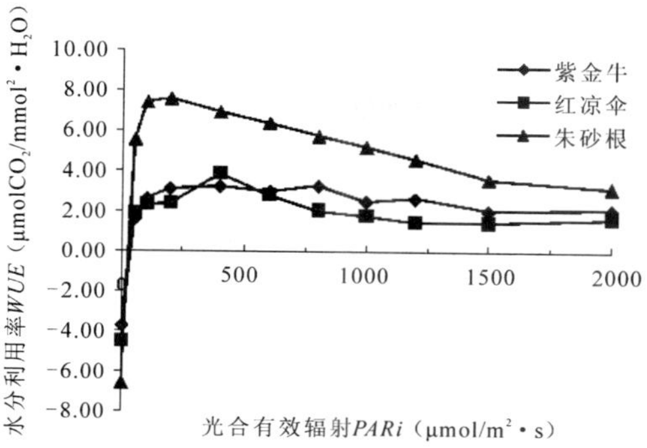

图 4-5　3 种紫金牛属植物的水分利用率与光强的关系

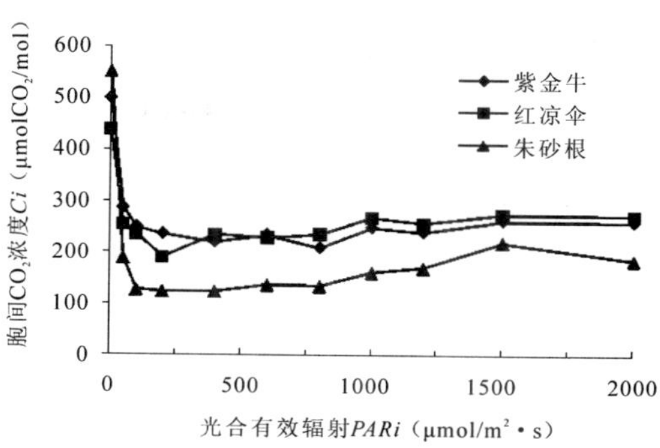

图 4-6　3 种紫金牛属植物的胞间 CO_2 浓度与光强的关系

4.2.2.7　胞间 CO_2 浓度对光强的响应

胞间 CO_2 浓度 *Ci* 是外界 CO_2 气体进入叶肉细胞过程中所受各种驱动力和阻力以及叶片内部光合作用和呼吸作用的最终平衡结果。驱动力主要由叶片内外的 CO_2 浓度差来体现。由图 4-6 可知，3 种紫金牛属植物的胞间 CO_2 浓度 *Ci* 值均随着光强的增加开始呈下降的趋势，当光合有效辐射强度 *PARi* 达到 500μmol/m² · s 左右时又有所上升。*Ci* 值小，则光合作用所需的源物质少，不利于光合作用，相反若 *Ci* 值大，光合作用所需的源物质多，光合速率提高的潜力大。东南紫金牛 *Ci* 最低值为 209μmol CO_2/mol，朱砂根 *Ci* 最低值为 123μmol CO_2/mol，红凉伞 *Ci* 最低值为 190μmol CO_2/mol，说明东南紫金牛相对朱砂根和红凉伞来说具有更强的光合能力，生长比较旺盛。

4.2.3　小叶蚊母光合特性

小叶蚊母自然分布在光照条件不同的地方，大部分分布点为半光照或庇荫时间较长的溪岸，树体内膛叶片不易脱落，也表现了较好的耐阴性。但在栽培中也表现对全光照条件的高度适应性，为此，我们认为小叶蚊母具有很好的光适应范围。

4.2.3.1　光合特性观测方法

小叶蚊母光合特性观测在湖南省长沙市中南林业科技大学校本部教学实习基地进行。该地属中亚热带季风性湿润气候，雨量充沛，年降水量 1360mm，光热充足，平均日照 1677h，有效积温，冬寒期短，无霜期年达 275 天，年平均气温 17.2℃，土壤为红壤，pH 值 5.0～5.5。植株按 1m×1m 的株行距定植。测定仪器为美国生产的 LI-6400 便携式光合测量系统。测定材料为小叶蚊母 6#

(LHWM11)，7#(LHWM05)，13#(LHWM01)，18#(LHWM04)等4个类型的2年生植株，每个类型选择2株生长势好的植株为测试样株。

测定从2008年6月开始，每月月中和月底各一次；每次测定从早上7：00开始，到下午18：00，每隔1～2h一次，具体测定时间为7：00、9：00、11：00、12：00、13：00、14：00、16：00、18：00。11月进行光响应曲线的测定，测定结果用Mcrosoft Excel和SPSS软件进行处理，得出日变化曲线图，根据日变化得出月变化，根据光响应曲线进行数学拟合，求出光饱和点、光补偿点和表观量子效率等。

4.2.3.2　光合日变化规律

植物光合作用受各种生理、生态和生化因素的影响，而这些因素时时都在发生变化，使光合作用呈现出复杂的日变化和季节变化。我们对小叶蚊母4个类型6～11月的光合日变化曲线进行了研究，图4-7为不同生长时期小叶蚊母净光合速率日变化曲线。在6月的测定中，4个类型的光合日变化曲线如图4-7中6月。4个类型在早上7：00到12：00的时间段内，净光合速率Pn值呈现上升趋势，12：00出现第一个峰值，4个类型峰值分别为12.91μmol/m^2·s、12.95μmol/m^2·s、12.87μmol/m^2·s、11.68μmol/m^2·s，除18#外均为次峰值；从12：00开始*Pn*值开始缓慢下降，到13：00出现波谷，从13：00开始净光合速率*Pn*值上升到14：00出现第二峰值，4个类型峰值分别为13.54μmol/m^2·s、13.26μmol/m^2·s、13.24μmol/m^2·s、11.02μmol/m^2·s，除18#外均为最大峰值；从14：00到18：00*Pn*值呈下降趋势。以12：00为界限，上午4个类型的平均*Pn*值分别为8.79μmol/m^2·s、8.88μmol/m^2·s、8.94μmol/m^2·s、8.15μmol/m^2·s，下午的为8.79μmol/m^2·s、8.88μmol/m^2·s、8.94μmol/m^2·s、8.15μmol/m^2·s日变化曲线均呈双峰型。

在7月的测定中，小叶蚊母4个类型的光合日变化曲线如图4-7中7月。4个类型在早上7：00到9：00的时间段内，净光合速率*Pn*值呈现上升趋势，6#在9：00出现第一个峰值12.55μmol/m^2·s为最大峰值，其他3类型9：00后继续上升到11：00出现第一个峰值，7#，13#，18#分别为13.64μmol/m^2·s、13.47μmol/m^2·s、13.58μmol/m^2·s，均为最大峰值；从11：00开始4类型*Pn*值开始下降，到12：00出现波谷；12：00开始上升到13：00出现第二峰值，4个类型峰值分别为12.19μmol/m^2·s、10.87μmol/m^2·s、12μmol/m^2·s、11.26μmol/m^2·s均为次峰值；从13：00到18：00*Pn*值呈下降趋势。4个类型的光合日变化规律基本一致，日变化曲线呈双峰型，只是6#类型的首峰值出现在9：00，其他的为11：00。

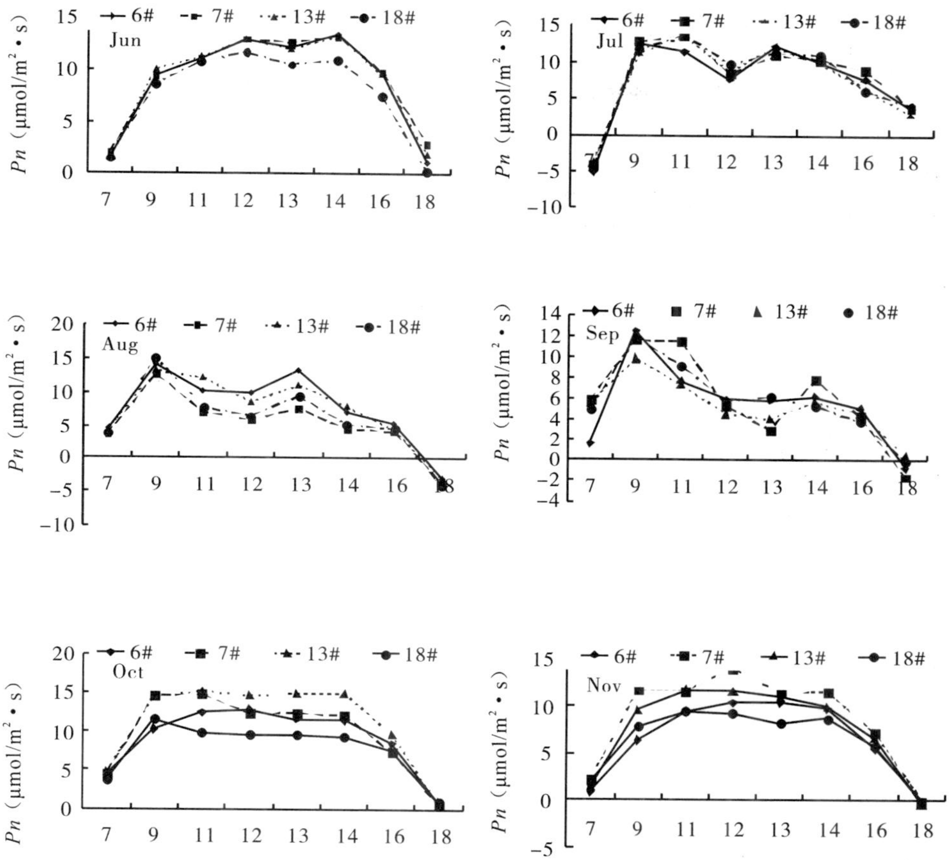

图4-7 小叶蚊母4个类型6～11月份净光合速率日变化曲线

在8月份的测定中，小叶蚊母4个类型的光合日变化曲线如图4-7中8月，4个类型的光合日变化规律一致，日变化曲线呈双峰型。4个类型在早上7：00到9：00的时间段内，净光合速率*Pn*值呈现上升趋势，在9：00出现第一个峰值，4个类型峰值分别为14.23μmol/m^2 · s、12.71μmol/m^2 · s、13.22μmol/m^2 · s、15.07μmol/m^2 · s，均为最大峰值。从9：00开始4类型*Pn*值开始下降，到12：00出现波谷，12：00开始上升到13：00出现第二峰，4个类型峰值分别为13.38μmol/m^2 · s、7.75μmol/m^2 · s、11.1μmol/m^2 · s、9.49μmol/m^2 · s，均为次峰值，从13：00到18：00*Pn*值呈下降趋势。

在9月的测定中，小叶蚊母4个类型的光合日变化曲线如图4-7中9月，4个类型的光合日变化规律基本一致，日变化曲线也呈双峰型。4个类型在早上

7：00到9：00的时间段内，净光合速率*Pn*值呈现上升趋势，在9：00出现第一个峰值，4个类型峰值分别为12.46μmol/m^2·s、11.53μmol/m^2·s、9.8μmol/m^2·s、11.88μmol/m^2·s均为最大峰值，从9：00开始4类型*Pn*值开始下降，6#、7#、13#在13：00出现波谷，18#在12：00出现波谷，18#点在13：00出现第二峰值，其它类型在14点出现第二峰值，4个类型峰值分别为6.22μmol/m^2·s、7.78μmol/m^2·s、5.74μmol/m^2·s、6.19μmol/m^2·s均为次峰值，从14：00到18：00*Pn*值呈下降趋势。

在10月的测定中，小叶蚊母4个类型的光合日变化曲线如图4-7中10月，4个类型的变化规律基本一致，全天Pn值波动不大，日变化曲线形状呈马鞍型，双峰型不明显。从早上7：00到9：00的时间段内，光合速率*Pn*值呈现上升趋势，从9：00开始到14：00*Pn*值维持一个较稳定的水平，从14：00到16：00*Pn*值迅速下降。7#、13#峰值出现在11：00为14.77μmol/m^2·s、15.18μmol/m^2·s，6#峰值出现在12：00为12.79μmol/m^2·s，18#峰值出现在9：00为11.58μmol/m^2·s。

小叶蚊母4个类型11月的光合日变化曲线如图4-7，4个类型的光合日变化规律和10月规律相似，除7#外其他类型没明显的峰值，日变化曲线形状呈现倒扣的碗型，双峰型不明显。

从以上6个月的日变化曲线可以看出，小叶蚊母6、7、8、9月日变化出现明显的双峰，波谷出现时间大致为11：00～14：00，呈现明显的"光合午休"现象，植物的"午休"导致了这一波谷现象的发生。"光合午休"现象可能是由于水分供应紧张，气孔部分关闭和出现光合作用的光抑制等原因所致(潘瑞炽，2001)。光合作用"午休"现象在许多植物中都曾观察到，有研究表明"午休"现象的产生与环境因子(如光强、温度等)变化的日进程有密切关系(张希明等，1993)。一般认为"午休"的原因是由于强光导致温度过高，叶片的蒸腾作用特别强，使叶片水分供应不足或过度失水，为了减少水分丧失，植物被迫减小叶片气孔开度，使气孔导度减少甚至关闭，*Ci*降低，从而影响CO_2的进入，使光合速率下降(朱万泽等，2001)。植物出现午休，使得光合作用减弱，因而出现净光合速率随温度和光强的增加反而下降很多，日变化曲线就呈现双峰形状。从图4-7可看到小叶蚊母7、8、9月日变化曲线中的主峰值出现在上午，次峰值出现在下午，这可能是由于午间的光合抑制效应午后尚未完全消除的缘故(付为国等，2006)，小叶蚊母的研究测定结果与上述观点基本一致。光合速率不同，季节日变化曲线不同，这主要与植物内生节律及环境条件有关，是植物对环境适应的表现。在10、11月由于中午的环境温度和光强比6、7、8、9月低，植物没有明显的午休，因而日变化曲线呈现单峰形状。从图中我们还可以看到小叶蚊母每天的净光合速率最大值出现在上午，这是由于在上午叶肉细胞内糖和淀粉的储藏少，叶绿体合成的光合产物既可运输到叶片又可在叶肉细胞内储藏，这使光合产物运输通畅，光合作用可正常完成且旺盛(杨江山，2003)。

4.2.3.3 光合月变化规律

我们对小叶蚊母4个类型6~11月份的净光合速率月变化曲线进行了研究，4个类型的光合月变化曲线见图4-8。

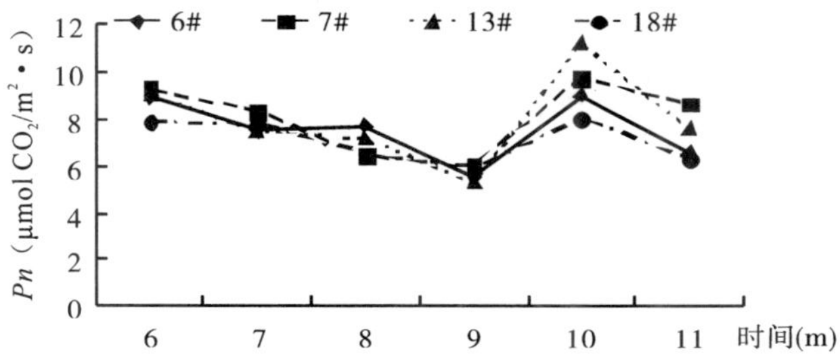

图4-8 *Pn* 月变化曲线

由图4-8我们可以看出，小叶蚊母4个类型从6月开始月净光合速率 *Pn* 值逐渐下降，到9月达到最低，10月份达到最高，11月 *Pn* 值又开始下降且低于6月份的水平。6~9月进入夏秋季，中午(11：00~14：00)气温和光强均很高，气温高达40℃，光强高达1800μmol/m^2·s，且持续的时间长，因此，在这段时间，植物进入午休状况，中午植物的光合作用很弱，而呼吸作用比较强，导致有机物净积累少，净光合速率很小导致月净光合速率 *Pn* 值小。从图4-7的日变化曲线可知，小叶蚊母在6~9月每个月中午的午休程度和持续时间不同：6月午休程度浅持续时间短，7月的午休程度加深但持续时间和6月相近，8月午休程度和持续时间均超过7月，而9月的午休程度和持续时间又超过8月。而实验所测到的 *Pn* 值不升反降，这可能是以下原因所致：一是9月的气候条件仍然不利于小叶蚊母的光合作用，这一点在图4-7的日变化中已得到证实，其中LWO7#、LWO13#、LW18#等3个类型9月光合作用午休现象明显，其午休程度甚至超过6、7、8月，这可能预示了小叶蚊母的光合作用午休现象具有一定的惯性，即其午休强度变化与气温变化并非同步，而是落后于气温变化的步伐，这也许又是植物适应环境变化的一种表现；二是9月白昼时间变短，除去午休时间外，9月的日实际有效光合作用时间较6、7、8短，而10月份气温下降，午休解除，全天候的光合速率迅速提高，有效光合时间变长，使小叶蚊母的月 *Pn* 值迅速增大，进入11月，冬季来临，尽管植物在中午不再进入午休状况，但由于整天气温很低光强也明显低于前段时间，相对湿度也比较低，因此植物光合作用整天都弱于前段时间，净光合速率也就小于前段时间的，导致由10月进入11月净光合速率下降。

从6～9月实验得出的气孔导度值，日平均数据也呈逐月下降的趋势。气孔导度值的下降，特别是中午的下降是由于植物为了减少在高温下水份的散失被迫午休，关闭部分甚至全部气孔使气孔导度降低，这也是午休的表现，这种表现最终体现在净光合速率 *Pn* 值的下降，这说明小叶蚊母在6～9月中午的午休程度持续时间和程度的逐月加深导致了月净光合速率逐月下降。

4.2.3.4　*光响应规律*

我们在11月初对小叶蚊母4类型在设定光强度梯度（1800，1600，1500，1400，1200，1000，800，600，400，200，150，100，50，20，0）的条件下进行净光合速率测定，绘制了光响应曲线图4-9。

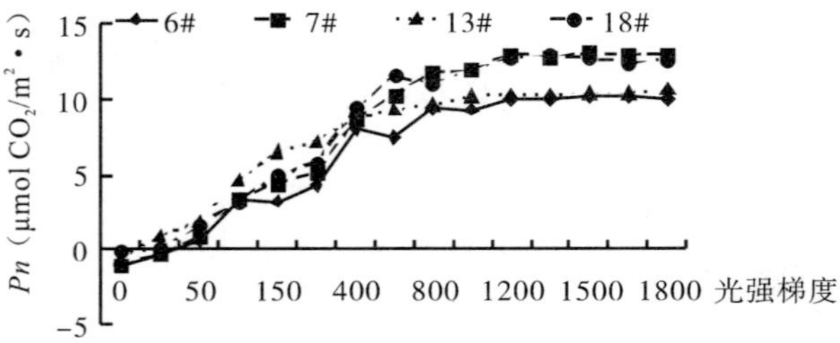

图4-9　光响应曲线

小叶蚊母光合作用的光响应过程是：当光照强度在0～400（或200）$\mu mol/m^2 \cdot s$左右时，*Pn* 几乎呈线性增长；随着光照强度的继续增加，*Pn* 的增长速度减缓，当光照强度达到光饱和点以后，*Pn* 的增长处于极缓慢状态，甚至有下降的趋势。

小叶蚊母4个类型的光响应变化趋势相似：随着光强的增加，净光合速率 *Pn* 值也增加，在较低的光照强度条件下，*Pn* 值和光强呈现直线线性关系，当光强增加到某一数值时，植物的光合速率和呼吸速率相等，使植物的净光合速率 *Pn* 值由负值到达0，这时的光强就是光补偿点的光强，曲线上 *Pn* 为0，该光强值就是小叶蚊母的光补偿点。随着光强进一步增加，*Pn* 值也增加，但增加幅度低于光强增加的幅度，增加趋势逐渐平缓，当光强到达某一值时，*Pn* 达到最大值，而后随着光强继续增强，*Pn* 值受光抑制作用，不再升高反而下降，这时候的 *Pn* 值就是光饱和点时的 *Pn* 值，曲线上的这个点就是光饱和点。从小叶蚊母4个类型的光合响应曲线可以看出，过高的光强对光合作用有抑制作用，可能植物适应性保护的表现，或是CO_2供应不足，或是同化物来不及运输等原因所致（李德全等，1999）。

我们对小叶蚊母在不同光强下的测定值进行曲线拟合。在低光强区（光强小于150$\mu mol/m^2 \cdot s$）用直线线性拟合，此时光强 *PAR* – 净光合速率 *Pn* 的曲线斜率就为表观量子效率（AQY），此时 *Pn* 值随光强 PAR 增强呈线性增加，当光强大于150$\mu mol/m^2 \cdot s$时我们用模型进行拟合。用二次曲线（*r* 在0.89以上）进行拟合，叶片净光合速率（*Pn*）与 PAR 之间的回归方程见表4-5，用拟合曲线求出四个类型的光饱和值、光补偿值以及对应的 *Pn* 值见表4-6。4个类型的小叶蚊母光补偿点在7.82～25.83μmol/m² · s之间，其中7#最高为25.83μmolm⁻²s⁻¹，18#的最低为7.82μmol/m² · s；光饱和点在1260～1600μmol/m² · s之间，其中6#的最高为1600μmol/m² · s，18#的最低为1260μmol/m² · s；表观量子效率最高的13# 0.0487%，其他依次为7# 0.0387%、18# 0.0347%、6# 0.031%。光饱和点的高低代表植物对光的利用率的高低，越高说明对强光的适应和应用能力越强，越有利于植物进行光合作用，光饱和点时的净光合速率是植物的最大光合速率，它反映了植物叶片的光合潜(杨江山，2003)。表观量子效率则表明植物在低光强时对弱光的利用率，从表中数据知13#对弱光的利用率最高。在光补偿点以前吸收的光产生的光合作用全部用于补偿植物的呼吸作用的消耗，植物没有生长，所以光补偿点是植物吸收的光用于植物生长的起点，从表中数据知18#的光补偿点最低。光饱和点与光补偿点的差值就是植物对光的有效利用范围，因此，我们在进行选择地被植物类型时最好选择光饱和点与光补偿点的差值大而表观量子效率高的类型。

表4-5　小叶蚊母叶片净光合速率(*Pn*)与 *PAR* 之间的回归方程

类型	回归方程	*R*
6#	$Pn = -3\times10^{-6}PAR^2 + 0.0096PAR + 3.3604$	0.893
7#	$Pn = -5\times10^{-6}PAR^2 + 0.0143PAR + 3.1413$	0.967
13#	$Pn = -2\times10^{-6}PAR^2 + 0.0054PAR + 6.5103$	0.958
18#	$Pn = -5\times10^{-6}PAR^2 + 0.0126PAR + 4.4036$	0.915

表4-6　小叶蚊母光合作用对光的要需特性

类型	光补偿点 (μmol/m² · s)	光饱和点 (μmol/m² · s)	光饱和点的净光合速率 (μmolCO_2/m² · s)	表观量子效率 (%)	暗呼吸速率 (μmolCO_2/m² · s)
6#	25.71	1600	11.04	0.0311	0.7968
7#	25.83	1430	13.37	0.0387	0.9996
13#	12.89	1350	10.16	0.0487	0.6277
18#	7.82	1260	12.33	0.0347	0.2715

4.3　野生木本地被植物抗逆性研究

逆境是对植物生存生长不利的各种环境因素的总称。逆境也称为环境胁迫，如寒冷、高温、低温、缺氧、干旱、盐渍等。在逆境中生长的植物会产生植物抗逆性。逆境会对植物的形态特征、生理和分子机制产生影响。与其他植物一样，木本地被植物受到胁迫后，有的被伤害致死，另一些植物的生理活动虽然受到不同程度的影响，但它们可以存活下来。如果长期生活在这种胁迫环境中，通过自然选择，有利性状被保留下来，并不断加强，不利性状不断被淘汰。这样，在植物长期的进化和适应过程中不同环境条件下生长的植物就会形成对某些环境因子的适应能力，即能采取不同的方式去抵抗各种胁迫因子。植物对各种胁迫(或称逆境)因子的抗御能力，称为抗逆性。根据浙江地被植物应用的范围，我们重点对木本地被植物的耐盐碱性、抗寒性、抗旱性进行研究。

4.3.1 木本地被植物耐盐碱性研究

浙江所处的长三角地区，是我国经济最发达的区域之一，区域内大中城市密布，城市建设和园林建设日新月异，园林植物用量不断增加。该区域为我国东部沿海地区，上海、宁波、舟山、台州、温州等大量城市为沿海城市，城市土壤盐碱含量高，为此，耐盐碱性成为园林植物是否适合在这些城市推广应用的重要标准之一，选择耐盐碱性强的园林植物成为该区域园林科研的重要课题。从更大范围来讲，受气候变化和全球人口不断增长及经济发展的影响，土地盐碱化，已成为日益严重的环境问题。据世界粮农组织和教科文组织的统计，全球有各种盐渍土约 $9.5\times10^7hm^2$，占全球陆地面积的 10%，广泛分布于 100 多个国家和地区。我国目前有盐碱土地面积 $3.33\times10^7hm^2$，相当于耕地面积的 1/3，解决由此引起的粮食、资源、环境问题，盐碱土资源和耐盐植物的开发将变得日趋重要。引种或开发具有生态需要及经济价值的抗盐碱植物增加，地面覆盖以减少地表蒸发，既可改良土壤，抑制土地盐碱渍化，又可实现盐渍荒地的利用。

4.3.1.1 耐盐碱性试验方法

研究通过对小叶蚊母、厚叶石斑木、赤楠 3 种地被植物形态特征观测和耐盐性测试，为筛选出可开发的耐盐地被植物提供依据。

试验在丽水市林业科学研究所院内进行，3 种植物的试验材料均为一年生实生小苗，高约 10cm 左右。先将试验植株进行水培预处理，然后进行水培盐处理。水培主要是采用希尔(Hiller)营养液配，具体配方见表 4-7。

水培预处理培养期。此阶段主要是对植物进行不加盐和碱的营养液培养，将各种植物放入含有同样营养液的长方体水槽中，主要是使各种植物充分适应这种人工培养液环境，从而为下一阶段的水培盐处理做准备。

表 4-7　木本地被植物耐盐碱性试验水培预处理期 Hiller 营养液配方

溶剂名称	溶剂浓度(g/120Ll，不含结晶水)	溶剂浓度(mg/L)
$NH_4H_2PO_4$	800	96
KNO_3	1800	216
NH_4NO_3	150	18
$Ca(H_2PO_4)_2$	200	24
$CaSO_4$	2	0.24
$MgSO_4 \cdot 7H_2O$	120	7.0244
$FeSO_4$	15	1.8
$Na_2B4O_7 \cdot 10H_2O$	2	0.1257
$MnSO_4 \cdot 4H_2O$	2	0.1625
$CaSO_4$	1	0.12
$ZnSO_4$	1	0.12

注：根据种植槽的体积(120L)计算各营养成分的含量，计算称量配制。

水培盐碱处理期。在这阶段主要是对已经水培一个月的植物进行抗盐碱性形态学方面的观察。将盐放入水槽中，分别配置不同的盐浓度和 pH 值进行处理，每天记录这 3 种植物的新根、新叶、新芽数，注意观察植物形态学方面的变化。

4.3.1.2　厚叶石斑木、小叶蚊母耐盐碱性分析

厚叶石斑木、小叶蚊母从 2007 年 3 月 31 日开始水培预培养。小叶蚊母从根、茎、叶形态上发生了一些变化，唯有厚叶石斑木与移植来时差别甚微，它的新根、新叶、新芽数均为 0，这可能跟其本身的生长规律存在极大关系。厚叶石斑木一年就长一次新枝，新根可能会长，但由于水培时间不够长，新根还没有形成。小叶蚊母的根变化比较细微，叶和芽变化较显著，四个培养槽的植株均保持良好的生长势。

厚叶石斑木、小叶蚊母从 4 月 30 日开始盐处理。在盐浓度为 0，3‰，6‰，9‰的情况下，盐处理 1 个月后厚叶石斑木、小叶蚊母植物均还保持活性，说明在各种处理下，这 2 种植物反应不敏感。盐处理 1 个月后水槽盐浓度和 pH 值变化情况见表 4-8。

从表 4-8 可以充分地看出，在水培盐处理阶段，植物吸收了部分水培溶液中的盐分，使得盐浓度和 pH 值较原来都有一定程度的下降，在高盐浓度的培养槽中的盐浓度降得多，并随浓度下降依次降低，pH 值也较原来有所下降，这可能跟溶液中存在的离子之间的平衡有较大关系。由此可以看出，这 2 种植物存在较强的抗盐碱能力，具体的抗盐碱机理还有待作进一步研究。

表 4-8 木本地被植物耐盐碱性试验水培盐处理期盐浓度和 pH 值变化

组别		水槽 1	水槽 2	水槽 3	水槽 4
盐浓度	初始盐浓度	0‰	3‰	6‰	9‰
	处理后盐浓度	0‰	2.066‰	3.010‰	5.286‰
变　化		0‰	0.934‰	2.99‰	3.644‰
pH 值	初始 PH 值	偏中性	9	9	9
	处理后 pH 值	偏中性	偏中性	偏中性	偏中性
变　化		没什么变化	降低	降低	降低

注：原来的盐浓度和 pH 值是指在 4 月 30 号测的盐浓度和 pH 值，而现在的盐浓度和 pH 值是指 5 月 30 号测的盐浓度和 pH 值。

4.3.1.3　赤楠耐盐碱性研究

研究测试不同盐碱度对赤楠新根和新叶生长的影响，以评价赤楠的抗盐碱性能。抗盐性试验的盐度设 3‰、6‰、9‰等 3 个水平，清水为对照(CK)；抗碱性试验 pH 值设 8、9 等 2 个水平，清水为对照(CK)。试验采用单因素随机区组设计，每个处理(试验小区)25 株，重复 3 次。

试验时间为 2007 年 9 月到 10 月。试验前，选择株高、冠幅、生长势相近的当年生赤楠实生苗放在水槽中进行水培预处理，以使赤楠能充分适应有氧水培环境。水培溶液采用希勒尔(Hiller)营养液配方。15 天后，将赤楠分别移栽入试验小区。在试验过程中，采用生氧机对赤楠的生长进行补氧。水培处理后记录赤楠的新根生长量、新叶数量。盐碱处理后每隔 5 天观测及记录新根、新叶的生长情况和形态方面的变化。35 天后，测定并记录新根生长量，新叶萌发的数量。试验数据采用 DPS 数据处理系统进行方差分析。

耐碱试验结果表明(表 4-9、表 4-10)，在 3 种(含对照)不同强度的碱处理中，赤楠实生苗新叶数量差异不显著，而新根生长量差异显著。在 pH 值为 9 的处理中，赤楠实生苗新根生长量为 7.7cm，比 CK 下降了 26.6%，在 pH 值为 8 的处理中，赤楠实生苗新叶生长量为 9.4，比 CK 下降了 10.4%。表明赤楠实生苗具备极强的抗碱性，在 pH 值达到 9 的强碱性条件下，植株还能抽发新根，且新根抽发量与对照差异不大。

表 4-9　赤楠在不同碱处理下的根系生长量

处理	重复 1			重复 2			重复 3			均值
	15 天	35 天	生长量（cm）	15 天	35 天	生长量（cm）	15 天	35 天	生长量（cm）	生长量（cm）
CK	8.7	19.6	10.9	10.6	19	9.4	9.8	21	11.2	10.5(aA)
pH8	9.9	18.5	9.1	8.6	17.6	9	8.2	18.3	10.1	9.4(aAB)
pH9	8.4	15.7	7.3	8.6	16.8	8.2	10.6	18.1	7.5	7.7(bB)

注：*P* 值表示检验结果的显著水平（$0.01 \leqslant P < 0.05$）。*LSD* 法多重比较结果以字母标记表示，小写字母标记 5% 差异显著水平，大写字母标记 1% 差异极显著水平。

表 4-10　赤楠在不同碱处理下的新叶生长量

处理	重复 1			重复 2			重复 3			均值
	15 天	35 天	生长量（张）	15 天	35 天	生长量（张）	15 天	35 天	生长量（张）	生长量（张）
CK	5	11	6	5	10	5	4	9	5	5.3(aA)
pH8	5	9	4	4	8	4	5	10	5	4.3(abA)
pH9	4	7	3	4	7	3	3	7	4	3.3(bA)

耐盐试验结果表明（表 4-11、表 4-12），在 3 种不同盐浓度处理中，赤楠实生苗新根生长量和新叶数量与对照比较具有显著性差异。在盐浓度为 9‰时，新根生长量为 4.5cm，比 CK 下降了 57.1%；新叶为 1 片，比 CK 下降 81.1%。盐浓度为 6‰时，新根生长量为 7.6cm，比 CK 下降了 27.6%；新叶 2.7 片，比 CK 下降了 49%。盐浓度为 3‰时，新根生长量为 9.9 cm，比 CK 下降了 5.7%；新叶生长量为 4.7 张，比 CK 下降了 11.3%。表明，赤楠实生苗具有一定的抗盐性，能在 3‰含盐量环境中生长；但当盐浓度为 6‰时，虽然根长仍在增加，也有极少量的新叶萌发，但赤楠新根根尖前 1cm 变为黑色，已经表现出一定程度盐害。

表 4-11　赤楠在不同盐浓度处理下的根系生长量

处理	重复 1			重复 2			重复 3			均值
	15 天	35 天	生长量（cm）	15 天	35 天	生长量（cm）	15 天	35 天	生长量（cm）	生长量（cm）
3‰	8.9	19	10.1	9.4	18.6	9.2	8.8	19.1	10.3	9.9(bA)
6‰	8.4	16.8	8.4	10.2	17.1	6.9	8.8	16.4	7.6	7.6(cB)
9‰	9.5	14.3	4.8	9.3	13.1	3.8	10.1	151	5	4.5(dC)
CK	8.7	19.6	10.9	10.6	19	9.4	9.8	21	11.2	10.5(aA)

注：*P* 值表示检验结果的显著水平（$0.01 \leqslant P < 0.05$）。*LSD* 法多重比较结果以字母标记表示，小写字母标记 5% 显著水平，大写字母标记 1% 极显著水平。下同。

表 4-12　赤楠在不同盐浓度处理下的新叶生长量

处理	重复 1			重复 2			重复 3			均值
	15 天	35 天	生长量（张）	15 天	35 天	生长量（张）	15 天	35 天	生长量（张）	生长量（张）
3‰	3	8	5	3	8	5	5	9	4	4.7(aA)
6‰	2	5	3	4	7	3	5	7	2	2.7(bA)
9‰	2	3	1	3	4	1	3	4	1	1.0(cC)
CK	5	11	6	5	10	5	4	9	5	5.3(aA)

4.3.2　木本地被植物的抗寒性研究

低温是限制植物生长和分布的一种非生物胁迫因素，是决定木本地被植物适用范围最关键因素，对苗木的生产也有重大影响。

研究以紫金牛属的朱砂根、红凉伞、大罗伞树、东南紫金牛为供试材料，依据植物细胞受低温胁迫时，随着温度降低，膜透性增大，电解质外渗量增加的特性，测定不同低温处理下植物枝条的相对电导率，推算组织的半致死温度，分析这 4 种植物的抗寒性，为其苗木繁育和园林应用提供理论依据和有益参考。

4.3.2.1　低温处理方法

试验分别随机摘取每种植物叶片各 25 张，先用自来水洗净叶片上的尘土，再用蒸馏水和去离子水冲洗 3 ~ 4 次，用干净纱布擦干，分别放入不同的样品袋中。

将洗净的样品叶片统一放在温度为(0 ± 1)℃环境中处理，每隔 24 小时从样品中取出 5 张叶片，其余叶片将温度控制在(−5 ± 1)℃中处理 24 小时，如此每隔 24 小时将剩余的样品渐进地控制在(−10 ± 1)℃、(−15 ± 1)℃、(−20 ± 1)℃的环境中处理，对每次取出的叶片进行测定。

4.3.2.2　抗寒指标测定与分析

相对电导率的测定。相对电导率(relative electric conductivity，REC)用 ENOVI&HANNA 公司 EC200 型电导仪测定。处理结束后取出的样品放置于 4 ℃的冰箱内解冻 12 小时，用直径为 0.6 cm 左右的打孔器打成小圆片。每种植物各取小圆片 10 片放入 25 mL 的三角瓶中，加入无离子水 20 mL，密闭，抽真空 10 min，置于 25℃水浴锅内平衡 2 小时，用 EC200 型电导/TDS/盐度测定仪测定其电导值 $C1$，再将其煮沸 30 分钟，冷却至 25℃，测定其电导值 $C2$。按公式(2)计算相对电导率。

$$REC(\%) = (C1/C2) \times 100 \tag{2}$$

半致死温度计算。按缴丽莉(2006)等的方法，将不同温度处理下的平均相对电导率与处理温度的关系拟合成 Logistic 方程式(3)。设定 K 值为 100，求该方程的二阶导数并令其为零，按式(4)则可获得曲线拐点(t，50)，此时 t 即为拐点温度，与半致死温度(Semi-lethal temperature，LT50)相一致。

$$Y = K/(1 + ae \;\; - bt) \tag{3}$$

$$\mathrm{LT50}(℃) = (\ln a)/b \tag{4}$$

式中：Y——低温处理下的相对电导率(%)；

t——处理温度(℃)；

K、a、b——参数。

4.3.2.3 低温处理对紫金牛属植物脂膜透性的影响

当植物受到逆境影响时，细胞膜遭到破坏，膜透性增大，从而使细胞内的电解质外渗，以致植物细胞浸提液的电导率增大。膜透性增大的程度与逆境胁迫强度有关，也与植物抗逆性的强弱有关。这样，比较不同植物或同一植物不同品种在相同胁迫温度下膜透性的增大程度，即可比较植物间或品种间的抗逆性强弱，因此，电导法目前已成为作物抗性栽培、育种上鉴定植物抗逆性强弱的一个精确而实用的方法。如图 4-10 所示，4 种紫金牛属植物叶片经一系列低温处理后，相对电导率变化趋势基本一致，均随着温度的下降呈“S”型曲线上升趋势。

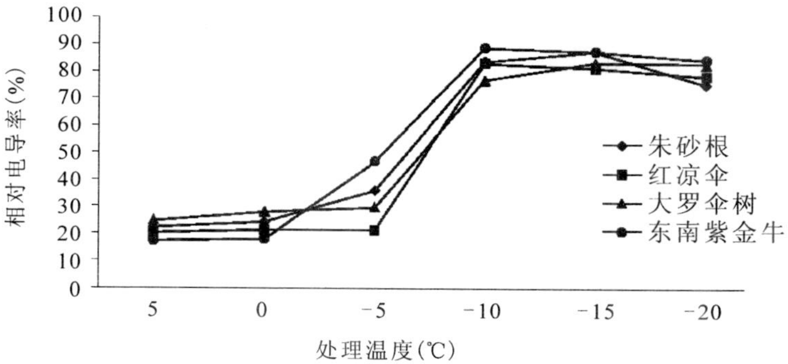

图 4-10 紫金牛属植物低温处理后相对电导率的变化曲线

从图 4-10 可以看出，随着处理温度的降低，所有参试的 4 个样品的电导率均呈明显的增加趋势。在 0℃的处理条件下，4 个样品的相对电导率虽然逐渐增加，但变化幅度较小；当处理温度下降到 -5℃时，2 个样品相对电导率增加的幅度明显增大，不同种间出现了明显的差异；当处理温度下降到 -10℃时，4 个样品相对电导率均超过了 50%，其中最大的东南紫金牛相对电导率达到了 89.08%，最小的红凉伞也达到了 77.03%，说明细胞质膜透性已明显增大，低温已经造成了植物的严重伤害。

多重比较表明：-5℃处理后的不同植物之间的电导率存在极显著差异，此时东南紫金牛的相对电导率极显著大于其他3种植物，而朱砂根、红凉伞、大罗伞树之间没有显著差异，说明东南紫金牛抗寒性相对较差(表4-13)。

表4-13　低温处理对不同植物相对电导率的影响

处理温度	相对电导率(%)				F值	P值
	朱砂根	红凉伞	大罗伞树	东南紫金牛		
5	22.12 aA	24.59 aA	20.13 aA	17.15 aA	2.1840	0.1678
0	24.14 aA	27.86 aA	21.19 aA	17.72 aA	2.1840	0.1678
-5	36.17 aA	29.77 aA	21.26 aA	47.08 bB	19.5080	0.0005
-10	84.00 aA	77.03 aA	83.32 aA	89.08 aA	2.3350	0.1502
-15	87.70 Aa	83.38 bB	81.46 bB	87.82 bB	11.1990	0.0031
-20	75.44 aA	82.97 aA	78.64 aA	84.81 Aa	0.7410	0.5567

注：P值表示检验结果的显著水平($0.01 \leqslant P < 0.05$)。LSD法多重比较结果以字母标记表示，小写字母标记5%显著水平，大写字母标记1%极显著水平。

4.3.2.4　紫金牛属植物叶片组织半致死温度的测定

低温导致植物细胞膜选择透性改变或丧失，细胞内物质大量外渗，组织浸泡液电导率增高。随着胁迫的加重和时间的延长，植物膜结构受到不可逆的严重破坏，最终导致植物的死亡。电导率的变化反映出质膜伤害程度和所测材料的抗寒性的大小。从Dexter(1930)等使用电导法测定植物抗性以来，这种方法得到了不断完善和发展；Sukumatan(1972)等提出了电解质透出率达50%时为半致死温度(LT50)的观点；Rajashe-kar(1979)利用Logistic曲线描述低温对植物细胞膜的伤害过程，提出曲线拐点为LT50的观点，从而进一步发展了LT50的概念。这种用Logistic曲线方程$Y = K/(1 + ae - bt)$确定植物半致死温度的方法在我国得到了广泛的认同。表4-14列出了4种植物的相对电导率与处理温度的回归模型，以及各植物叶片组织的半致死温度。

从表4-14可以看出，4种植物的半致死温度在-4.94～-7.04℃。其中大罗伞树最低，比其他植物低0.36～2.10℃，其次为红凉伞、朱砂根，以东南紫金牛最高。组织的半致死温度与植物的抗寒性密切相关，以此可以判定4种紫金牛属植物的抗寒能力排序为：大罗伞树>红凉伞>朱砂根>东南紫金牛。

表 4-14 4 种紫金牛属植物低温-相对电导率回归模型及半致死温度

种　类	Logistic 方程	相关系数(R)	半致死温度(℃)
朱砂根	$Y=100/(1+2.0337\ e^{0.1340t})$	0.8623	-5.30
红凉伞	$Y=100/(1+2.1210\ e^{0.1330t})$	0.9221	-5.65
大罗伞树	$Y=100/(1+2.7016\ e^{0.1412t})$	0.8600	-7.04
东南紫金牛	$Y=100/(1+2.2810\ e^{0.1670t})$	0.9012	-4.94

4.3.3 木本地被植物的抗旱性研究

目前城市园林绿化应用的地被植物包括草本类、木本类，其中以草坪草的栽植面积最大，但其养护需水量极大，这与节约型园林建设的方针极不相符。筛选节水抗旱型地被植物，并扩大其种植面积，对城市绿化和缓解城市用水困难具有十分重要的意义。

地被植物资源丰富，很多种类具有观赏价值高、适应性强、耐粗放管理等优良特性，其中不乏节水抗旱的种类。本研究选择城市绿化中常见小叶蚊母、水栀子、红花檵木、火棘等 4 种灌木类地被植物进行抗旱性研究，并对其抗旱能力的差异进行评价，旨在为园林绿化中选择适宜的节水抗旱型植物、提高绿化成效提供理论依据。

4.3.3.1 干旱胁迫处理方法

研究的干旱胁迫处理试验于 2006 年 5 月 1 日开始在浙江省丽水市职业技术学院进行，每种植物选 24 株大小基本一致的苗木，用同一培养基质盆栽，供试验用。

盆栽苗置于温室大棚中，在充足的水分条件下正常生长 20 天后，实施控水处理。各种植物随机分为对照(CK)与干旱胁迫(T)组，每组 6 株。试验设正常浇水(基质相对含水量 70% ~75%)与干旱胁迫 2 种处理，每处理设 3 次重复。以正常浇水为对照，即盆中基质干旱时立即浇水。干旱处理则从盆栽 20 天后停止浇水进行控水，使基质自然干旱，其他环境条件与对照组相同。采样时间为 2007 年 6 月 17 日、6 月 24 日和 7 月 1 日，取植株自顶往下 1 /3 处部位的叶片为样品，称取 5g 鲜叶，经处理后对各树种苗木的生理及生长指标进行测定。

本试验测定脯氨酸、丙二醛(MAD)、可溶性糖含量以及脂肪酸成分等生理指标，其中，脯氨酸含量采用二酮显色法测定；丙二醛含量采用 TBA 法测定；可溶性糖含量采用蒽酮比色法测定；脂肪酸成分采用膜脂分析色谱技术测定。

4.3.3.2 干旱胁迫处理后基质含水量变化

在干旱胁迫下测定基质含水量，其变化呈显著下降趋势，且随控水处理时间的延长，植物可吸收的水分越来越少(表4-15)。

表4-15　木本地被植物干旱胁迫处理后基质含水量变化

日期	含水量(%)
6月3日	55.23
6月10日	23.12
6月17日	14.07
6月24日	7.6
7月1日	3.78

4.3.3.3　干旱胁迫对植物生长的影响

在干旱处理的不同时期，各植物的田间生长状况不同。干旱初期苗木外观无明显变化，随着干旱时间延长，各苗木均出现伤害状况。6月17日(基质含水量为14.07%)以后，幼叶开始失水，植株顶部幼叶萎蔫变黑；随后，芽、新叶出现失水症状但仍保持绿色，随着干旱延续，叶片均失水、失色，有的植株茎干上部变黑，直至最后枯死。

观测结果表明：6月3~17日，4种植物均无伤害表现。6月17日后小叶蚊母、火棘无伤害表现，水栀子受到轻度伤害，叶片开始变黄，红花檵木受到中度伤害，叶片出现反卷、边缘枯死。6月24日(基质含水量7.60%)，4种植物均呈现重度伤害症状。至7月1日(土壤含水量3.78%)，水栀子已完全枯死，红花檵木叶枯的程度较水栀子低，尚有几片叶子成活，小叶蚊母、火棘虽还成活，但长势很差。从外部形态变化来看，小叶蚊母树抗旱性最强，水栀子抗旱性最弱。

4.3.3.4　干旱胁迫对植物生理指标的影响

(1)MDA和可溶性糖含量变化。4种植物在干旱胁迫下，各时期MDA和可溶性糖含量及变化情况如表4-16所示。经t检验表明，干旱后期(7月1日)，对照与干旱胁迫组间MDA含量差异极显著，各对照与干旱胁迫组间可溶性糖含量差异达显著或极显著水平。各种植物MDA含量随干旱胁迫程度的加深呈增长趋势，干旱后期MDA含量明显较干旱前期有所增长，但增幅减小。MDA含量增幅越小，抗旱性越强，反之，MDA含量增幅越大，抗旱性越弱。从表中可知，4种植物MDA含量的增加值从小到大依次为：小叶蚊母、火棘、红花檵木、水栀子。此外，随着干旱胁迫的持续，各种植物可溶性糖含量均有不同程度升高，其升高幅度从大到小顺序为：小叶蚊母、火棘、红花檵木和水栀子。

表 4-16 木本地被植物干旱胁迫处理后的丙二醛和可溶性糖含量

树种	丙二醛含量(mol/g)						可溶性糖含量(mol/g)					
	6 月 24 日			7 月 1 日			6 月 24 日			7 月 1 日		
	CK	*t*	增加率	CK	*t*	增加率	CK	*t*	增加率	CK	*t*	增加率
火棘	16.6	42.41 *	25.81	18.06	50.53 **	32.47	10.91	17.11 **	6.2	9.92	19.52 **	9.6
水栀子	9.77	49.85 **	40.08	12.14	69.88 **	57.74	8.23	10.95	2.72	7.64	14.39 **	6.75
红花檵木	10.12	51.57 **	41.45	11.03	53.27 **	42.24	5.97	9.78	3.81	5.53	15.52 **	9.899
小叶蚊母	4.14	29.45 *	25.31	4.59	30.46 *	25.87	5.86	18.93 **	13.07	8.38	22.73 **	14.35

注：*、** 分别表示差异显著($P<0.05$)、差异极显著($P<0.01$)

(2)脯氨酸含量变化。干旱情况下，许多高等植物体内会出现脯氨酸的积累。脯氨酸是植物体内重要的渗透调节物质，其含量增加有助于细胞和组织保持水分，防止脱水，有利于植物抵抗干旱环境。由表 4-17 可见，干旱处理使 4 种植物体内的脯氨酸含量增加，其中小叶蚊母增幅最大(80.33%)，脯氨酸含量也最高；而水栀子的增幅最小，仅 23.08%，脯氨酸含量也最低，不到小叶蚊母的一半。

表 4-17 木本地被植物干旱胁迫处理后脯氨酸含量变化

树种	脯氨酸含量(μg/g)		增加率(%)
	CK	*t*	
火棘	0.225	0.325	44.43
水栀子	0.163	0.2	23.08
红花檵木	0.213	0.3	41.18
小叶蚊母	0.305	0.55	80.33

(3)脂肪酸成分变化。6 月 17 日，测定了干旱胁迫处理组(基质含水量 14.07%)和对照组(基质含水量 64.8%)的叶片的 7 种脂肪酸成分，即肉豆蔻酸(MA)、棕榈酸(PA)、棕榈油酸(PO)、硬脂酸(SA)、油酸(OA)、亚油酸(LA)、亚麻酸(LE)，计算各脂肪酸所占百分比，结果见表 4-18。由表可见，4 种植物叶片中不饱和脂肪酸(UF)比例总体高于饱和脂肪酸(SF)，在干旱胁迫下，饱和脂肪酸比例升高，而不饱和脂肪酸比例降低，不饱和脂肪酸与饱和脂肪酸比值(OF/SF)降低。饱和脂肪酸比例在干旱胁迫的植株中升高，有利于植物抗旱。比较 4 种植物饱和脂肪酸(SF)值，得出饱和脂肪酸比例升高的幅度为：小叶蚊母 > 火棘 > 红花檵木 > 水栀子，分别是 24.52、18.24、11.5、1.55。

表 4-18　木本地被植物干旱胁迫处理后的脂肪酸含量变化

树种	处理	脂肪酸所占比例										UF/SF
		MA	PA	PO	SA	OA	LA	LE	其他	SF	UF	
火棘	CK	0	9.23	0	0	2.15	6.49	12.3	69.83	9.23	90.77	9.83
	t	0.43	24.31	0.46	2.72	6.71	14.28	17.42	33.62	27.47	72.53	2.64
水栀子	CK	0.82	18.58	0.01	3.62	8.97	18.06	20.81	29.13	23.03	76.97	3.34
	t	1.69	18.54	0	4.38	4.23	16.27	17.85	37.04	24.58	75.42	3.06
红花檵木	CK	0	13.43	0	0	4.67	9.63	25.52	46.75	13.44	86.56	6.44
	t	1.54	21.19	0	2.19	4.54	4.86	5.02	60.66	24.94	75.06	3.01
小叶蚊母	CK	0	11.51	0	1.48	3.43	11.23	23.58	48.77	13.05	86.95	6.69
	t	2.85	30.77	0	3.94	3.89	8.55	4.47	45.33	37.57	62.43	1.66

干旱对各种植物生长都会产生一定的影响，测定其某些生理指标，就能很好地反映植物对逆境的抗性。丙二醛（MDA）作为膜脂过氧化的重要产物，其含量与质膜相对透性具有相关性，是植物受伤害程度的指标之一。一般 MDA 含量越高，植株受伤害越严重。本研究的 4 种植物在干旱处理后，叶片中 MDA 含量与对照之间差异达显著或极显著水平，而且随着干旱程度的加剧而升高，尤其在干旱初期增加较快。因此，MDA 含量用于评价干旱初期植物的抗旱性较为理想，到干旱后期，则需结合其他指标综合考虑。

可溶性糖是生物体中重要的能源和碳源，其含量还与植株在逆境胁迫下渗透调节有关，可降低水势，提高植物吸水、保水能力，增强抗逆性。本研究的 4 种植物可溶性糖含量随着干旱加剧而上升。当植物遭受渗透胁迫，出现生理性缺水时，植物体内的脯氨酸大量积累。本研究表明，脯氨酸含量随着植物体耐干旱能力的增强而上升，脯氨酸含量在一定程度上反映了植物体内的水分状况，可作为植株缺水的参考指标。

植物的脂肪酸组分在逆境下会发生变化。有研究表明，干旱条件小麦幼苗膜脂总脂肪酸含量、磷脂含量及总脂肪酸双链指数均下降；干旱胁迫时，果树叶片细胞膜脂组分迅速发生变化，饱和脂肪酸含量增加，不饱和脂肪酸含量下降。本研究的 4 种植物在干旱胁迫时也表现出类似变化。不饱和脂肪酸含量的降低可以减少其过氧化作用，从而减弱细胞膜系统因膜脂过氧化作用所受到的伤害。此外，膜脂脂肪酸不饱和程度下降，导致细胞膜流动性降低，减少膜对小分子物质的透性，植株便可通过减少细胞内物质的外渗以维持细胞的膨压与吸水，这亦是植物的抗旱机制之一。

第5章 野生木本地被植物繁育技术研究

苗木繁育是野生木本地被植物应用的基础，是实现资源利用的重要环节。野生木本地被植物的苗木繁育包括2个生产环节，即小苗生产环节和工程苗生产环节，其中小苗生产环节也就是地被植物的繁殖，这是一个个体数量扩张的过程，是苗木繁育的关键。工程苗生产环节是把繁殖生产的地被小苗培育成园林工程用苗的阶段，是一个培大苗木规格的过程。这两个环节生产任务、技术措施有很大的区别，而实现野生木本地被植物园林应用的最关键技术是苗木的繁殖。为此，我们把野生木本地被植物的繁殖技术作为研究的重点任务。木本地被植物常用的繁殖方法是播种繁殖、扦插繁殖，为了加快一些优秀地被资源的应用，也开展了无性快繁和组织培养研究。

5.1 播种育苗技术

5.1.1 适用范围

播种育苗技术是常规木本地被植物繁殖的主要形式之一，理论上讲，播种育苗技术适用于所有种子地被植物。但在实际生产中主要应用符合以下条件的植物中：植物种子量大、易采易得、来源稳定；种子储藏方便、发芽率高、发芽整齐；籽播苗生长速度较快的地被植物；无性繁殖技术不成熟，不能通过无性繁殖进行规模化小苗繁殖的木本地被植物。如赤楠、轮叶蒲桃、火棘、小蜡、朱砂根、红凉伞、乌饭、小叶乌饭、马棘、胡枝子等。

5.1.2 主要技术要点

5.1.2.1 种子的采收

种子是地被植物进行播种育苗的物质基础，种子质量的好坏，直接影响到苗木的质量和育苗的成败。影响种子质量的主要因子有植物种类和类型、采种植株的生长状况、种子的成熟度、种子采收后的处理、种子的贮藏等。

决定植物种子发芽率的内因是种子的固有特性，不同种类的植物种子，其种子结构和生理活性不同，因而种子的发芽和籽播苗的生长情况也各不相同，不过就某种地被植物而言，植物的种子特性是固定而无法选择的。

采种植株的生长状况包括植株的年龄和生长势，其对种子的影响最主要表现种子的产量，而对种子质量的影响主要是对种子饱满度、空籽率的影响。一般而言，成年植株种子产量高，质量好；而幼龄植株结实率低，老年植株所产种子饱满度下降。因此，在保证有足够产量的情况下，尽量挑选在成年植株上采种。

种子的成熟度是指种子采收时的成熟程度，它是影响种子质量的重要因子，也是可以人为控制的因子。如果采种时间过早，种子成熟度不够，则由于种子的胚发育不成熟，或者由于种子含水量过高，有机物积累不足，种子生理活性强，从而降低种子的贮藏性能，缩短贮藏期，降低种子的发芽势和发芽率，影响苗木的早期养分供应。若采种过迟，又往往造成种子自然脱落，影响种子的采收。因此，种子的采收要把握好时机，应掌握在种子自然成熟至自然脱落开始之前的这段时期及时采收。野生木本地被植物的种子采收，由于对其中许多植物种类的资料和经验不足，研究者和生产者必须加强对各种野生木本地被植物种子成熟的观察研究，科学把握不同植物的采种时间。赤楠、轮叶蒲桃种子可以在大部分果实转为黑色后的较长时间段内采收，因为其果实成熟后不易落果，在浙南地区采收时间在 11 月下旬至翌年的 1 月。采种时间与此相近的还有冬青类植物。朱砂根、红凉伞等紫金牛属植物的果实挂果期特别长，果实转为红色后即已成熟，此时即可开始采收种子，但这些植物的果实可在树上挂至翌年夏季而不落果，因此，这类植物采种时间特别长。小叶蚊母的种子采收时间较短，其蒴果成熟后裂开，种子易弹出掉落，因此，其采收时间宜在蒴果裂开前的 10 月中旬。

5.1.2.2 种子的采后处理

种子一般是连同种子外的果实（裸子植物为种皮）一起采收的。因此，种子连同果实从野外采收回来后，还要进行种子与果实（种皮）的分离，这个过程就是种子的采后处理过程。不同种类的植物，其种子的处理方法也不同。一般浆果类、仁果类、核果类、囊果类植物的种子，可用果实集中堆腐后洗种，然后再晾干的处理方法，如赤楠、轮叶蒲桃、朱砂根、火棘、波缘叶冬青等植物均属于此类处理方法。蒴果类、荚果类植物的种子，可将果实晒干或晾干，使果实自然裂开弹出种子，然后收集种子的方法处理，如小叶蚊母、檵木、马棘等植物。

5.1.2.3 种子的贮藏

种子贮藏是播种育苗的主要技术环节，因为植物种子采收处理后，由于各种原因可能不马上用于播种，而是要经过一定时期的贮藏，因此如何保持种子贮藏期间的生命活力就显得十分重要。不同种类植物的种子耐藏性有很大的差别，一些植物的种子采后很容易失去萌发力，这类植物的种子采后不宜贮藏，必须随采随播，如短尾越橘、江南越橘；而一些植物的种子则可以贮藏很长时间，甚至有一些植物的种子采收后必须经过一定时期的贮藏后，播种才会发芽。种子贮藏时间的长短与植物种类和贮藏有关。野生木本地被植物种子贮藏性能和贮藏方法可通过查阅相关资料或进行贮藏试验后确定，植物种子贮藏的常用方法有砂藏法、冷藏法、干藏法等。

(1)砂藏法。利用湿砂对植物种子进行分层堆放贮藏，该法的关键是要掌握好砂的湿度和贮藏地点的选择。此法适合应用于种子较大、含水量较高、贮藏期要求不太长的种子贮藏，如朱砂根、赤楠等植物的种子。

(2)冷藏法。主要是利用低温环境，以降低种子在贮藏期间的生理活性和养分消耗，防治病虫害的发生。关键是种子的含水率和温度，不同种类的种子所要求的含水率不同，低温一般选择在0～5℃之间。此法适用于种子颗粒小、种子较为珍贵的植物。

(3)干藏法。就是把种子自然存放在相对干燥环境中的种子贮藏方法。此法适合在种子含水量相对稳定、种子发芽力较为稳定的植物中应用。此法与冷藏法结合使用，贮藏效果更好。这一方法简便易行，生产中使用较为广泛，如豆科植物的种子贮藏多用此法。

5.1.2.4　种子的播前处理

种子播前处理的目的，是为了提高种子育苗的发芽率和苗木的整齐度，促进种子快速发芽，缩短种子播后出苗时间，提高优质苗比例。播种前种子处理的主要工作包括：

(1)洗种选种。将种子浸在清水中，每天换水一次，经过2～5天后(视种子类型、种子的贮藏方法和时间而定)，除去浮在水面的种子，取出下沉的种子作为播种材料。

(2)催芽。利用一些有效的物理或化学方法对播种材料进行处理，促使种子集中快速发芽的过程。常用的催芽方法有温水连续浸种、温水间隙浸种、机械破壁、化学药剂浸种等。催芽的时间一般掌握在大部分种子种壁破裂并有露白为好。

5.1.2.5　播种

地被植物的播种一般有集中播种和分株播种2种形式，集中播种一般用于生产地播实生小苗，如火棘、轮叶蒲桃育苗常用此法；而分株播种一般用于生产容器籽播小苗，如朱砂根、红凉伞籽播苗生产常用此法。播种主要包括以下工作内容：

（1）苗圃的选择与整理。圃地宜选择在地势平坦、土壤肥沃符合所培育植物生长要求、排灌水方便的园地或田地。圃地的整理主要是对圃地进行耕耙作畦，畦宽 100 ~ 120cm，高 20 ~ 30cm，畦间操作道底宽 25 ~ 30cm。翻耕后，打碎土块，并对畦面进行精细平整。如果种子细小，可用木板对畦面轻度拍打，以增加畦面的平整度。整地时可结合施基肥和土壤消毒，基肥可选用过磷酸钙和一些堆腐过的农家有机肥，土壤消毒剂可选用如亚硫酸铁、敌克松等常规土壤消毒剂。

（2）播种时期和方法。播种时期要根据不同植物出苗时间和计划移苗时间来决定。生产中一般植物的播种时间选择在早春为好，播种后一般经过 2 ~ 3 个月左右，即可移苗。

播种方法一般为撒播，即把催过芽的种子按合理的播种量均匀地撒播在整理好的苗床上，如果种子颗粒小，可把种子和细砂混合后撒播，以提高播种的均匀度。播种后，马上进行细土覆盖，覆土厚度一般为种子直径的 1 ~ 2 倍。覆土后，再在土面上盖一层干草等材料，以防止虫、鸟对种子和小苗的破坏，也可以预防干旱、霜冻等自然灾害发生。

5.1.2.6　苗期管理与移植

种子萌发后，及时去除覆盖的草层，并及时做好除草、施肥、病虫害的防治。种子出苗后，经过一定时间的生长，苗木即有一定的高度和粗度，组织也有一定成熟，此时，应及早进行苗木移植。一般而言，如果近距离移植，早移植成活率较高，如需远距离移植，则需等到苗木足够成熟后，成活更有把握。

5.1.3　朱砂根（红凉伞）穴盆播种育苗

朱砂根树型矮小，冠形紧凑，耐阴性强，果多色艳，挂果期长，是一种优良的耐阴观果地被植物。此外，朱砂根可全株入药，是一种有开发前景的药用植物，朱砂根总皂试抗肿瘤研究已进入临床应用阶段。朱砂根结果量大，种子采收时间长，为播种育苗提供了方便。但朱砂根地播小苗移植后，缓苗期长，后期死苗率高，不宜在生产中推广应用。因此，我们于 2004 年采用不同规格的育苗穴盆开始朱砂根穴盆播种的育苗研究，测定 50 穴、72 穴、128 穴等 3 种规格育苗穴盆培育苗木的出苗率、保存率、叶片数量、叶片大小、最佳移苗时间的差异。

种子经催芽后于 5 月 13 ~ 16 日播种，6 月 7 日种子开始芽出土，11 月 30 日调查存苗率和苗木规格指标，结果见表 5-1。

表 5-1 不同型号穴盆对朱砂根苗木存活及叶片生长的影响

穴盘型号	出苗率(%)	苗木存活率(%)	叶片数			叶片大小(cm)					
						叶片长度			叶片长度		
			最多	最少	平均	最大	最小	平均	最大	最小	平均
128 穴	98.3	69.7	5.0	3.0	4.2	4.0	1.5	2.9	2.0	1.5	1.7
72 穴	99	76	6.0	5.0	5.3	5.0	4.0	4.4	2.8	2.0	2.3
50 穴	98.8	84.9	8.0	4.0	6.1	7.0	5.0	5.7	2.9	2.5	2.7

5.1.3.1 不同型号穴盘对朱砂根苗木存活率的影响

从表5-1可见，用3种不同型号穴盘进行朱砂根播种，出苗率都在98%以上，表现为成活率高，差异小。但至11月30日检查存活率时，存活率出现较大差异。比较存活率，50穴比128穴的苗木存活率高15.2%，穴盘孔数越多，每穴空间越小，苗木存活率越低，这主要是穴腔越小，苗木生长空间就小，苗木根系受温度影响大，容易造成苗木抗性下降，从而造成苗木因病或其他原因死亡的比例提高。

5.1.3.2 不同型号穴盘对朱砂根苗木生长的影响

比较苗木的叶片数量，我们发现同样的规律，即随着穴盘孔数的增多，呈现出单株叶片数目减少现象，比较3种穴盆的苗木，50穴的穴盆苗平均叶片数量分别比72穴和128穴多0.8片和1.9片，分别是128穴叶片数的119.05%和145.2%。

不同型号的穴盆对叶片的生长影响还表现在叶片的大小上。从调查数据看，不同型号的苗木叶片大小差异极为显著，比较3种型号的穴盆苗木，50穴的苗木比72穴和128穴的苗木叶片分别长1.3cm和2.8cm，分别是128穴盆苗木叶片长度的144.83%和196.55%，差异十分巨大。同样，在叶片宽度方面的差异也相当明显，50穴的苗木叶宽分别比72穴和128穴的宽0.4cm和1cm，分别是128穴的苗木叶宽的123.53%和158.82%。由此可见，穴盆大小对朱砂根苗木质量的影响是多方面的。但在生产中，我们发现这种差异随着苗木在穴盆培育时间的长短而变化，时间越长，差异越大，因此在育苗中选择穴盆时，要根据苗木质量的要求来选择穴盆，要求培育的苗木规格越大，则要选择孔数越少的穴盆。

表 5-2 朱砂根苗木不同时期移植的成活率

播种时间	移植时期	播种后天数(天)	成活率	苗木带土情况
5月13日	8月9日	88d	87%	不能带全土
5月13日	9月13日	123d	98%	可带全土
5月13日	10月5日	144d	98%	可带全土

5.1.3.3　不同移植时期对朱砂根成活率的影响

为了掌握朱砂根穴盆苗的最佳换盆移植时间，我们开展了不同移植期的移植成活试验，结果见表5-2。从表可见，不同时期移植对苗木成活率有影响，8月9日移植，苗木经过播种后88天生长发育，根系还不能完全固定基质，因而苗木移植成活率最低。从9月13日起，苗木根系已经可以完整固定基质，移植后成活率达到98%，与10月5日播种后144天移植的成活率没有差异。

5.1.3.4　不同移植时期对苗木生长的影响

朱砂根穴盆苗在早秋换盆后，当年还能继续生长，如果换盆移植太迟，则对当年生长不利，不同时期移植后的苗木生长情况见表5-3。可以看出，以8月9日移植的苗木新叶最大，9月13日移植苗木新叶次之，10月5日移植苗木叶片最小。说明苗木移植越早，对移植后的生长越有利，这是由于苗木移植后的容器大，根系营养空间扩大的原因。

综合苗木换盆移植成活率和移植后苗木生长分析，朱砂根穴盆苗移植需要选择一个最佳时机，以保证取得较高移植成活率，并使移植成活植株更好的生长。根据本试验表明，以播种后120天为最佳时机的参考时间，具体间隔天数会因播种时间和气候状况有所变化，但可以把握以下原则选择最佳时间：在保证苗木根系可以完全固定穴内基质后尽早移植。

表5-3　不同时期移植苗木生长情况

播种时间	移植时期	调查时间	新叶规格(cm)	
			平均叶长	平均叶宽
5月13日	8月9日	11月30日	9.0	3.5
5月13日	9月13日	11月30日	6.0	2.5
5月13日	10月5日	11月30日	3.5	2.0

5.1.4　短尾越橘播种育苗试验

短尾越橘叶片细小，嫩叶红色，彩叶期将近一个月，花期5～6月，花期长具有较高观赏价值；萌芽能力强，每年可连续抽梢多次；此外短尾越橘抗性好、耐瘠薄，具有优良木本地被植物的多项特性，是优秀木本地被植物的潜在资源，值得进行开发利用研究。于是，我们针对该植物野生资源丰富、果实多、采种容易的特点，于2007年、2008年对该植物进行播种育苗试验。

2006年11月中旬，我们在短尾越橘种子成熟后，组织人员到丽水廊奇山上采收短尾越橘果实，由于短尾越橘种子过于细小，取种十分困难，用果实进行湿砂贮藏，翌年2月下旬，取种播种，没有出苗。

2007年11月17日重新采种，采种后分3次播种。第一次种子未经贮藏，第二次、第三次的种子，则用果实进行湿砂贮藏。

第一次播种是即采即播。播种方法为：果实采收后，堆腐数日，捣碎后用清水去浆洗种，过滤种子，随即撒播在荫棚内事先准备好的细整苗床上。种上覆土尽量薄，然后上面再覆盖地膜以保温保湿，翌年1月下旬开始部分出苗，2月中旬出苗较多后去除地膜。短尾越橘小苗生长较慢，要经常喷施薄肥，并于4月上旬及时去除荫网。

第二次播种在2007年12月4日，用第一次相同方法播种，没有出苗。

第三次播种在2008年1月20日，用第一次相同方法播种，没有出苗。

从2年4次播种结果可见，短尾越橘种子宜即采即播，种子贮藏后容易失去发芽率，具体原因有待于进一步研究。

5.1.5　轮叶蒲桃与赤楠播种育苗技术

2005~2009年，我们每年在丽水市莲都区白口村籽播培育轮叶蒲桃、赤楠苗木，基本掌握了轮叶蒲桃、赤楠的播种育苗技术。轮叶蒲桃、赤楠这两个树种，其播种育苗的技术方法相同。

轮叶蒲桃、赤楠的采种期为11中旬至翌年1月均可。由于这两个树种种内均存在较大的个体差异，其叶片大小和嫩叶颜色存在较大变化，具有很多中间过渡类型，因此，采种母株最好选择同种源同类型的植株。种子采收堆沤数日后去种皮，然后用清水洗净用于播种贮藏。种子采收后即可播种，如若不马上播种则需进行贮藏至第二年早春。贮藏方法可用湿砂储藏法，即种子一层砂一层储藏于无积水低温场所，为保持砂湿度稳定，顶上湿砂层要尽可能加厚，一般不要小于10cm。砂的湿度不能过湿，以手捏后放开后不散开，稍加外力即散为准。如果种子量少，也可袋藏，即用编织袋贮藏，均能保持良好的发芽率。

轮叶蒲桃、赤楠种子春季萌发早，且萌芽率高，因此播种时间宜早，一般2月上旬至2月下旬均可，具体视种子自然发芽状况和生产进度安排。种子自然发芽迟早主要与冬季温度和种子贮藏方式、贮藏条件有关，播种太迟常造成种芽太长太老，影响出苗率和苗木质量。播种方式一般选择撒播，播种量每亩* 70~100kg，撒种后上面覆1cm左右细土，再在土上覆盖一层杂草。

播种后约30~35天左右苗木出土，待有一定量苗木出土后小心去除上面覆盖物，并在此后阶段及时防除杂草，约经30~45天，到5月上旬左右，待幼苗

---

* 1公顷=15亩。

高4～5cm，有真叶4～5片时，即可进行幼苗移植。由于轮叶蒲桃、赤楠苗的细根较少，地栽工程苗带土困难，影响种植成活率，因此一般以容器苗为好。移植时可单株移植，也可以2～3株合栽一丛，以加速工程苗的快速成型，缩短育苗时间。地栽苗移植后当年或翌年春天即可达到冠幅15～20cm、高度20～25cm的规格，基本符合一般木本地被苗木的规格标准，容器一年生苗冠幅10～15cm，高15～20cm。

冬季防冻是轮叶蒲桃、赤楠育苗的重要环节。由于这两种植物自然分布面广，野生植株很少受冻，因此常使育苗者忽略了苗木的防冻工作。在历年的生产中我们发现这两个树种的苗木在苗圃中极易受冻，且冻害发生时间早，冻害等级高，不仅叶片和小枝受冻，大枝冻害也经常发生，甚至全株冻死。这种冻害现象在同区域相近城市绿地中和野生植株中没有发现，相同年份仅发现少量叶片受冻，甚至嫩芽、嫩叶也不会受冻。我们对这两种冻害现象差异的原因没有进行过研究，但认为与植物的生长环境和夜间辐射关系密切，在水肥条件、通风条件好、上层无覆盖的地方，冻害容易发生。为此，我们采取了在苗圃上搭大棚，上盖遮荫网的方法进行防冬，结果收到了良好的防冻效果，采用此法后苗木极少受冻，更没有发现枝条受冻和植株冻死。

5.2 扦插繁殖技术

5.2.1 适用范围

扦插繁殖是目前地被植物最主要的繁殖方式，具有材料来源稳定、成本低、成苗快、苗木一致性好、操作简便等特点，广泛应用于木本地被植物繁殖。如红花檵木、瓜子黄杨、杜鹃、六月雪、龟甲冬青等。

5.2.2 影响插穗生根的因素

插穗能否生根及生根的快慢，同植物特性及插穗质量(内部因素)有很大关系，同时也与扦插的方法和插后管理(外部因素)密切相关。

5.2.2.1 内部因素

(1)植物特性。植物种类不同，其插穗的细胞活性、促使插穗生根和抑制插穗生根的物质不同，因而插穗生根的难易也不同。

(2) 枝条质量。用同种植物不同类型的枝条扦插，其成活率也有差异。其中以枝条的老熟程度和枝条的充实程度对扦插成活率影响最为明显。一般以生长健壮、组织充实的一年生木质化或半木质化枝条扦插成活率最高，而用多年生老枝、未木质化的嫩枝、生长纤弱的内膛枝和徒长枝扦插，成活率低。这与枝条的营养积累、激素水平、芽的充实程度等有关。不同季节抽发的枝条，也是由于老熟程度、营养水平的不同，对扦插成活也会有影响。除枝条类型对扦插成活有影响外，枝条的段位也对成活有影响，一般用枝条的中上枝段作插穗扦插成活率高。

5.2.2.2　外部因素

影响扦插成活的外部因素很多，从技术角度分析包括扦插方法、扦插季节、插后管理等方面，而从环境角度分析包括扦插后一段时期内的温度、湿度、光照、营养、病虫害等方面因素有关。

(1)温度。温度对扦插生根影响很大，温度适宜则生根快，温度过低或过高都会影响插穗生根，因而影响成活。不同种类和不同种源的植物，扦插生根的适宜温度是不同的，一般植物的生根适宜温度为15～25℃。为此，季节选择是扦插的重要技术环节，在一般生产条件下，4～5月和9～10月是较为理想的扦插时段，因为该时段插穗来源广，插穗成熟度适宜，环境温度合适，扦插成活率较高。但如果能采取有效的温度调控措施，则扦插可在非常规季节进行，如现代温室技术的发展，使得插床环境的温度能够得到有效调控，使周年扦插得以实现。

(2)湿度。湿度是影响扦插成活的另一重要因子，因为插穗在足够量的根系产生之前，其地下部分的吸水能力很弱，插穗的水分平衡只能通过减少水分遗失来实现，而减少水分遗失的方法就是保证插穗周围环境能保持足够的基质湿度和空气湿度。一般空气湿度要保持饱和或过饱和水平；基质湿度要适宜，在无积水的情况下有足够的湿度，一般基质含水量在基质最大持水量的50%～60%为宜。以前，常用人工间隙性喷水来增加湿度，但这种喷水方式很难做到及时与适量，往往因喷水不及时导致插穗失水死亡，或者喷水过量造成基质积水烂根。现在，随着电子技术在农业生产中的应用，扦插的湿度控制已经实现智能化，但智能化的扦插技术仍然存在对设备要求和技术要求高的问题，无法在小规模的一般生产者中推广应用。我国苗木生产者，在长期的生产实践中，发现利用塑料薄膜覆盖苗床，可以达到极好的保湿效果。这种保湿方法已经在我国广大苗区得到推广使用。

(3)光照。光照对扦插的作用有三个方面：第一个方面是适度的光照，可以提高基质和空气湿度，同时促使生长素形成，从而诱导插穗生根；第二个方面是促进光合作用，增加养分积累，加快生根；第三方面是光照会使插穗及周边环境温度过高，水分蒸腾加快，插穗的正常生理代谢受阻和紊乱，会烫伤插穗的幼嫩组织，影响插穗的生长，导致插穗(苗)死亡。因此在扦插期，尤其在生根的前期，应适当遮荫降温，减少水分散失，并可通过喷水等方式来降温增湿。在苗木移植前，应有一个不断延长光照时间和增强光照强度的炼苗过程，以促进苗木的组织老化和对自然环境的适应。

(4)基质。基质是插穗生活、生根、发育的基础，基质的性质(主要指基质的热容性、水容性、透气性等物理性质；pH 值、养分元素含量、电解质等化学性质；杂草种子、有益、有害微生物及昆虫等生物性质)对扦插的成活有直接影响。一般来说，基质主要是起一种介质作用，以调节水、气、热的综合平衡和固定插穗。因此一种理想的基质应该具有保温保湿、疏松透气、酸碱适度、化学性质稳定、含杂草种子少和无有害病虫源等特点。在规范化的生产单位中常用的基质主要有珍珠岩、清水河沙、黄心土等，也可以选择其中的几种为基础材料按一定比例混合成综合性良好的混合基质，而在农村常规苗木生产中，主要还是用经过细整的园土为扦插基质。

5.2.2.3 促进插穗生根的方法

不同植物种类，扦插生根难易程度不同，有些植物扦插很容易生根(如黄杨类、小叶蚊母等)；而有些植物扦插生根却较困难(如短尾越橘、厚叶石斑木)。为了使插穗早生根、多生根和提高难生根植物的扦插生根率，可采用一些化学或物理方法处理插穗，效果良好。生产中主要以外源激素处理为主，常用的激素种类有吲哚丁酸、吲哚乙酸、萘乙酸以及各种类型的生根粉。另外还可以用一些化学物质如 B 属维生素、高锰酸钾、蔗糖等进行处理，高锰酸钾对多数木本植物促根效果较好，使用浓度一般为 0.1% ~ 1.0%，浸泡时间为 5 ~ 10 小时；蔗糖对木本和草本植物均有效，处理浓度为 2% ~ 5%，一般浸泡的时间为 10 ~ 24 小时；维生素 B1 1 ~ 2mg/L 溶液处理 12 小时。

物理处理法也很多，常用的主要有环状剥皮、喷雾处理、热水处理以及低温处理等。但由于地被植物的扦插往往数量大，插穗细小，生产中一般利用激素和生根剂处理最多，因为这类方法具有高效省时的优点。

5.2.2.4 扦插方法

根据扦插所选用的营养器官不同，可以分为 3 种扦插方法：叶插、枝插和根插，其中在木本地被中使用最多的扦插方法是枝插。

枝插是以枝段为插穗材料的扦插方法，这种方法具有取穗方便、管理容易、扦插成活率高特点。枝插法根据插穗老熟程度不同又可以细分为嫩枝扦插和硬枝扦插。

嫩枝扦插：指利用未完全木质化的枝条作为插穗所进行的扦插方式，扦插在生长季节进行。该法因插穗枝龄小、细胞分裂活跃、扦插季节温度高等原因，使插后生根快、成活率高、扦插苗生长均匀，是地被植物生产中使用最多的扦插方法。嫩枝扦插的插穗成熟程度要适宜，过嫩养分积累少、芽未完全发育成熟、穗条组织嫩，插后易失水萎蔫或腐烂；过熟则影响生根和成活。

硬枝扦插：指插穗选择完全木质化的老熟枝条，扦插季节多在休眠期或生长初期或末期。选用的枝条一般为1年生枝条，若枝量不足也有选2年生甚至多年生老枝，如我们曾经选用多年生小叶蚊母枝条和多年生朱砂根茎段作插穗，也能取得较高的扦插成活率。不过，选用1年生枝条扦插，有利于提高成活率和苗木的整齐度。硬枝扦插在地被生产中使用不如嫩枝扦插广，一般在植物的开发初始阶段，插穗依靠野生植株剪取时使用较多。

5.2.3 小叶蚊母扦插繁殖试验

小叶蚊母树形紧凑，枝叶繁茂，叶色深绿，夏天无日灼，秋冬不落叶，不枯黄，绿色期长，观赏性持久稳定；枝条婆娑，高增长慢，水平延伸快，自然片植冠面整齐不易乱，在大量的园林绿地中使用后景观效果好。对生长环境适应性强，能在酸性、中性或碱性土壤中生长，耐寒耐热、喜光耐阴、耐旱耐涝，病虫害少，是一种优秀的节约型地被植物。为了推进这一优良地被树种的产业化，我们于2007年在丽水市林业科学研究所院内的智能化非试管快繁大棚内开展了小叶蚊母的扦插试验。

扦插试验大棚条件：棚内装有温度、湿度、光照自动感应仪，可根据这些因素的变化，自行启动喷雾、光照等设备。棚内插床东西走向，光照充足，床面上方采用80%的遮荫网遮荫。床面高出地面70cm，底部铺厚20cm的卵石以利于排水渗透，卵石上面铺一层防漏网，其上铺基质，基质采用珍珠岩。扦插前采用500mg/kg的高锰酸钾溶液进行消毒基质，3天后用清水冲洗。

插条剪取与扦插时间均为2007年5月17日。从丽水市白口村试验地内2年生移栽植株上选取生长健壮、无病虫害、木质化程度高的春梢为穗条。插穗上端平剪，下端斜剪，成45°角。插穗留叶2~3片，每100株一捆，每组6捆，用湿毛巾包裹，共7组。

试验设萘乙酸（NAA）100 mg/L、萘乙酸（NAA）400 mg/L、吲哚丁酸（IBA）100 mg/L、吲哚丁酸（IBA）400 mg/L、ABT生根粉500倍溶液、快繁宝（丽水市农业科学研究所出产）2000 mg/L等6个激素处理，并以清水为对照，每处理200株，设三次重复，用随机区组设计。

每组插穗扦插前先用甲基托布津300倍溶液进行消毒，然后分别将每组插穗下端浸入配制好的某种激素溶液或清水中速蘸后用于扦插，并作好编号与标记，标明激素名称与浓度。扦插密度为5cm×5cm。扦插时，采用直插法，扦插深度为插穗长度的1/3，压实插条周围的基质，并立即用喷壶浇透水，使插穗与基质充分接触。扦插后70天调查生根率，调查数据采用Excel软件进行统计分析，结果见表5-4。

从表5-4中可以看出，利用吲哚丁酸处理插条的生根率明显高于对照，且以400mg/L的浓度为好；用萘乙酸400 mg/L和萘乙酸100 mg/L处理插条的生根率也高于对照，但差别不显著。利用生根粉、快繁宝处理插条和对照差别不大，由此说明生根粉和快繁宝对小叶蚊母扦插生根效果不明显。

其中采用吲哚丁酸400mg/L与对照具显著性差异，萘乙酸400 mg/L、萘乙酸100 mg/L与对照相比具有差异但不显著。经吲哚丁酸400mg/L处理插条的生根率最高，达到98.13%，比对照高出10.36%。其次为吲哚丁酸100mg/L，达到94.27%，比对照高出6.5%，萘乙酸400mg/L、萘乙酸100 mg/L处理后的插条生根率分别达到93.2%、88.6%。因此，利用激素处理小叶蚊母插条时，以采用吲哚丁酸400mg/L为最好，可以很好地提高小叶蚊母的扦插生根率。

表5-4　小叶蚊母不同激素处理生根率的方差分析

处理	激素(mg/L)	均值	5%显著水平	1%极显著水平	*F*	*P*
4	吲哚丁酸400	98.13	a	A	1.9310	0.1456
3	吲哚丁酸100	94.27	ab	A		
2	萘乙酸400	93.2	abc	A		
1	萘乙酸100	88.6	abc	A		
7	CK	87.77	abc	A		
6	快繁宝2000	86	bc	A		
5	生根粉500	82.43	c	A		

5.2.4　矮冬青扦插繁殖试验

矮冬青枝叶繁茂，叶片细小，冠形紧凑，质地细腻，一年多次抽梢，新叶淡红色，果为红色，挂果期长，是优良的观赏植物树种之一，在城市园林绿化中可为观赏灌木，栽植于草坪、林缘等作为色块。具有较高的开发利用价值。为促进这一优良资源的开发利用，我们于2007年开展了矮冬青的扦插繁殖试验。

试验场地与试验条件同小叶蚊母，插条剪取与扦插时间为2007年5月14日。从丽水市白口村试验地的野生驯化植株上，选取生长健壮、无病虫害、木质化程度高的春梢为插穗。插穗上端平剪，下端斜剪，成45°角。插穗留叶2～3片，每100株一捆，每组6捆，用湿毛巾包裹，共7组。

试验设萘乙酸(NAA)200 mg/L、萘乙酸(NAA)400 mg/L、吲哚丁酸(IBA)200 mg/L、吲哚丁酸(IBA)400 mg/L、ABT生根粉800倍溶液等5个激素处理，并以清水为对照。每处理200株，设三次重复。

每组插穗扦插前先用甲基托布津300倍溶液进行消毒，然后分别将每组插穗下端浸入配制好的某种激素溶液或清水中速蘸后用于扦插，并作好编号与标记，标明激素名称与浓度。扦插密度为5cm×5cm。扦插时，采用直插法，扦插深度为插穗长度的1/3，压实插条周围的基质，并立即用喷壶浇透水，使插穗与基质充分接触。扦插后75天调查生根率，结果见表5-5，利用LSD多重比较分析法分析，结果见表5-6。

从表5-5可以看出，各种处理矮冬青扦插生根率均较高，即使不用激素处理，其扦插生根率也在76%～85%，平均生根率达80.3%。利用激素处理后，生根率均有所提高，用合适的激素种类和浓度处理后，可较大幅度提高扦插生根率，如用IBA400 mg/L、200 mg/L处理插穗，扦插生根率高而稳定，每一重复生根率均在95%以上。经过方差分析(表5-6)，处理间的差异达到显著或极显著水平，说明激素处理能有效提高矮冬青的扦插生根率。

表5-5　矮冬青不同激素处理的扦插生根率

处理	采用激素	重复1	重复2	重复3	平均
1	IBA(200mg/L)	96	94	95	95.0
2	IBA(400mg/L)	98.5	99.5	96	98.3
3	NAA(200mg/L)	83	92.5	93	89.5
4	NAA(400mg/L)	84	91	94	89.7
5	ABT	90.5	75	79	81.5
6	CK	76	85	80	80.3

表5-6　矮冬青不同激素处理间生根率LSD法多重比较

处理	不同激素	生根率均值(%)	5%显著水平	1%极显著水平	F值	P值
2	IBA(400mg/L)	98.3	a	A	5.115	0.014
1	IBA(200mg/L)	95.0	a	AB		
4	NAA(400mg/L)	89.7	ab	ABC		
3	NAA(200mg/L)	89.3	ab	ABC		
5	ABT	81.7	b	BC		
6	CK	80.3	b	C		

5.2.5 赤楠扦插繁殖试验

赤楠生长缓慢，枝叶较密集，冠幅较规则，易于修整，嫩叶红色，具有较高的观赏价值，是我国传统的盆景用材树种之一，具备木本地被植物的许多特性要求，可以作为园林地被植物应用，栽植于草坪、林缘、道路分车带中。为此，我们于2007年3月在丽水市林业科学研究所的育苗大棚内开展了赤楠的扦插试验。试验条件和方法同小叶蚊母，穗条采自丽水市百果园山地野生植株的1年生枝条。

考虑到赤楠材质坚硬，生长慢，可能扦插生根较难，因此，适当调高处理插穗的激素浓度。试验共设8个激素处理水平和1个对照，具体见表5-7。插后90天调查生根率，调查数据用Excel软件进行统计分析，不同激素处理的生根率见表5-8，不同激素处理扦插生根率方差分析见表5-9。

由表5-7可以看出，3种激素不同浓度处理的生根率高低顺序为400 mg/L > 800 mg/L > 200mg/L，表明在采用激素对赤楠插条进行处理时，采用400 mg/L的浓度可以更好地促进生根。利用吲哚丁酸处理插条的生根率明显高于对照；利用生根粉处理插条和对照差别不大；用萘乙酸200mg/L和800 mg/L处理插条的生根率低于对照，由此说明用生根粉和萘乙酸处理插条对提高生根率没有明显效果。

从表5-7和表5-8可以看出，采用吲哚丁酸和生根粉400mg/L的处理较对照差异显著。经过吲哚丁酸400mg/L处理插条的生根率最高，达到73.3%；其次为吲哚丁酸800mg/L，达到56.7%；吲哚丁酸200mg/L处理可以达到53.3%，生根粉400mg/L达到51%，其他处理与对照差异不显著。

表5-7 赤楠扦插处理设计表

处理	激素类型	浓度(mg/L)
1	NAA	200
2	NAA	400
3	NAA	800
4	IBA	200
5	IBA	400
6	IBA	800
7	ABT	400
8	ABT	800
9(CK)	清水	C

表5-8 赤楠扦插不同处理生根率

处理	生根率	5% 显著水平
5	73.3	A
6	56.7	B
4	53.3	B
7	51	B
8	45.7	C
2	45.3	C
9	43.7	C
3	34	C
1	25.3	C

表 5-9 赤楠不同激素处理扦插生根率方差分析表

	SS	df	MS	*F*	Sig.
组间	4481.852	8	560.231	2.906	.029
组内	3470.667	18	192.815		
总计	7952.519	26			

吲哚丁酸 400mg/L 和 800mg/L 两种处理之间也存在显著差异，处理吲哚丁酸 400mg/L 的生根率较处理吲哚丁酸 800mg/L 高出 16.6%。因此，利用激素处理赤楠插条时，以吲哚丁酸 400mg/L 为最好。

5.2.6 短尾越橘硬枝扦插繁殖试验

短尾越橘枝叶繁茂，叶片细小，嫩叶鲜红美观，枝条修剪后萌芽快，萌芽率高，喜光耐阴耐瘠薄，具有许多优良地被植物的特性要求，具有较高的开发利用价值，为优良的野生木本地被植物资源。为了使这一优良地被植物资源能得到开发利用，我们于 2006 年开展了该植物的扦插繁殖试验。

扦插试验地选择在浙江省丽水市碧湖镇白桥村，北纬 28°18′、东经 119°41′，海拔 71m，年平均气温 18.1℃，极端高温 41.5℃，极端低温 -7.7℃，年平均降雨量 1379mm，无霜期 237 天。

场地整理。将土翻耕 30cm，细耙打碎土块，做成宽 1m、高 25cm 的插床，床间沟宽 35cm，有利排水和灌水。然后将扦插基质均匀铺在插床上，厚度 6~8cm。

插穗于 2006 年 3 月 6 日从丽水市莲都区下风化村剪取野生短尾越橘植株中上部的一年生健康充实枝条，并从中剪取径粗 0.2~0.3cm，长为 5~6cm 的枝段为插穗，每穗叶留 2~3 片。

本研究设两个单因素试验：即不同扦插基质的扦插试验和不同激素处理的扦插试验。

扦插基质试验：设河沙、珍珠岩、黄心土、珍珠岩+泥炭(1+1)等 4 种扦插基质等 4 个试验处理，采用单因素随机区组的方式排列，设 3 次重复，每个试验小区扦插 50 株。扦插前用多菌灵 1000 倍液对基质进行消毒，插穗统一用 ABT1 号生根剂 800 倍液速蘸。

激素处理试验：设萘乙酸 200mg/L、萘乙酸 400mg/L、吲哚丁酸 200mg/L、吲哚丁酸 400mg/L、ABT1 号生根粉 800 倍液等 5 个处理，以清水为对照，扦插基质均用黄心土，采用单因素随机区组试验设计，3 次重复，每个试验小区扦插

50株。扦插前用多菌灵1000倍液对基质进行消毒。

两组试验扦插后，做好标记，绘好扦插布局图。用喷水壶给基质浇透水，使基质吸足水分，然后在插床上搭建塑料密封拱棚给插床保湿，在塑料密封拱棚上搭设木架，在木架上覆盖遮荫度为75%的遮荫网。

6个月后调查苗木生根率，调查数据采用DPS数据处理系统进行方差分析。不同基质扦插生根率统计分析见表5-10，LSD法多重比较见表5-11；不同激素处理扦插生根率统计分析见表5-12，LSD法多重比较见表5-13。

由表5-10、表5-11可以看出，不同扦插基质对短尾越橘生根率的影响很大，除以珍珠岩+泥炭的混合基质与以珍珠岩为基质的扦插生根率达到显著水平而未达到极显著水平外，其他基质之间的扦插生根率差异均达到极显著水平，这说明短尾越橘硬枝扦插成活率受扦插基质的影响很大，选择合适的扦插基质是提高短尾越橘硬枝扦插成活率的重要技术途径。调查结果显示，以黄心土为基质的扦插生根率最高，比河沙为基质高出22%，其后依次为珍珠岩+泥炭、珍珠岩、河沙，这可能是因为短尾越橘枝条细小，容易失水，利用保水性好的基质更有利于扦插成活，黄心土保水性比其他基质好，基质的理化性质与短尾越橘原生生境土壤的理化性质也更为接近。珍珠岩+泥炭和珍珠岩生根率差异不大，但珍珠岩+泥炭混合基质的理化性质较单纯以珍珠岩为基质的理化性质有所改善，因此生根比珍珠岩稍高；以河沙为基质扦插生根很低，这可能是由于河沙的保水性

表5-10　短尾越橘不同基质硬枝扦插生根率(%)

不同基质	重复Ⅰ	重复Ⅱ	重复Ⅲ	生根率均值	F值	P值
黄心土	27	36	27	30	44.27	0.002
珍珠岩+泥炭	15	21	18	18		
珍珠岩	12	8	10	10		
河沙	2	3	1	2		

表5-11　短尾越橘不同基质扦插生根率的LSD法多重比较

不同基质	均值	5%显著水平	1%极显著水平
黄心土	30%	a	A
珍珠岩+泥炭	18%	b	B
珍珠岩	10%	c	BC
河沙	2%	d	C

差，夏季温度起伏大的原因所致。由此可见，短尾越橘硬枝扦插基质必须有良好的保水性能，但就本试验各种基质的扦插生根率而言，都处于很低的水平，最高生根率仅为 27%，与一般生产的要求差异很大，因此短尾越橘扦插基质的选择还需作进一步的研究。

由表 5-12、5-13 可以看出，短尾越橘插穗经不同激素处理后，扦插生根率不同。在 5% 显著水平下，采用吲哚丁酸为处理激素与其他处理激素扦插生根率差异显著，用激素处理与对照比较扦插生根率差异显著。1% 极显著水平下，激素处理后与对照相比，扦插生根率差异显著，采用吲哚丁酸 200mg/L 为激素与其他激素处理相比差异较显著。由此可见，用激素处理短尾越橘的插穗，能有效提高其硬枝扦插的生根率，且生根率提高幅度与选用的激素种类和浓度有关，就激素种类而言，吲哚丁酸比萘乙酸好，萘乙酸比生根粉好。这与短尾越橘的自身内源激素水平有关，单靠植物自身的内源激素很难诱导其产生不定根，必须靠外源因素来促进其生根。

表 5-12 短尾越橘硬枝扦插不同激素处理的生根率(%)

激素	重复Ⅰ	重复Ⅱ	重复Ⅲ	生根率均值	*F* 值	*P* 值
吲哚丁酸 200	36	45	30	37	11.58	0.001
吲哚丁酸 400	37	26	33	32		
萘乙酸 200	36	24	24	28		
萘乙酸 400	32	26	24	27		
生根粉 800	28	26	21	25		
CK	18	20	16	18		

表 5-13 短尾越橘硬枝扦插不同激素处理间生根率 *LSD* 法多重比较

激素	生根率均值	5% 显著水平	1% 极显著水平
吲哚丁酸 200	37	a	A
吲哚丁酸 400	32	ab	AB
萘乙酸 200	28	b	ABC
萘乙酸 400	27	b	ABC
生根粉 800	25	bc	BC
CK	18	c	C

5.2.7 尖叶黄杨嫩枝扦插繁殖试验

尖叶黄杨叶片革质，有光泽，叶形变化大，以椭圆状披针形或披针形较为常见，长2~3.5cm，宽1~1.3 cm，先端渐尖或微钝；新叶金黄色，成熟叶深绿色；花淡黄色，密集成球形，有较高观赏价值，是地方传统的盆景制作树种之一，但作为园林植物使用还较为少见，而与它同属的雀舌黄杨、瓜子黄杨却是我国传统的著名园林观赏树种，广泛应用为球类观赏与木本地被。该植物自然分布于庆元、龙泉、丽水等地300~700m山上的溪边林下，适应性强，耐阴、耐干旱、耐贫瘠，是优良野生木本地被植物资源。为了对这一树种进行开发利用研究，我们于2006年在浙江省丽水市碧湖镇白桥村开展了尖叶黄杨的嫩枝扦插试验。

扦插试验用的穗条采自于丽水市松阳县水南村的野生尖叶黄杨，采集地海拔约为500m，采穗时间为2006年6月10日。

试验分设扦插基质与激素处理两个单因素试验，其中扦插基质设河沙、珍珠岩、黄心土、珍珠岩+泥炭(1:1)等4个处理，用单因素随机区组试验设计，3次重复，每个试验小区扦插50株。扦插前用多菌灵1000倍液对基质进行消毒，插穗统一用ABT1号生根剂800倍液速蘸。

激素处理试验：设萘乙酸200mg/L、萘乙酸400mg/L、吲哚丁酸200mg/L、吲哚丁酸400mg/L、ABT1号生根粉800倍液等5个处理，以清水为对照，扦插基质均用河沙，采用单因素随机区组试验设计，3次重复，每个试验小区扦插50株。扦插前用多菌灵1000倍液对基质进行消毒。

扦插后及时给插床浇水，并搭建塑料地膜保湿拱棚和遮荫棚，保证棚内湿度处于饱和状态。

扦插25天后开始检查插穗的生根情况，每隔3~4天从各个处理中随机抽出5株，观察各处理生根所需的天数；50天后统计平均根长、最长的根的长度、生根率，结果见表5-15。

从表5-15可以看出，以河沙、珍珠岩为扦插基质，扦插能达到91%的生根率，比以黄心土、珍珠岩+泥炭为扦插基质的生根率分别高出76和20个百分点。以珍珠岩为基质扦插生根最快，为38天，其次是河沙40天，珍珠岩+泥炭42天，以黄心土为基质生根最慢，为47天。以珍珠岩为基质平均发根数为6条，河沙为5.2条，黄新土仅有1.2条。4种基质的扦插苗，平均根长从长到短的顺序依次为：河沙4.1cm、珍珠岩+泥炭3.9cm、珍珠岩3.2cm、黄心土2cm。从根系质量看，以河沙为基质的扦插苗好于以珍珠岩为基质的扦插苗。

表 5-14 尖叶黄杨不同基质嫩枝扦插生根系调查表

基质种类	发根天数(天)	平均根数(根)	平均根长(cm)	最长根(cm)	生根率(%)
珍珠岩	38	6	3.2	5.7	91
河沙	40	5.2	4.1	8.8	91
黄心土	47	1.2	2	4.1	15
珍珠岩+泥炭	42	4.6	3.9	8	71

从表5-15可以看出，插穗用ABT800倍液的激素处理，生根最快，只需33天，生根率也明显高出其他激素处理，可以达到91%。扦插生根率从高到低的激素处理顺序依次为ABT800、IBA400、NAA400、水、IBA200 、NAA200。扦插苗的平均根数从多到少的激素处理顺序依次为ABT800、NAA200、水、IBA400、NAA400 、IBA200，平均根数分别为5.93条、5.5条、5.1条、4.93条、4.8条、4.1条。扦插苗平均根长从长到短的处理顺序依次为IBA200、水、ABT800、NAA200 、IBA200 、NAA400。从根的生长情况看，利用激素基本上没有太大的差别，但以ABT800作为激素生根最快，生根率最高。

表 5-15 不同激素处理对尖叶黄杨嫩枝扦插生根的影响

激素	发根天数(天)	平均根数(根)	平均根长(cm)	最长根(cm)	生根率(%)
NAA200	38	5.5	4.28	9.7	77.7
NAA400	35	4.8	3.7	8.7	82.3
IBA200	36	4.1	4.96	8.9	79
IBA400	34	4.93	3.74	9	82.3
ABT800	33	5.93	4.5	9.3	91
水(CK)	42	5.1	4.6	8.5	78

5.2.8 东方野扇花扦插繁殖试验

东方野扇花喜阴凉湿润的环境，分布较为狭窄，在浙江生于海拔200~600m山坡下部，山谷沟地，郁闭度0.4~0.6阔叶林下，或疏灌木林中，往往成小片丛状生长。其株形优美，叶片厚实、深绿，光泽度好，观赏性极佳，具有优良木本地被植物的诸多优点，值得进行开发利用研究。为此，我们在2007年对该植物进行了扦插育苗技术研究。扦插试验地和插床整理与短尾越橘相同。

试验设扦插基质(a，a_1)和扦插时期(b，b_1)两个因素的随机区组，每区组扦插东方野扇花100株，重复3次。

扦插基质：优质黄心土(a)和腐殖土30% +山泥30% +清水河砂40% 拌均

匀后的混合基质(a_1)。

扦插时期为：2007 年 3 月 1 日(b)和 2007 年 8 月 19 日(b_1)。其中 b 为硬枝扦插，插穗为一年生成熟枝；b_1 为嫩枝扦插，插穗为当年生的半木质化枝条。2 个时期的穗条均从丽水市绘景园林有限公司的地被资源收集圃中剪取。

插穗长度 3 ~ 4cm，扦插密度为 7cm × 4 cm，扦插深度为插穗长的 1/2 ~ 2/3。

每次扦插后及时用喷水壶对插床喷水，使基质充分吸足水分。而后在插床上搭建塑料密封拱棚给插床保湿，在塑料密封拱棚上搭设木架，在木架上覆盖遮荫度为 90% 的遮荫网。

插后 6 个月调查成活率，调查数据用 DPS 软件进行方差分析。不同处理的方差分析见表 5-16，LSD 多重比较分析表 5-17。

表 5-16　东方野扇花不同扦插处理成活率方差分析表

变异来源	平方和	自由度	均 方	*F* 值	*P* 值
区组间	2.1820	2	1.0910	0.8178	0.4852
A 因素间	0.0833	1	0.0833	0.0567	0.8512
B 因素间	1.9200	1	1.9200	1.3061	0.4576
A × B	1.4700	1	1.4700	1.1019	0.3343

表 5-17　东方野扇花不同扦插处理成活率 *LSD* 多重比较分析表

处理	均值	5% 显著水平	1% 极显著水平
ba	95.3	a	A
b_1a	94.7	a	A
ab_1	94.6	a	A
b_1a_1	93.8	a	A

从表 5-16 和表 5-17 可以看出，不同基质和不同时期，东方野扇花扦插成活率都很高。扦插基质比扦插时期对东方野扇花扦插成活率影响大。在同一种扦插基质，春季硬枝扦插比秋季嫩枝扦插生根率高，其中又以黄心土为基质的春季扦插成活率最高，利用混合基质春季扦插比秋季扦插高 0.8%，但这种差异并不大，各种处理间均无显著性差异。

通过以上分析可以看出，东方野扇花为易生根树种，扦插时只要做好保湿遮荫，即可保证取得较高的扦插成活率。而扦插基质可以根据生产条件选取黄心土或混合基质，扦插时期也可以根据生产进度的安排选择在不同的时期。

此外，关于东方野扇花的扦插基质类型和扦插时间选择还可以在实际生产中不断实践和总结，以不断丰富东方野扇花扦插繁殖的技术内涵。

5.3 组织培养技术

植物的组织培养是根据植物细胞全能性理论，利用现代生物技术把植物体的部分组织培养成完整新个体的繁殖方法，与非试管无性快速繁殖相比，组织培养具有更高的繁殖系数，是观赏植物实现产业化比较现代的繁殖方式。但相对而言，组织培养对生产条件和技术要求也比其他繁殖方式高。

5.3.1 组织培养的应用对象

植物组织培养是20世纪发展起来的一门新技术，根据已掌握的培养技术，几乎所有的植物离体部位都可以单独均匀一致的培养生长，而培养条件可以人为地严格控制，即可以排除许多不利因子的影响，如季节等，因此在不少国家和地区，它作为工厂化生产的重要手段，在农学、园艺学、药物学、林学等应用科学上得到广泛应用，尤其对一些不结实或结实率低的植物应用更多。组织培养法可以极大地提高繁殖系数，同时节省劳动力。但由于组织培养需要有一系列仪器设备，因此该法一般只在生产规模较大的专业化生产企业中应用，主要生产那些繁殖材料较为紧缺，种苗价值较高的地被植物，特别适用于优良草本地被植物新品种的繁殖。

5.3.2 植物组织培养的技术要点

5.3.2.1 材料的选取

繁殖材料的质量对组织培养的结果有深远影响，繁殖材料的选择需遵循易于诱导、带菌少的原则。具体来说要从健壮的植株上取材料，不要取有伤口的或有病虫的材料，取材时间要在晴天，最好是中午或下午取材料，绝不要在雨天、阴天或露水未干时取材料。因为健壮的植株和晴天，组织的光合作用和呼吸作用旺盛，有自身消毒作用，这种组织一般是无菌的。

5.3.2.2 培养材料的消毒

从外界或室内选取的植物材料，都不同程度地带有各种微生物。这些污染源一旦带入培养基，便会造成培养基污染。因此，植物材料必须经严格的表面灭菌处理，再经无菌操作接种到培养基上。

5.3.2.3 接种和培养

在无菌环境下，将切好的外殖体立即接种在培养基上，每瓶接种1～2个，以防止交叉污染。接种后，瓶、管用无菌药棉或盖封口，培养皿用无菌胶带封口。

5.3.2.4　增殖

外殖体的增殖是组培的关键阶段，在新梢等形成后为了扩大繁殖系数，需要继代培养。把材料分株或切段转入增殖培养基中，增殖培养基一般在分化培养基上加以改良，以利于增殖率的提高。增殖 1 个月左右后，可视情况进行再增殖。

5.3.2.5　根的诱导

继代培养形成的不定芽和侧芽等一般没有根，必须转到生根培养基上进行生根培养，1 个月后即可获得健壮根系。

5.3.2.6　炼苗

试管苗进行移植前，必须进行炼苗，一般方法是：先将培养容器打开，于室内自然光照下放 3 天，然后取出小苗，用自来水把根系上的营养基冲洗干净，再栽入已准备好的基质中，基质使用前最好消毒，移栽前期要适当遮荫，加强水分管理，保持较高的空气湿度（相对湿度 98% 左右），但基质不宜过湿，以防烂苗。

5.3.3　朱砂根组织培养育苗试验

虽然朱砂根籽播育苗比较容易，但通过无性繁殖可以保持优良单株性状。同时由于朱砂根生长慢，分枝少，利用普通的扦插方法来扩繁朱砂根无性系苗，速度很慢，在实际生产中可行性差，必须选择更快捷高效的方法来扩繁。

试验用材来自浙江省庆元县野森植物研究所提供的朱砂根苗木，以芽、半木质化茎段、叶作为培养材料。

5.3.3.1　培养基

试验以 MS 、WPM、1/2MS 为基本培养基，加入相同的激素配比为 0.5mg/L 2，4-D +0.01mg/L KT，作试验对照，结果如下表 5-18。

表 5-18　不同培养基对朱砂根顶芽生长的影响

培养基	接种顶芽数（个）	生长情况	
		成活率（%）	长势
WPM	25	68%	一般
MS	25	84%	良好
1/2 MS	25	60%	一般

从试验结果可以看出，选用 MS 培养基作为朱砂根组培快繁研究的基本培养基，相对效果最好，因此，本试验以 MS 作为基本培养基进行朱砂根组培快繁。

选定了基本培养基之后，根据相关资料设计培养基配方，设计了以下几种培养基：

诱导愈伤培养基：①MS+2，4-D 1mg/L+KT 0.01mg/L(以mg/L为单位，下同)；②MS+2，4-D 1+BA 0.1+NAA 0.1；③MS+2，4-D 0.5+KT 0.01；④MS+2，4-D 0.5 +KT 0.01+NAA 0.1。

继代培养基：⑤MS+ BA 0.5+NAA 0.1；⑥MS+2，4-D 0.1+BA 1+NAA 0.2；⑦MS+2，4-D 0.1+KT 0.01+NAA 0.2；⑧MS+ BA 2+NAA 0.2；⑨MS + BA 5+NAA 0.2。

诱导生根培养基：⑩MS+NAA 0.1；⑪MS+IBA 0.2。

以上培养基中均添加蔗糖3%，琼脂0.5%，pH值调至5.8。

5.3.3.2 培养条件

实验的各种培养过程均在25±2℃的恒温光照培养室中进行，光照为每层2支40W的日光灯每天照射10~11小时(8：00~18：00或19：00)。

5.3.3.3 试验过程

(1)实验材料的获取和处理。将朱砂根外殖体的芽、茎和叶片置于烧杯中，加水冲洗1~2小时，在超净工作台上，将材料置于75%乙醇中浸15秒；倒去乙醇后，用无菌水冲洗3~5次，再用0.1% $HgCl_2$溶液浸泡8分钟；倒去$HgCl_2$液，用无菌水冲洗3~5次；将茎段切成1cm长，插入培养基中；叶片切成1cm×1cm小块平铺于培养基中；芽直接插入培养基中。接种于诱导愈伤的培养基中，经30天左右可形成1个或多个无菌芽，也可经愈伤组织再分化芽。产生愈伤组织的具体效果见下表5-19。

表5-19 不同培养基配方对朱砂根愈伤组织的诱导效果

诱导培养基配方		外殖体	接种数（块）	产生愈伤数（块）	诱导率（%）
序号	配方组成				
A	MS+2，4-D 1+KT 0.01	叶	20	0	0
		茎	20	6	30
		芽	20	9	45
B	MS+2，4-D 1+BA 0.1 +NAA 0.1	叶	20	0	0
		茎	20	7	35
		芽	20	8	40
C	MS+2，4-D 0.5+KT 0.01	叶	20	4	20
		茎	20	10	50
		芽	20	12	60
D	MS+2，4-D 0.5 +KT 0.01 +NAA 0.1	叶	20	9	45
		茎	20	14	70
		芽	20	16	80

(2)继代培养。将初代培养得到的无菌芽切去嫩茎的顶端后，切成10mm左右长的带有2个腋芽的茎段，转接到E、F、G、H、I号培养基中去，促进嫩茎增殖，以便迅速获得较多的丛生芽苗。在F号培养基中，继代效果最好，增殖系数大，试管苗也较粗壮。不同培养基对朱砂根无菌苗继代增殖的影响不同，具体结果见表5-20。

每种培养基接种芽20个，分10瓶培养，在25±2℃下培养20～25天左右，转入生根培养基诱导生根。

芽的增殖速度是组培苗快速繁殖中最重要的一环，繁殖速度快在生产实践中才有应用价值；继代培养是快速获得大量试管苗的关键，经试验发现，在继代培养接种过程中，切除嫩茎的顶端，有利嫩芽的增殖；在最初转入继代时，芽增殖系数低，随着继代次数的增加，芽增殖系数也会逐渐增大，继代培养在25℃条件下，25～30天转接1次。

表5-20　不同培养基对朱砂根无菌苗继代增殖的影响

继代培养基配方		产生芽平均个数(个)	无菌芽总数	平均芽高(cm)
序号	配方组成			
E	MS + BA 0.5 + NAA 0.1	2	48	1.2
F	MS +2，4～D 0.1 + BA 1 + NAA 0.2	5	104	1.5
G	MS +2，4～D 0.1 + KT 0.01 + NAA 0.2	4	83	1.4
H	MS + BA 2 + NAA 0.2	3	66	1.4
I	MS + BA 5 + NAA 0.2	2	42	1.0

(3)生根培养。继代培养产生的大量丛生芽转入J、K号生根培养基中，根据苗的生根量，株平均根数和根生长状况来选择适宜的激素配比和培养条件。不同培养基对朱砂根试管苗生根的影响见表5-21。

表5-21　不同培养基对朱砂根试管苗生根的影响

诱导生根培养基		生根情况
序号	配方组成	
J	MS + NAA0.1	产生根，短且较纤细
K	MS + IBA 0.2	产生根较多，较长且较粗壮

本实验已成功诱导朱砂根无菌芽生根，得出用MS + IBA0.2的培养基诱导，其生根效果较好；但由于实验时间有限，不为能对其进行充分分化，因此，未能统计到具体的生根情况。

(4)减少愈伤组织方案设计。在继代培养的过程中，虽然已成功地诱导出大量的丛生芽，但也出现了一些问题，其中比较典型的就是产生了很多愈伤组织，估计是受大量元素的影响，因此，本设计通过调节大量元素在培养基中的含量来达到减少愈伤组织的效果。具体试验情况如下表5-22。

表5-22 培养基的大量元素含量对减少愈伤组织的影响

基本培养(大量元素含量)	产生愈伤组织的情况
MS	生长良好，但愈伤组织较多
1/2MS	生长状况一般，愈伤组织少
0MS	生长不良，愈伤组织少或没有

通过实验可以看出，采用1/2MS培养基即大量元素含量减半，可以在一定程度上减少愈伤组织的产生。

5.3.3.4 试验结果

(1)WPM、MS两种培养基作为朱砂根组织快速繁殖培养的基本培养基，此次实验证明以MS培养基为好。

(2)朱砂根的各种外殖体在接种15~20天后开始由切口或远培养基一面长出白色至淡黄白色的愈伤组织。只要激素浓度配比适当，所有的外殖体均可诱导出愈伤组织，但每种外殖体的最高诱导率不同。同一外殖体在不同植物激素浓度配比中，愈伤组织诱导率不同；不同外殖体在同一种培养基上的诱导率也存在差异。总的来说以芽的诱导能力较强，半木质化茎段次之，叶片最弱。实验中观察到大部分叶外殖体褐化死亡，这种现象可能是消毒所造成的。

(3)对于初代培养以MS培养基添加2，4-D 0.5 +KT 0.01+NAA 0.1效果最好，MS+2，4-D 0.5+KT 0.01组合效果次之；继代培养以MS添加2，4-D 0.1+BA 1+NAA 0.2较好，诱导生根则以MS+IBA 0.2培养基的生根效果最好。

5.3.3.5 讨论分析

(1)生长素对朱砂根愈伤组织生长的影响。实验证明，2.4-D的浓度在0.5mg/L比较合适，浓度过高对于愈伤组织的生长不利。MS+2.4-D 0.5 +KT 0.01+NAA 0.1的组合比MS+2.4-D 0.5+KT 0.01组合效果更好，加入NAA更有利于愈伤组织的生长。KT对于愈伤的诱导作用大于BA。

(2)生长素对朱砂根继代培养的影响。MS+2，4-D 0.1+BA 1+NAA 0.2的激素组合对于继代培养中芽的增殖效果最好，而MS+2，4-D 0.1+KT 0.01+NAA 0.2则次之，可见BA比KT对芽的增殖贡献更大。从MS+ BA 2+NAA 0.2和MS+ BA 5+NAA 0.2的激素组合来看，BA的浓度过高，会抑制芽的生长，

BA 的浓度在 2mg/L 相对比较合适。F 号培养基最适合于作继代培养基。附加 BA、NAA、KT 有利于侧芽萌发，向丛生芽方向发展，除去顶芽有利于诱导丛生芽，以顶芽为外殖体建立无性系切实可行，利用试管苗的叶片、根等部位进行组织培养有待于进一步研究。此外，如何提高出瓶后的成活率也有待于进一步的探讨。

(3)细胞生长素对于无菌芽生根的影响。MS + IBA 0.2 组合比 MS + NAA0.1 组合效果更好，IBA 对于生根诱导作用大于 NAA。

(4)常规朱砂根组织培养周期较短，生长迅速，生物工程技术可用于朱砂根的快繁、品种复壮、优良品种的选育等，在加快育种进程、选育优良品种等方面具有重要作用。利用这些技术可以进行大规模的朱砂根工厂化生产，因此，朱砂根的生物工程技术有待于今后进一步研究应用。

(5)在试验中发现，凡外殖体消毒 20 分钟以上者，生长迟缓甚至褐变，这可能是芽受到伤害的原因。为了尽量减少消毒剂的影响，在材料接种时将朱砂根茎段两端切去，然后再接种，可避免残留对培养物的不良影响。

(6)初代培养中的褐变受多种因素的影响，外殖体来源及外源激素不同其褐化程度不同，温度升高褐化严重，继代培养时，可以减轻甚至消除褐变发生，其机理有待于进一步研究。

(7)在继代培养过程中，出现了愈伤组织，设想是由于大量元素的含量引起，因此，通过改变大量元素的含量来调节，发现在 1/2MS 即大量元素减少一半的情况下，愈伤组织有减少的趋势，初步设想在以后的培养过程中采用 1/2MS →MS→1/2MS→MS……如此交替培养以达到最终避免愈伤组织的产生，提高苗木的质量。

5.4 工程苗生产技术

地被植物工程苗指的是地被植物新繁殖的小苗分栽后，经过一段时间的培育，把小苗培养成有合适的分枝、冠幅、高度要求，符合绿化工程建设应用需要的地被苗木。其规格要求的标准主要是既能保证地被植物的早期造景效果，又便于苗木的成活和生产周期的安排。木本地被植物常规工程苗规格一般是小苗培育 1 ~2 年后的苗木规格，冠幅在 15 ~40cm 之间。传统的地被植物均栽种在地上，生产的都是地栽苗木。为了解决地栽苗木不宜长距离运输和非常规季节种植需要，以及某些地被植物地栽苗种植成活率低等问题，地被植物的容器苗生产也就应运而生，并得到快速推广。目前，这两种生产技术都在生产中广为应用。

5.4.1 地栽工程苗生产

5.4.1.1 地栽工程苗特点

地栽苗是指直接把小苗种到地上培育而成的苗木。地栽苗具有枝叶茂盛、生产方法简单、生产无需特殊设施、生产成本低等诸多特点。而且，许多种类地被植物地栽苗种植成活率极高，如杜鹃类、黄杨类、小叶蚊母等；大部分地被植物只要种植季节合适，方法得当，措施到位，用地栽苗绿化成活率同样也非常高。因此，地栽地被苗木和生产技术还在继续广泛使用。

5.4.1.2 生产的适用对象

地栽苗是苗木生产的传统产品，但由于地栽苗木出圃时根系受损多，对苗木的工程应用成活率影响较大，因此有许多地被植物种类利用地栽苗并不合适。为了保证地栽苗工程应用成活率，地栽苗生产的适用对象必须符合以下条件：根系发达、便于携带土球、移栽成活率高的地被植物；土壤也要有利于苗木带土球。

5.4.1.3 主要技术要点

(1)圃地选择。木本地被植物的地栽苗木生产用地，除必须具备必要的交通条件外，要特别注意土壤和排灌条件。土质是木本地被植物生产用地选择的首要因素，特别是用于生产细根偏少的木本地被植物类型，含沙量高的场地不宜作为木本地被植物的生产用地。因为地被植物苗木生产周期较短，土壤疏松会导致苗木带土困难，导致苗木无法出圃应用。圃地要有基本的排灌条件，特别要避免把耐湿性差的地被植物种植在排水不畅的苗圃。

(2)苗圃地整理。整地时间根据苗木种植计划和种植地的气候特点确定，做到既不因整地不及时而耽误种植，又不因过早而影响整地效果，如果天气允许，最好能在种植前3～5天整好地。整地前，先开排水沟排干地内积水，经过一段时间干燥后，使土壤的干湿度处于理想的耕作状态后进行深翻。深翻时，按1～1.2m畦面宽度堆土，翻土深度20cm左右，深翻时把表层的杂草翻入底层，并结合深翻施入底肥。底肥的种类可用腐熟的饼肥、栏肥、鸡粪、鸭粪或其他乡土性有机农家肥，如食用菌的废菌料(需经堆腐和消毒)等。翻耕后，根据土壤湿度选择合适的时机进行细整耙平，整出床宽1～1.2m，床间操作道底宽25cm左右的种植床。

(3)小苗种植。

种植季节。木本地被植物小苗种植主要在春季和秋季进行，具体视地被种类和圃地安排情况而定。春季种植的苗木，恢复生长快，生产时间短，能有效避免种植后冻害的发生；秋季种植可以使苗木在翌年提早恢复生长，提早苗木出圃，适合用于耐寒性强的地被种类。此外，随着苗木种植技术的不断提高以及出于劳工安排等方面的考虑，除7～8月份高温季节外的其他时段也可种植。

小苗质量。小苗质量对种植成活率和苗木生长有很大影响。不同地被植物种类优质小苗的质量标准不同，但均具备以下要求：有完整和发达的根系，苗木粗壮，组织充实，高度和苗龄适中，枝叶完整，无机械损伤、冻伤和病虫害，规格一致，新鲜度好。

种植密度。合理密植有利于充分利用土地，提早圃地覆盖，减少除草次数。因此，在保证苗木必需生长空间的前提下，可根据所培育苗木的目标规格进行合理密植。一般木本地被植物的种植密度采用(15～20)cm×(18～25)cm，亩栽苗木8000～15000株之间。

(4)栽后管理。

中耕除草。除草是苗木早期管理的重点和难点。在生长期种植的苗木，由于温湿度条件好，杂草生长快，除草要尽力做到除早、除小、除了。除草方式主要为人工拔除，拔草时，注意不要伤及苗木和弄松苗木周边土壤。为了降低拔草成本，也可以采用化学除草与人工除草相结合的办法除草。除草剂种类要根据地被种类和杂草类型进行选择，最好先经过小块试验，确保安全有效后再推广使用。对在休眠期种植的地被，休眠期内除草间隔期可适当延长，要求和标准可适当降低，只要及时拔除生长快、后期拔除困难的杂草即可，至翌年春天，苗木开始生长前再进行彻底拔除。

苗木施肥。施肥要掌握早施、薄施、勤施。早施，就是春天第一次肥要尽量施得早，当苗木根系开始生长，即可开始首次施肥。薄施，就是每次施肥量不宜多，以免烧苗或造成浪费。勤施，就是苗木生长早期施肥次数要多，上下次施肥间隔期不宜太长，具体间隔期根据植物种类、肥料性质、苗木生长状况而定。根据苗农介绍，地被苗木生长早期施肥间隔期一般10～15天，部分苗圃甚至缩短至7～8天。肥料种类一般选择高效进口含硫复合肥，避免使用含氯复合肥。

水分管理。苗圃的水分管理包括两个层次，第一层次为防灾性管理，即防旱灾和涝灾，这是苗圃水分管理的基本要求，主要是通过科学的圃地选择和基本的排灌系统设置来达到。第二层次是促进生长性管理，即通过水分调节，使苗圃土壤始终保持较为合理的湿度状况，以保持苗木生长对水分的要求，这种管理层次主要是通过十分优越的先天条件或现代化的排灌设施条件来实现的。

苗期修剪。在实际生产中，生产者为了减少管理的劳工投入，促使苗木冠幅增长，很少进行修剪。但大部分木本地被植物，苗木生长早期分枝少，甚至无分枝，影响苗木冠幅的达标和冠形质量，影响使用后对地表的早期覆盖效果，如小叶蚊母、红花檵木、金边黄杨、红叶石楠等。因此，为了促使木本地被苗木的整齐度和丰满度，对幼苗开展早期打顶或在中期对大枝进行轻剪是必要的。

病虫害防治。野生木本地被苗木的病虫害防治因种类而异。生产中要把小苗种植的前期和后期作为防治的重点，生长前期，苗木小，生长势弱，对病害抗性差，感病死株比例较高；组织嫩，易受病虫危害，由于植株小，受害后对植株生长影响大。生长后期，则影响苗木外观和品质，对苗木销售不利。

（5）苗木出圃。

出圃前的准备。苗木出圃前的准备主要包括圃地水分调节和包扎材料的准备。圃地的水分调节主要是把圃地土壤含水量调节到合适水平，以利于苗木带土和方便挖苗。为了防止土球松裂和根系失水，木本地被植物的苗木土球需进行包扎，包扎一般用稻草等廉价而对环境无污染的材料。

苗木挖掘和包装。苗木挖掘要根据苗木种类、苗木规格、挖苗季节和天气、苗木运输距离等因素确定苗木带土方式和土球大小。能带土球的苗木尽量带土球，土球规格以10～15cm为宜。对部分不易带土球的地被植物，则要多带侧根、须根及自然宿土，并用塑料袋等优质保湿材料保护根部。

5.4.2　容器工程苗生产

5.4.2.1　容器工程苗特点

容器苗的特点主要有根系完整，移栽不受季节限制，移栽成活率高，缓苗期短，生产周期短，可以长距离运输，单位面积产量高，对苗圃地的土壤要求低等特点。

5.4.2.2　场地建设

（1）圃地选择。容器苗的生产用地选择主要考虑圃地的非土壤因素，以交通便利、地势平坦、排水良好、水源方便、相对避风的地方为好，而对土壤无特殊要求，最好能把土壤条件较差，不利于地栽植物生产的土地利用起来。如一些刚开垦整理的土地或砂性较重的土地，这样既可以避免苗木生产对优质农地的占用，又利于圃地的排水和整理。

（2）圃地规划。容器苗苗圃应规划有生产管理区、材料堆放区、操作区、生产区等分区。其中生产管理区供管理人员的生活和办公使用，应与材料堆放和操作区相分离。材料堆放区是作为生产材料的仓库，主要用于堆放营养钵、栽培基质、肥料等物资，该区设在圃地中交通方便的地方，以便于物资的搬运。操作区主要是用于栽培基质的混合搅拌、装盆、小苗种植的场所，该区块与生产区相连。生产区用于摆放苗木。当然，对小型的容器苗生产基地，往往不设操作区，苗木种植过程中的基质搅拌等工作在生产区中就近临时设点。

(3)圃地整理。容器苗场地整理的原则要求是使场地有良好的排水效果、有较高的利用效率、便于苗木生产管理与搬运等。因此，生产中一般把容器苗圃地整理成表面平实的平地，平地沿道路垂直方向每 8 ~ 10m 设一条排水沟，排水沟深 15 ~ 20cm，宽 30 ~ 40cm。由排水沟分隔的每一地块中线高，中线向水沟两侧设 0. 4% ~ 0. 6% 降坡以利于排水。

(4)生产设施。容器苗基地的生产设施主要包括灌溉系统、遮荫系统和地布。

灌溉系统。灌溉系统是容器苗圃的重要设施，一个设计合理的灌溉系统不仅能保证整个苗圃的水分供应，也能节省生产成本，取得事半功倍的效果。

地被植物容器苗生产一般采用高位的旋转式喷头进行灌溉，这种喷灌系统喷头射程较远，喷头之间的距离在 12 ~ 15m 左右。主要优点：造价低，非常适合小规格容器苗栽培，对水质要求不高，一般不会出现喷头堵塞现象；缺点主要是不同区域会有水量不均匀的情况、边缘受风力影响大，国产喷头故障率高。

遮荫系统。容器苗生产，夏季遮荫是一个必不可少的环节。具备一个合理的遮荫系统不仅可以防止夏季强光直射到植物叶片上，避免叶片被灼伤，促使植物正常生长，同时还可以减少植物的蒸腾量，防止容器苗失水萎蔫，从而减轻浇水压力，节约劳动力及用水量。另外，遮荫系统一个很重要的作用是能有效解决夏季小苗上盆成活率不高的问题，打破季节性制约。当然，遮荫系统还具有改善工人的劳动条件，防止暴雨对容器苗冲涮等作用。

遮荫系统的模式多种多样，在现行生产中以固定式简易钢管遮荫系统使用最为普遍。这种遮荫系统建设的主要技术要点为：将方形水泥桩埋入土中，周围灌注混凝土以固定打好基础，支架采用 40mm 镀锌钢管，底部焊接钢板，用膨胀螺丝与基础的水泥桩连接，在钢管的顶部进行纵向及横向打孔，穿镀锌拉丝，以作为遮荫网的固定。支架需直立整齐，四周立柱需用斜拉钢丝进行固定。支架的高度一般为 3m 左右，以便于在架下进行生产操作和苗木运输，间距 6m、跨度 4 ~ 5m 的距离将支架分布在垄的中间及两侧。

遮荫网选择黑色宽型遮荫网，遮荫度则根据苗木种类而定，一般选择50% ~ 70% 透光率的遮阴网，能达到合理的遮荫效果。在选用遮荫网时还要考虑遮荫网的结实度及使用寿命的问题。

地布铺设。铺设园艺地布也是容器苗生产基地的重要设施内容。园艺地布具有透气性好、渗水快、防杂草生长、防苗木根系扎入圃地土层等多种功能，能减轻苗木的管理强度和提高苗木的质量，还可便于机械操作和保持圃地干净。

5. 4. 2. 3　主要生产技术要点

(1)容器选择。地被植物容器苗生产的容器多选择软质黑色营养钵，规格一般选用(10～12)cm×(12～14)cm。这种容器具有质量轻、成本低、包装运输方便等特点。

(2)基质选择。可以根据地被种类购买对应的商品基质，也可以购买原料自行配制。

基质选择的原则：一是适用性，二是经济性。

优良基质应具备的条件：①弱酸性，pH值应在5.5～6.5之间；②低肥力性，利于按需通过营养调控苗木规格；③恰当的密度和大小孔隙的平衡；④无有害昆虫和病原；⑤有形成稳固根坨的性能；⑥重量轻，便于各项操作处理和运输；⑦基质材料应因地制宜，选择来源广，价格低廉的材料。

常用的基质配置材料：主要有蛭石、泥炭、珍珠岩、树皮、木屑等(徐斌芬等，2007；瞿辉，2008)。可选用地方性丰富的乡土材料，如浙江菇区可选用废菌料。

(3)小苗种植。基质的填装与种植分两个工序进行，基质装填量以装好后基质比营养钵边缘低0.5cm为准，保证装填后营养钵不变形保持直立，摆放整齐。在种植的前一天，如天晴必须对营养钵内的基质浇透水，以便第二天种植。种植的种苗必须把好质量关，并进行分级，要求每批种苗一致性要好、种苗健壮、根系发达完整。不同的地被植物每钵种植的苗数不同，大部分为单株种植，对植物生长较为缓慢而小苗繁殖容易的地被，也可一钵多株，如轮叶蒲桃多为一钵2～3株，种植深度以浇水后基质面与苗木原来的土面痕迹基本一致为准。种植完成后必须浇足定根水，一地块种植完成后立即喷一次多菌灵杀菌。

(4)苗木管理。

水分管理。水分的管理是容器苗培育过程中一项最关键性的工作，水质、灌溉方式和灌水量是地被容器苗栽培生产中水分管理时考虑的重要因素。水质以中性或微酸性可溶性盐含量低的水为佳，有利于植物的生长。水中病菌、藻类、杂草种子少就更为理想。不同植物需水强度不同，因此要根据苗木的需水特性不同对苗木进行合理分区，需水量相同或相近的苗木分设在同一区或组，在灌水时一定要确信每个容器都能获得大约等量的水。容器苗的用水量一般要大于地栽苗，灌溉的次数也随着季节的不同而不同，灌水量和灌水次数依植物的需要而定。

养分管理。基质本身所含养分很少，因此苗木的养分管理也是十分重要的。可以用基质添加基肥和生长期追施的形式保证苗木对无机养分的需要，但这种方法用肥用工多，管理较为麻烦。也可以在基质中添加长效缓释肥，进口的优质缓释肥用量少、肥效长，基本不需在生长季节进行追肥也可保证苗木的正常生长，如“爱贝施”、“奥绿肥”等都是目前使用较多、效果较好的进口缓释肥。

病虫害防治。容器苗生产环境湿度高，遮荫后植物受光和通风受到一定影响，苗木根系生长空间受到限制，这些因素使得苗木受病虫害威胁较大，必须进行及时防治。病虫害防治以“预防为主，综合防治”为基本方针，常见的病害有叶斑病、炭疽病、根腐病等；常见害虫以食叶的蛾类、螟类害虫为主。

苗形管理。苗形管理的目的和重点是促进苗木多分枝，以形成丰满密实的冠形，调控苗木高度，提高苗木的整齐度。常用的方法是进行适时打顶摘心。

5.5 耐阴野生地被植物仿生栽培技术

耐阴野生地被植物，自然分布在荫蔽的林下环境，在进行这类植物的人工栽培时，经常因为遮荫不合理，影响了生产和产品质量。因此，我们根据植物仿生栽培技术的原理，以朱砂根为代表种，开展了耐阴野生木本地被植物的仿生栽培技术研究，结果表明利用植物遮荫进行朱砂根商品苗培育，有成本低、土地综合利用率高等优点。朱砂根仿生栽培的主要技术关键是仿生林建设、仿生林管理、朱砂根管理等。

5.5.1 仿生林建设

仿生林建设是实现朱砂根仿生栽培的关键技术之一，合格的仿生林应具备以下特征：遮荫树为常绿树种，定植密度合理，能够进行林下光强调整，交通方便，地势平坦，有良好的水源和排水条件。新建仿生遮荫林须提早 1 ~2 年建设，树种选择速生常绿乔木，如杜英、香樟、木荷等。为尽早发挥仿生林的遮荫作用，新建仿生林苗木宜选用 2 ~3 年生，胸径 2 ~4cm 的苗木，沿苗床中线单排种植，株距 1 ~1.5m，当仿生林遮荫条件达到要求（遮荫率达 70%）后，即可把朱砂根移入仿生林下，开始仿生栽培，并由此进入管理阶段。管理是朱砂根仿生栽培的重点和难点，是仿生栽培技术的关键和核心。朱砂根仿生栽培的管理包含两个方面的内容：仿生林的管理和朱砂根的管理。

5.5.2 仿生林管理

仿生林是构建朱砂根生长环境的主导因素，其林下透光率及透光的均匀度直接关系到朱砂根的生长、冠形和产品整齐度，对朱砂根的形态指标和经济指标影响极大，是仿生栽培成败最主要的关键因素。仿生林管理的核心是林下光强的调整。根据朱砂根生长的需光习性，林下光强控制在全光强的15% ~25%之间，即晴天午间光强在10000～18000lx最为理想。光强调整的方法有修剪法和间苗法。

(1)修剪法。修剪法是指利用修剪遮阴树来调整林下光强的方法，是朱砂根仿生栽培光强调整的主要方法。修剪原则是：细留边缘枝，多疏上部枝，截疏须有序，去留须分明。

“细留边缘枝”就是对路缘、床缘等各种边缘遮荫树的枝条要小心处理，一般是早期要留低留多留密，以后及时疏剪，以利透光。要做到截疏有序，去留分明，即截枝和疏枝必须有规律、有秩序，哪些树准备移走，哪些树准备作永久树留下，必须有计划，做到心里有数。

(2)间苗法。间苗法是指通过疏伐或间移过密苗木来调整林下光强的方法，一般用于苗木密度过高，通过修剪不能调整好光强，或修剪后对遮荫树树冠破坏过大的情况下使用。间苗法，要把握好间苗强度，保证间苗后有良好的遮阴条件。苗木的选留原则是先考虑位置，再考虑苗木的干形、树形，选留干形通直、分支匀称、树形饱满的植株。

病虫害防治：遮荫树的病虫害不仅会对遮荫林的稳定性、安全性造成威胁，同时遮阴林中的一些病虫害也会对朱砂根造成直接危害，如一些杂食性食叶害虫会直接危害朱砂根。因此，病虫害防治也是仿生林管理的一个重点。

5.5.3 朱砂根管理

仿生栽培的朱砂根管理主要包括冠形管理、水分管理和养分管理

(1)冠形管理。朱砂根冠形好坏，直接影响到其销售价格。朱砂根冠形受光照条件影响很大，适中的光照条件，可以使植株冠形紧凑；若光照太强，则叶片皱缩、发黄、有日灼斑，树势变弱，甚至死亡；若光照不足，则叶片变薄，枝长叶稀，枝条节间变长，冠形稀松，观赏性下降。冠形管理主要是通过调节仿生林透光率和生长期的水分、养分来进行。此外，在新梢生长前期喷洒矮壮素类植物生长调节剂，促使形成紧凑型树冠。

(2)水分管理。地栽朱砂根根系分布面广，除特别干旱气象条件外，不需特别的水分管理。容器栽培朱砂根，在高温干旱季节，水分管理十分重要。朱砂根水分迫胁很容易在叶片表现出来。因此，叶片和基质水分状况是植株补水的依据。水分管理的原则是看苗看土看天看容器。看苗即根据苗木大小是否有缺水表现进行把握；看土即根据基质的水分状况，表层基质见干即喷；看天即根据天气情况，高温晴天要增加喷水频度；幼苗初期，苗木小、气温低、雨水多，很少需要喷水，春末夏初苗木渐大、气温渐高，在少雨时段需根据苗木及基质水分状况适时浇水，在夏季高温晴天，一般(夏季高温)每2～3天喷一次，秋季晴日，每

4～6 天喷一次；看容器即容器大，喷水间隔期长，反之则短。

(3)养分管理：养分管理的原则是薄肥多施，朱砂根容器苗，空间小，加上经常性浇水，养分淋失快，须经常施肥。4～8 月，每月施 1 次肥，肥料种类以全素复合肥为好，8 月下旬后即停止施肥。

5.5.3.4　朱砂根仿生栽培的优点

朱砂根仿生栽培较大棚遮荫栽培具有成本低、土地综合利用率高、能改善局部栽培环境和抗自然灾害能力等优点。

(1) 投资成本低。朱砂根生产的不同遮荫方式，投资差别很大。仿生林建设的投资费用是简易钢架大棚建设费用的 15.3%，是连栋大棚的 4%（表 5-23），年维护费用是标准钢价大棚的 40.3%，是连栋大棚的 60.5%（表 5-24）。

表 5-23　朱砂根不同遮荫设施建设费用概算表（元/亩）

遮荫方式	标准钢架大棚	简易连栋大棚	仿生林
费用构成	钢架 11700 人工 300 遮荫网 1000	50000	苗木费 1000 土地租金 400 人工费及其他费 600
合计	13000	50000	2000

注：仿生林中的土地租金是指仿生林用于朱砂根栽植前一年的租金。

表 5-24　朱砂根不同遮荫设施年维护费用比较表（元/亩·年）

遮荫方式	标准钢架大棚			简易连栋大棚			仿生林(元)		
	材料	人工	小计	材料	人工	小计	材料	人工	小计
年均费用	500	120	620	333	80	413	50	200	250

(2)土地利用率高。仿生栽培的仿生林，本身是一个不断增值的生产经营对象，因此，仿生栽培模式是一种二元化的生产模式，提高了土地的综合利用率和经济效益。

(3)抗灾害能力强。大风对大棚遮荫威胁大，根据丽水白口、庆元星光等地的朱砂根生产基地统计，每年对大棚遮荫网的破坏较大的风害有 2 次，造成遮荫网撕裂翻卷。而对同区域相邻的仿生林不会产生影响。

5.5.3.5　朱砂根仿生栽培的缺点

朱砂根仿生栽培是一种模仿纯自然生长的粗放栽培方式，在具有低成本优点的同时，也有一些缺点，主要表现为：一是技术要求高，管理难度大，产品质量不易控制，产品一致性差。这是由于仿生林遮荫，其遮荫度是一个不断变化的因子，不同部位遮荫度差异较大，只能达到相对一致，无法达到完全一致；二是随着遮荫树的长高，修剪难度不断加大，不便于管理，生产连续性较差。

第6章 野生木本地被植物的园林应用研究

研究资源的目的是实现资源的利用，而后通过资源利用带动产业发展，产生经济效益和社会效益。野生木本地被植物资源是区域性自然资源，对其研究的目的就是从中选择优良地被植物种类，并把它推广到一定区域内的园林绿地或生态绿地中使用，从而达到丰富区域园林绿化植物种类，带动地方特色苗木产业发展的目的。所谓优秀园林地被植物，必须经过园林绿地使用，并被证实具有良好适应性和观赏性的地被植物。因此，一种地被植物在推广应用之前，必须经过园林应用研究，可以说，园林应用既是资源研究的目的，也是资源研究的重要内容。野生木本地被植物园林应用研究的任务主要有三项，第一项是观测和评价地被植物对各种应用环境的适应性，并根据适应性表现总结适用的环境条件和应用范围；第二项是研究在使用过程中如何提高种植成活率的相关技术，如苗木类型、苗木带土方式、种植季节等；第三项任务是研究地被植物使用后的景观效果，并提出科学的配置形式，供应用者参考。

6.1 野生木本地被植物园林适应性研究

6.1.1 野生木本地被植物园林适应性研究的重要性

园林植物的环境适应性是决定植物能否被园林应用与如何应用的关键和依据，适地适树是园林植物应用的基本原则。不同植物适合在不同的环境中生长，虽然各种植物的生态特性可以从其原生生境中得到一些信息，也可以通过多种实验手段获得大量适应性的环境因素实验数据，这些信息和数据可以为地被植物使用的环境选择提供依据或参考。但植物的生长环境毕竟是一个不断变化和多因素综合作用的复杂体系，其变化和作用是很难用一些简单的数据说明的，且地被植物开发后所要应用的城市环境与其原生生境有较大差异，这种差异又无法通过人的努力加以改变，因此，要准确了解地被植物的环境适应性和适合的应用环境，必须通过园林实地应用的检验。

6.1.2 野生木本地被植物园林适应性的研究方法

野生木本地被植物的种植环境适应性研究可以采用以下方法进行：选择野生木本地被植物自然分布区内有代表性的城市为适应性试验城市，在试验城市中选择能代表不同生境类型的试验点若干个，把每一种需要进行试验的地被植物按统计分析的要求分别种植在各个试验点中，然后对每种植物在各个试验点的生长表现进行动态观测。观测指标主要为种植成活率、保存率、抗寒抗热性、抗旱性、树高生长、冠幅生长等指标，通过对这些指标的分析，评价试验地被树种的园林适应性。当然，随着地被植物的应用推广，试验城市的数量还可以不断增加，以研究地被植物的适用区域范围。

6.1.3 8种野生木本地被植物园林适应性试验

6.1.3.1 试验树种及苗木来源

试验的8个树种及材料分别为：

(1)小叶蚊母。试验用材为丽水市绘景园林公司生产的1+1年生扦插地栽苗，带宿土。

(2)轮叶蒲桃。试验用材为丽水市绘景园林公司生产的1年生籽播容器苗。

(3)赤楠。试验用材为丽水市绘景园林公司生产的1年生籽播容器苗。

(4)钝齿冬青。试验用材为丽水市绘景园林公司提供的野生移植驯化苗，带土球。

(5)朱砂根。试验用材为丽水市绘景园林公司生产的2年生籽播容器苗。

(6)檵木。云和县园和苗圃生产的1+1年生扦插地栽苗，带宿土。

(7)杜茎山。庆元野森植物研究所生产的野生驯化地栽苗，裸根。

(8)毛冬青。试验用材为丽水市绘景园林公司生产的1+1年生籽播地栽苗，带宿土。

6.1.3.2 试验地选择

试验城市选择在浙江省缙云县县城。按照城市中园林绿地的环境特点，选择全光照、宅间半光照、林下半光照、郁闭林下等4种不同环境类型试验点4个，分别用环境Ⅰ、环境Ⅱ、环境Ⅲ、环境Ⅳ表示。试验点面积为全光照地块$60m^2$，其他地块$80m^2$。4个试验点的基本环境条件为：

环境Ⅰ：为缙云县城一空旷地，南北两个方向有6层建筑物和一株大树(冠幅约12m，高约10m)，但离试验种植点都较远，不会对该地的光照产生影响，距离硬化地4~10m，土壤为粗石砾含量较高的风化不彻底黄壤。属于全日照中等辐射的干瘠生境类型。

环境Ⅱ：为缙云县城新区两建筑之间的绿化地，建筑间距约4m，长度约25m，与建筑走向垂直方向的两侧无建筑物，能使光照阶段性的射入试验地，土壤为黄壤，部分成团，黏性较重。属于宅间半光照、土壤条件中等偏差的绿化用地类型。

环境Ⅲ：为缙云县城一新建3年的公园，试验地选择在有一定密度上层木的坡地林下，郁闭度约60%～70%左右，上层木主要为常绿的香樟，光照条件偏弱，原地被为草坪，原土壤为黄壤。属于林下半光照中等土质条件的绿化用地。

环境Ⅳ：为缙云县城一老风景林区的庇荫林下，全天无直射光，均为林下散射光，景区林木树龄较大，树体较高，林下中下层植被很少，土壤为山地黄壤，土层较薄，腐殖质层厚2~3cm，有一定石砾含量，且表层有植物根系分布。属于光照条件很弱，土壤条件中等偏差的绿地类型。

6.1.3.3　种植设计

考虑朱砂根与杜茎山为耐阴植物，不宜在全光照环境中生长，因此，环境Ⅰ试验地块仅种植小叶蚊母、轮叶蒲桃、赤楠、檵木、钝齿冬青、毛冬青6种植物，其他3个试验点8个树种全部种植。每一试验地块按某一方向均匀分成6个(全光照)或8个区块，每一区块种植一种植物，每种植物种植160株，种植密度25cm×25cm。苗木种植时间为2008年3月13~14日，种植期间天气晴热，苗木种植后均及时浇透定根水，不修剪。

6.1.3.4　试验调查

(1)成活率与保存率调查。成活率在2008年5月15日调查，保存率在2008年9月14~16日、2009年3月14~16日各调查一次。

(2)日灼调查。根据试验城市的天气特点，日灼常发生在7~8月中旬之间，因此本试验日灼调查安排在该时段的8月20~21日。

调查对象为8种地被植物在环境Ⅰ、环境Ⅱ、环境Ⅲ等3种生长环境中种植的日灼受害情况，对郁闭林下的试验点没有进行调查。

日灼指数分为5个等级：1级为无日灼；2级为面层叶片日灼比例小于30%，落叶少，无枝条受害；3级日灼为面层叶片日灼比例大于30%，日灼落叶较多，有少量小枝受害；4级日灼为叶片日灼严重，小枝受害较重，有大枝受害死亡现象；5级日灼为植株死亡。调查数量为各调查试验点每种地被植物20株，用机械调查法调查。

(3)寒害调查。寒害发生与低温来临时间、低温程度、低温维持时间、低温后的天气状况密切相关，植物受害后其受害程度要经过一段较长时间才可以完全表现出来，因此，我们把寒害调查安排在第2年的3月上旬可明确辨别植株生死或寒害程度后进行。调查对象为4个试验点的所有8种地被植物。

寒害指数分5个等级：分别为1级，植物生长正常，无寒害或基本无寒害；2级冻害为叶片或嫩枝有冻害，主枝无冻害，木质化的小枝无冻害；3级冻害为木质化小枝有冻害，主枝也偶有冻害，但主干无冻害；4级冻害为主枝冻害严重，但主干基本未受冻，植株未死亡；5级冻害为植株冻害致死。调查数量为每种地被每个试验点调查20株，用机械调查法抽取。

(4)生长量调查。对地被植物的生长量采用动态调查的方法测量，调查时间从2008年5月开始，到同年的11月，每个月调查1次，2009年的3月和5月，调查1次。每个月的调查时间为14～16日。调查对象为各个试验点的所有试验地被植物种类。

调查方法：第一次调查时，即用机械抽样法在每个试验点抽取每种地被植物10株作为固定调查样株，作好标记，绘好调查样株分布图，为以后调查使用。然后在每一固定调查样株上确定3个调查母枝，作为分枝数量调查的基础。设冠幅、高度、分枝数量为生长量调查指标。

6.1.3.5　种植成活率与保存率

表6-1　8种地被植物种植成活率、保存率调查表(%)

生长环境类型		植物名称							
		小叶蚊母	轮叶蒲桃	赤楠	钝齿冬青	朱砂根	檵木	杜茎山	毛冬青
环境Ⅰ	成活率	95.6	98.7	98.1	98.1	—	58.1	—	89.8
	越夏保存率	95.6	98.7	98.1	97.5	—	55	—	88..6
	越冬保存率	95.6	93.6	96.9	97.5	—	55	—	82.6
环境Ⅱ	成活率	95	100	98.1	98.7	93.8	60	95	76.2
	越夏保存率	95	99.4	98.1	97.5	88.8	58.3	93.8	75
	越冬保存率	94.4	99.4	98.1	97.5	82.6	58.1	93.8	75
环境Ⅲ	成活率	96.8	98.1	100	99.4	92.5	68.1	96.2	86.8
	越夏保存率	96.8	98.1	98.7	98.8	91.9	67.2	96.2	86.8
	越冬保存率	96.2	98.1	98.7	98.8	91.9	66.2	96.2	86.8
环境Ⅳ	成活率	98.1	100	98.1	99.4	93.1	66.2	98.1	85.6
	越夏保存率	97.5	100	98.1	99.4	93.1	65.6	98.1	85
	越冬保存率	97.5	100	98.1	99.4	93.1	65.6	98.1	85

从表6-1可以看出，在8种地被植物种植试验中，轮叶蒲桃、赤楠、钝齿冬青、小叶蚊母、杜茎山等5种植物的种植成活率都在95%以上，并且它们在不同环境中种植成活率差异很小。其中轮叶蒲桃、赤楠种植成活率高的原因是采用了容器苗木种植，在其他试验中，这2种植物的地栽苗种植成活率在15% ~100%，其成活率受种植季节、带土情况、苗木质量、苗木存储时间等因素影响较大。钝齿冬青细根特别发达，便于带土，又采用移植苗种植，故而容易成活。小叶蚊母移栽后发根快，植物适应性强，为种植成活率较高的地被植物，在其他试验和实际园林应用中，带宿土的1 ~2年生工程苗木种植成活率多在95%以上，常常可以达到97% ~100%。杜茎山虽然种植后出现了大部分老枝枯死，但调查时发现大部分植株已从基部抽发新枝，这可能与使用的苗木为野生驯化苗有关。朱砂根虽为容器苗，但可能由于使用的苗木中包含了感染茎腐病的植株，因而成活率并不十分理想。毛冬青种植成活率没有达到园林工程的成活合格要求，主要原因可能是使用的苗木为籽播苗而非扦插苗。檵木的种植成活率最低，原因主要是由于种植时天气晴热、苗木正在抽发新枝、苗木规格较小、带土少等4个方面的原因所致。

从2个时期8个树种的保存率可以看出，除朱砂根在环境Ⅱ中保存率有较大幅度下降，檵木、毛冬青在环境Ⅰ中有小幅下降外，这3种植物在其他环境和其他5种植物在所有环境种植的保存率都与种植成活率差异很小，这说明小叶蚊母、轮叶蒲桃、赤楠、钝齿冬青等植物能在全光照到较强庇荫度（郁闭林下）环境下安全越夏越冬，有较强的环境适应能力。朱砂根对生长环境光照条件要求较高，不宜在庇荫不足的环境种植使用。檵木虽然在全光照条件下的保存率比成活率低了3.1%，但就植物生长情况看，其生长正常，保存率的下降可能是由于苗木小、植物恢复时间不够造成的，而非适应性原因。杜茎山虽然在两种半光照和庇荫环境下都能保持很高的保存率，但在环境Ⅱ与环境Ⅲ中的生长表现还是有明显区别，在环境Ⅱ中部分植物的叶片颜色呈黄色，而在林下为绿色。

6.1.3.6 抗日灼性

日灼是一种常见的生理性病害，是植物对夏季强光照射与高温的不适性反应。由于城市的热岛效应、城市绿地周围大面积的硬化地面和建筑表面的辐射热，使得城市绿地的水热条件与野外林地有很大区别，一些热适应性较差的植物不适应在城市绿地中生存，主要表现为不同程度的日灼或整株枯死。根据观赏植物的观赏特点、生长要求，参照林木引种国家标准的植物受害等级划分原理，将日灼划分为1 ~5个等级，将调查结果根据下式计算地被植物的日灼指数，结果见表6-2。

$$日灼指数 = \frac{1X_1 + 2X_2 + \cdots + 5X_5}{\sum X}$$

式中：1、2、3、4、5—— 为不同的日灼等级；

X_1、X_2、…，X_5—— 不同日灼等级的株数；

$\sum X$ ——观察总株数。

表 6-2　8 种地被植物在 3 种环境中的日灼调查表

环境类型	日灼指数							
	小叶蚊母	轮叶蒲桃	赤楠	钝齿冬青	朱砂根	檵木	杜茎山	毛冬青
环境Ⅰ	1.00	1.00	1.00	2.90	—	1.00	—	1.05
环境Ⅱ	1.00	1.00	1.00	1.15	2.40	1.00	1.00	1.00
环境Ⅲ	1.00	1.00	1.00	1.00	1.15	1.00	1.00	1.00

从表 6-2 可以看出，小叶蚊母、轮叶蒲桃、赤楠、檵木等植物，种植当年在 3 种不同环境中均无日灼出现，说明这些植物具有很强的抗热性，适合在全光照环境中应用。钝齿冬青在全光照环境种植，日灼指数达到 2.90，在环境Ⅲ种植日灼指数为 1.00，而该植物在同区域海拔 800m 以上的山地，常分布在全光照环境里，这说明钝齿冬青在夏季高温区（约 36℃以上）宜在半荫环境中种植，在无夏季高温区可在各种光照环境中种植。朱砂根在宅间半光照环境和林下半光照环境种植的日灼指数分别达到 2.40 和 1.15，说明该植物只适合在遮荫充分的环境下生长。杜茎山和毛冬青在宅间半光照和林下半光照环境均无日灼出现，毛冬青在全光照环境中有轻微的日灼，不过可能随着种植年数的增加，植株抵抗力也会增强，在全光照环境种植也可顺利越夏。

6.1.3.7　抗寒性

寒害是由于植物生存环境的温度低于植物所能忍受的低温而引起的植物损伤，寒害不仅会降低观赏植物的景观效果、生态功能，甚至导致植物死亡，是影响地被植物推广应用范围的重要生态指标。本试验调查了 8 种地被植物在 4 种不同环境中的寒害情况，并根据下式计算寒害指数，结果见表 6-3。

$$寒害指数 = \frac{1X_1 + 2X_2 + \cdots + 5X_5}{\sum X}$$

式中：1、2、3、4、5—— 为不同寒害等级；

X_1、X_2、…，X_5—— 不同寒害等级的株数；

$\sum X$—— 观察总株数 。

从表6-3可见，小叶蚊母、钝齿冬青、檵木、毛冬青等4种地被植物，在试验地的4种生长环境种植，2008年冬寒害指数均为1.00，说明这4种地被植物可以在试验城市的不同环境安全越冬。轮叶蒲桃、赤楠的寒害发生与种植环境关系极大，在全光照环境中寒害较严重，在四周有遮挡物或上部遮荫物的环境种植，冻害有效减轻，在林下种植没有发生寒害。此外，这2种植物在丽水市区的城西停车场、林业局等多个全光照种植点种植，均无寒害或仅十分轻微冻害发生。朱砂根、杜茎山寒害发生情况与轮叶蒲桃相近，在宅间环境中有轻度寒害发生，在林下种植没有发生寒害。

表6-3　8种地被植物在4种种植环境中的寒害指数表

环境类型	寒害指数							
	小叶蚊母	轮叶蒲桃	赤楠	钝齿冬青	朱砂根	檵木	杜茎山	毛冬青
环境Ⅰ	1.00	2.45	2.20	1.00	—	1.00	—	1.00
环境Ⅱ	1.00	1.60	1.40	1.00	1.35	1.00	1.25	1.00
环境Ⅲ	1.00	1.10	1.05	1.00	1.10	1.00	1.00	1.00
环境Ⅳ	1.00	1.00	1.00	1.00	1.00	1.00	1.00	1.00

6.1.3.8　植物生长

(1)小叶蚊母生长分析。从表6-4可以看出，小叶蚊母不同环境间的冠幅在2008年5月和7月无显著差异，2008年9月、11月，2009年3月、5月均有显著差异，除2009年5月外都以环境Ⅲ的冠幅最大，不过每次调查的差异都会发生一定变化。这说明小叶蚊母喜光又耐阴，在4种不同环境中均能实现冠幅生长，但生长环境不同，植株的冠幅生长量和生长节律是有差别的，其中以环境Ⅲ中生长最快，生长量也较大，在环境Ⅳ中生长慢，生长节律也较在其他环境慢。结合土壤条件分析，由于环境Ⅰ的土壤条件最差，且夏季温度高、湿度低，冬季极端温度低，除光照条件外其他环境因子不如环境Ⅱ和环境Ⅲ优越，因而生长上没有优势，反而不如环境Ⅲ。而环境Ⅳ除光照条件、土壤空间与养分条件外，其他环境因子都有一定的适生优势，导致其生长不如其他环境的原因就是光照太弱。由此可见，小叶蚊母虽然属于喜光耐阴植物，但光照太弱，其生长还是会受到一定影响的。

从生长节律看，在生长的前期以环境Ⅲ的生长最快，但到翌年5月，生长最快的是环境Ⅱ，环境Ⅰ也与环境Ⅲ相近。这可能是由于在林下环境中，根系生长空间与养分有竞争，而环境Ⅰ和环境Ⅱ却不存在这种竞争的缘故。

表 6-4 不同生境中小叶蚊母冠幅比较分析表

项目	环境Ⅰ (cm)	环境Ⅱ (cm)	环境Ⅲ (cm)	环境Ⅳ (cm)	*F* 值	*P* 值
2008.5	24.45 ±1.45aA	24.20 ±3.95aA	27.90 ±2.08aA	23.45 ±0.80aA	0.6270	0.6460
2008.7	26.05 ±1.43aA	28.05 ±3.43aA	28.40 ±2.12aA	23.75 ±0.86aA	0.9660	0.4195
2008.9	30.0 ±2.12abAB	30.3 ±3.62abAB	36.45 ±3.95aA	24.45 ±0.79bB	3.474	0.0247
2008.11	30.30 ±2.14bAB	32.2 ±3.63abAB	41.86 ±6.42aA	24.5 ±0.81bB	4.255	0.0106
2009.3	33.15 ±2.4abAB	37.4 ±5.35abAB	43.6 ±7.38aA	26.44 ±1.05bB	2.640	0.0629
2009.5	45.45 ±2.76aAB	55.98 ±4.45aA	48.8 ±5.13aA	32.17 ±1.87bB	6.422	0.0014

注：表中小写字母代表5%的差异显著水平，大写字母代表1%的差异极显著水平，下同。

从表6-5可以看出，不同环境之间小叶蚊母高度在2008年5月调查时差异不显著；2008年7月、9月差异显著，环境Ⅰ、环境Ⅱ、环境Ⅲ之间差异不明显，但与环境Ⅳ出现显著差异，其中在环境Ⅱ中高生长最快；2008年11月、2009年3月环境Ⅱ同环境Ⅲ差异不显著，环境Ⅲ高生长稍快，同环境Ⅳ有显著性差异；2009年5月环境Ⅱ、环境Ⅲ和环境Ⅰ无显著性差异，其中以环境Ⅱ生长最快，且比环境Ⅲ高出20.63cm。

表 6-5 不同生境条件下小叶蚊母高度比较分析表

项目	环境Ⅰ (cm)	环境Ⅱ (cm)	环境Ⅲ (cm)	环境Ⅳ (cm)	*F* 值	*P* 值
2008.5	26.7 ±1.05aA	26.8 ±3.99aA	26.6 ±1.48aA	21.8 ±1.91aA	1.087	0.3669
2008.7	27.9 ±1.29abA	30.7 ±3.98aA	28.00 ±1.63abA	22.6 ±1.79bA	1.965	0.1367
2008.9	28.2 ±1.15abAB	31.00 ±4.18abAB	36.00 ±3.40aA	22.78 ±1.02bB	3.611	0.0226
2008.11	29.2 ±1.22abAB	35.3 ±4.3aA	37.40 ±3.53aA	22.9 ±1.61bB	4.874	0.006
2009.3	31.8 ±1.58abAB	38.3 ±5.03aA	38.2 ±4.34aA	24.05 ±1.69bB	3.683	0.0207
2009.5	39.3 ±2.44aAB	46.3 ±3.77aA	40.8 ±7.08aAB	25.67 ±1.38bB	3.88	0.017

综合冠幅生长和高生长可以看出，小叶蚊母在环境Ⅲ生长最好，但与环境Ⅱ、环境Ⅰ差别不大，与环境Ⅳ差别最大。在2008年5月，4种环境间树高与冠幅无差异，这可能是因为这段时间是小叶蚊母种植后的恢复期，还没有进入生长阶段。在环境Ⅰ，由于种植地点土壤条件较差，后期管理浇水次数较少，植物上方无覆盖物，整日阳光暴晒，水分蒸发较快，不利于小叶蚊母生长，因此相比环境Ⅲ和环境Ⅱ生长速度较慢；在环境Ⅳ，由于光照不充分，生长速度最慢。因此，在进行园林绿化时，可以将小叶蚊母种植在全光照环境、半光照环境和一定的庇荫环境中。

(2)轮叶蒲桃生长。从表 6-6 可以看出，在不同生境间，轮叶蒲桃冠幅从 2008 年 5 月时已表现出差异。当然，这种差异可能部分来自苗木的规格差异，部分来自种植以后的生长差异，并且从 7 月的调查数据看，环境Ⅱ的冠幅与其他 3 种环境的差异还在加大。因此，从这 2 次调查结果可以知道，环境Ⅱ确实最有利于轮叶蒲桃恢复生长，到 7 月与其他环境的差异已达到显著水平。从翌年 3 月、5 月冠幅测量数据看，环境Ⅱ与环境Ⅲ均比环境Ⅰ和环境Ⅳ大，其中环境Ⅳ冠幅最小，与其他 3 类环境相比都有显著性差异。

表 6-6　不同生境条件轮叶蒲桃冠幅比较分析表

项目	环境Ⅰ (cm)	环境Ⅱ (cm)	环境Ⅲ (cm)	环境Ⅳ (cm)	F 值	P 值
2008. 5	13. 15 ±1. 02bA	17. 2 ±1. 46aA	15. 1 ±1. 11abA	14. 69 ±1. 17abA	2. 003	0. 1321
2008. 7	14. 05 ±0. 96bB	18. 75 ±1. 18aA	15. 7 ±1. 06bAB	14. 9 ±1. 01bAB	3. 755	0. 0191
2008. 9	14. 8 ±1. 25bB	19. 95 ±1. 15bAB	21. 55 ±2. 28aA	15. 15 ±1. 01bB	5. 095	0. 0048
2008. 11	15. 05 ±1. 23bB	22. 3 ±1. 09aA	22. 1 ±2. 02aA	16. 71 ±1. 34bAB	6. 44	0. 0013
2009. 3	18. 1 ±1. 18bBC	23. 8 ±0. 96aAB	25. 69 ±2. 32aA	17. 45 ±1. 36bC	7. 799	0. 0004
2009. 5	28. 5 ±2. 19bBC	37. 38 ±2. 39aA	30. 3 ±2. 03bAB	21. 13 ±1. 58cC	9. 06	0. 0002

从表 6-7 看，2008 年 5 月、7 月轮叶蒲桃的植株高度，也是以环境Ⅱ的最高，但同环境Ⅲ无显著性差异，与冠幅测量结果一致；7 月比环境Ⅰ、环境Ⅳ分别高出 9cm、6. 9cm。2008 年 9 月和 11 月环境Ⅲ和环境Ⅱ的植株高度无显著性差异；2009 年 3 月冠幅以环境Ⅲ最大，其次为环境Ⅱ、环境Ⅰ、环境Ⅳ，且分别高出 4. 9cm、7cm、10. 37cm；2009 年 5 月，环境Ⅱ冠幅比环境Ⅲ大，但无显著性差异。

表 6-7　不同生境条件轮叶蒲桃高比较分析表

项目	环境Ⅰ (cm)	环境Ⅱ (cm)	环境Ⅲ (cm)	环境Ⅳ (cm)	F 值	P 值
2008. 5	18. 0 ±0. 70cB	24. 7 ±2. 14aA	23. 6 ±1. 59abA	19. 5 ±0. 78bcAB	5. 016	0. 0052
2008. 7	18. 5 ±0. 82bC	27. 5 ±1. 30aA	24. 7 ±1. 63aAB	20. 6 ±0. 88bBC	11. 281	0. 0001
2008. 9	20. 4 ±1. 99bB	26. 9 ±2. 35aAB	27. 8 ±1. 67aA	21. 05 ±0. 65bAB	4. 664	0. 0075
2008. 11	20. 8 ±2. 03bB	28. 0 ±2. 40aAB	28. 6 ±1. 94aA	21. 65 ±0. 63bAB	4. 803	0. 0065
2009. 3	25. 5 ±1. 96cB	27. 6 ±1. 96bAB	32. 5 ±1. 58aA	22. 13 ±1. 01bcB	5. 500	0. 0037
2009. 5	31. 7 ±2. 09aA	35. 75 ±1. 92aA	33. 2 ±2. 90aA	24. 38 ±1. 12bB	6. 545	0. 0014

从轮叶蒲桃的冠幅、高度变化可以看出，轮叶蒲桃在 4 种环境中都能生长，但生长速度不一样，其中在 2 种半光照环境中生长最好，在这 2 种半光照环境间

生长差异不大，差异主要是生长节律上，其中环境Ⅱ的生长高峰比环境Ⅲ来得早，在环境Ⅳ生长最差。这说明轮叶蒲桃对不同环境的光照条件适应范围比较广，在环境条件很差的环境Ⅰ和荫蔽环境都能生长，但在园林应用时如需尽快达到园林绿化效果，最快地覆盖地表，建议种植在周围有遮挡物或上面有疏林覆盖的半光照环境中为好，在这种环境中种植，可以减少冻害发生几率。

(3)赤楠生长分析。从表6-8和表6-9可以看出，赤楠在环境Ⅲ生长最好，在环境Ⅳ生长最差，且表现较为稳定一致，这一点在冠幅与高度的动态变化都十分统一，这说明以环境Ⅲ代表的环境类型最适合赤楠生长，而与环境Ⅳ类似的环境不适合赤楠生长。在环境Ⅰ代表的类似环境中，影响赤楠生长的因素可能是土壤与极端温度的问题，就该环境的土壤条件来说，能有此生长表现，也可以说明赤楠具有良好的环境适应性。调查中，赤楠在环境Ⅱ中的生长变化有点不符合常理，主要是早期生长量很小，而2009年5月调查时，其冠幅与高度都比3月有很大的增量，这可能是由于2008年该类型环境中杂草影响的缘故，因为其他3种环境类型杂草相对较少，故而影响较小，2009年3月除草后，赤楠生长加速。由此可见，杂草对赤楠影响很大，在园林绿地中，必须注意及时除草。

表6-8 不同生境条件下赤楠冠幅比较分析表

项目	环境Ⅰ (cm)	环境Ⅱ (cm)	环境Ⅲ (cm)	环境Ⅳ (cm)	*F*值	*P*值
2008.5	14.05±1.12aA	12.65±0.87aA	13.5±0.64aA	12.3±0.96aA	1.435	0.2487
2008.7	14.45±1.08aA	12.9±0.73aA	16.45±2.06aA	13.1±1.01aA	1.537	0.2215
2008.9	18.1±0.98bB	13.25±0.74cC	23.35±1.85aA	14.09±1.16cBC	13.545	0.0001
2008.11	18.3±1.01bB	14.36±0.84bB	25.1±2.06aA	14.8±1.43bB	12.299	0.0001
2009.3	20.1±1.03bB	18.34±1.24bB	28.0±2.16aA	16.2±1.34bB	11.534	0.0001
2009.5	29.75±1.88aA	29.24±3.66aA	30.26±1.87aA	18.14±1.45bB	4.397	0.0104

表6-9 不同生境条件下赤楠高度比较分析表

项目	环境Ⅰ (cm)	环境Ⅱ (cm)	环境Ⅲ (cm)	环境Ⅳ (cm)	*F*值	*P*值
2008.5	18.6±1.07abA	20.4±1.28aA	20.9±1.52aA	16.17±1.16bA	2.859	0.0504
2008.7	19.6±2.03abAB	24.1±1.43aA	22.0±1.44abAB	17.6±1.49bB	3.053	0.0408
2008.9	21.5±1.45bB	24.3±2.20bB	34.5±3.49aA	18.5±1.07bB	9.523	0.0001
2008.11	22.3±1.81bB	24.9±2.35bB	35.9±3.66aA	19.07±1.01bB	9.193	0.0001
2009.3	26.9±1.75bB	25.28±2.61bcB	38.5±3.51aA	20.13±1.71cB	9.077	0.0002
2009.5	28.1±2.08bcB	35.67±3.31abAB	40.48±3.37aA	24.0±1.63cB	6.576	0.0014

(4)钝齿冬青生长分析。从表6-10和表6-11可以看出，钝齿冬青在环境Ⅰ中的冠幅和高度的绝对生长量最小，分别只有6.3和9.4cm，分别是其他环境最大生长量的41.7%和61.4%，这说明钝齿冬青在类似环境Ⅰ条件的地方种植生长不良，这种不适应可能有土壤的原因，但光照过强肯定是其中的原因之一。在其他3类环境中生长量和生长节律都十分相似，说明钝齿冬青在半阴环境和庇荫环境生长都较快，但我们发现，钝齿冬青在庇荫环境下新抽发的枝条节间变长，枝叶密集度有所降低，这一点与一般植物是相似的。由此，可以认为钝齿冬青属于耐阴偏中植物，在有适度庇荫环境下生长最好，不适宜在全光照环境中种植使用，比较适合有上层植物配置的绿地使用。

表6-10 不同生境条件钝齿冬青冠幅比较分析表

项目	环境Ⅰ (cm)	环境Ⅱ (cm)	环境Ⅲ (cm)	环境Ⅳ (cm)	*F*值	*P*值
2008.5	33.4±1.42aA	36.1±2.09aA	35.5±1.01aA	36.2±1.38aA	0.7300	0.5409
2008.7	34.95±2.21aA	36.8±1.65aA	36.2±1.38aA	37.4±1.28aA	0.3920	0.7592
2008.9	36.35±1.29aA	37.42±2.88aA	36.95±2.35aA	38.15±1.29aA	0.1350	0.9387
2008.11	38.3±2.95aA	39.47±3.14aA	39.05±1.62aA	42.75±1.02aA	0.6960	0.5606
2009.3	39.5±1.55aA	42.09±3.35aA	43.33±4.03aA	44.89±1.89aA	0.221	0.8809
2009.5	39.75±1.56bA	50.94±2.61aA	47.0±2.30abA	51.35±5.65aA	5.09	0.0067

表6-11 不同生境条件钝齿冬青高度比较分析表

项目	环境Ⅰ (cm)	环境Ⅱ (cm)	环境Ⅲ (cm)	环境Ⅳ (cm)	*F*值	*P*值
2008.5	31.2±1.13bB	39.3±1.75aA	42.6±1.41aA	41.5±1.83aA	10.953	0.0001
2008.7	32.7±1.25bB	41.0±1.43aA	43.6±1.30aA	43.6±1.30aA	15.266	0.0001
2008.9	33.4±2.07bB	43.86±2.55aA	44.7±3.14aA	45.7±2.26aA	5.12	0.0047
2008.11	36.0±2.35bB	45.32±2.69aAB	46.9±3.53aA	47.28±2.29aA	3.710	0.0201
2009.3	37.1±1.81bB	48.11±4.18aA	47.32±1.18aAB	49.89±2.65aA	4.9420	0.0061
2009.5	40.6±2.15aA	54.6±5.06aA	56.67±5.02aA	51.65±1.55aA	2.960	0.05

(5)檵木生长分析。从表6-12和表6-13可以看出，檵木种植后第一年的冠幅生长在环境Ⅲ最快，最慢的是环境Ⅳ，且不同环境中差异值很大，达到显著或极显著水平，高生长与冠幅生长基本趋势一样，说明环境条件对檵木生产影响较

大，在半光照环境中生长良好，在弱光条件下，檵木生长受抑制。在环境Ⅱ、环境Ⅲ中，7~9月间有一个非常明显的生长高峰，期间的冠幅增长量很大，而环境Ⅰ则无明显的生长高峰出现，这可能是由于种植时间正是檵木苗的新梢抽发期，苗木带土又少，天气晴热等因素使得苗木在该环境受到的影响比其他环境大。此外，土质差也是造成其生长量小的重要原因，而在环境Ⅳ的生长量小的最大原因是光照不足所致。

表6-12　不同生境条件檵木冠幅比较分析表

项目	环境Ⅰ（cm）	环境Ⅱ（cm）	环境Ⅲ（cm）	环境Ⅳ（cm）	*F*值	*P*值
2008.5	22.4±1.29aAB	22.7±1.52aA	21.95±1.09aAB	17.7±1.01bB	3.54	0.0241
2008.7	24.19±1.73abAB	28.88±2.13aA	23.72±1.38bcAB	19.13±1.46cB	5.506	0.0035
2008.9	28.65±1.75bAB	36.42±2.04aA	37.0±3.69aA	19.85±1.7cB	11.728	0.0001
2008.11	30.62±1.61bBC	40.64±2.18aA	38.63±4.1aAB	21.95±1.45cC	12.551	0.0001
2009.3	33.67±1.77bB	43.63±1.83aAB	45.68±4.28aA	23.69±1.77cC	16.218	0.0001
2009.5	39.45±2.13bBC	47.29±5.24bAB	56.0±1.44aA	24.7±0.30cC	13.082	0.0001

表6-13　不同生境条件檵木高度比较分析表

项目	环境Ⅰ（cm）	环境Ⅱ（cm）	环境Ⅲ（cm）	环境Ⅳ（cm）	*F*值	*P*值
2008.5	23.8±1.26aA	19.7±1.48bA	23.2±1.39abA	21.5±1.31abA	1.829	0.1593
2008.7	25.2±1.28aA	26.13±2.33aA	24.5±1.59aA	23.11±1.31aA	0.566	0.6414
2008.9	27.72±1.19aA	31.86±2.59aA	31.63±3.94aA	26.6±2.49aA	1.0430	0.3871
2008.11	30.54±1.58aA	35.14±2.79aA	33.6±4.21aA	27.7±2.84aA	1.2770	0.2996
2009.3	34.02±2.1abAB	40.39±2.69aA	38.62±4.30abAB	28.3±3.51bB	2.397	0.087
2009.5	38.3±4.11abA	42.9±6.63aA	41.0±3.31abA	29.0±1.79bA	1.471	0.2485

（6）毛冬青生长分析。从表6-14和表6-15可以看出，种植第一年，毛冬青在环境Ⅰ、环境Ⅱ、环境Ⅲ等全光照或不同类型半光照环境中生长量都较大，这说明该植物对环境适应能力较强，在环境Ⅳ生长慢，其生长量仅有全光照或半光照环境生长量的一半，说明该植物在弱光环境生长不良，且从枝叶密集度和观赏效果来说，以环境Ⅰ为最密最好，环境Ⅱ、环境Ⅲ枝叶密集度下降，观赏效果也下降。就地被植物生长速度来说，也并非生长越快越好，因为生长过快，则使地被冠面易乱，高度增长过快，增加修剪次数和养护成本。因此，毛冬青以培植于无遮挡物的全光照部位好。

表6-14 不同生境条件毛冬青冠幅比较分析表

项目	环境Ⅰ (cm)	环境Ⅱ (cm)	环境Ⅲ (cm)	环境Ⅳ (cm)	F值	P值
2008.5	27.2 ±1.59aA	20.88 ±1.29bAB	22.45 ±1.47bB	18.06 ±2.26bB	5.339	0.0040
2008.7	29.95 ±1.67aA	22.5 ±1.21bB	25.89 ±1.95abAB	22.35 ±1.31bB	5.168	0.0047
2008.9	33.31 ±3.33aA	26.44 ±3.52aA	32.88 ±2.28aA	33.4 ±1.86aA	1.466	0.2430
2008.11	35.86 ±1.99aAB	37.15 ±2.81aA	38.63 ±3.2aA	26.81 ±3.29bB	4.677	0.0083
2009.3	42.72 ±2.24aA	41.68 ±2.37aA	41.67 ±2.57aA	28.4 ±1.66bB	14.056	0.0001
2009.5	44.4 ±2.13aA	43.7 ±2.92aA	46.25 ±3.82aA		0.148	0.8634

表6-15 不同生境条件毛冬青高度比较分析表

项目	环境Ⅰ (cm)	环境Ⅱ (cm)	环境Ⅲ (cm)	环境Ⅳ (cm)	F值	P值
2008.5	46.6 ±1.56aA	46.0 ±1.52aA	38.5 ±1.99bB	32.8 ±4.02cB	16.71	0.0001
2008.7	47.0 ±1.48abA	49.7 ±1.56aA	44.56 ±1.91bA	34.0 ±1.26cB	18.894	0.0001
2008.9	51.2 ±1.62aAB	59.33 ±5.59aA	51.67 ±1.74aAB	38.88 ±1.59bB	6.38	0.0019
2008.11	53.2 ±3.64aA	63.11 ±6.67aA	53.13 ±1.32abAB	41.45 ±1.02bB	5.202	0.0052
2009.3	55.6 ±2.75bcAB	68.67 ±7.42aA	61.4 ±2.76abAB	44.88 ±1.66cB	5.043	0.0058
2009.5	65.2 ±3.57aA	72.0 ±13.73aA	71.2 ±7.47aA		0.2630	0.7709

(7)杜茎山生长分析。杜茎山为半藤本状灌木，生长快，从表6-16和表6-17可以看出，杜茎山在试验的3种环境中均能很好地生长，特别是在环境Ⅱ中，其冠幅达到59.76cm，为8种植物之最，这与杜茎山的冠幅主要是由枝条过长后匍

表6-16 不同生境条件杜茎山冠幅比较分析表

项目	环境Ⅰ (cm)	环境Ⅱ (cm)	环境Ⅲ (cm)	环境Ⅳ (cm)	F值	P值
2008.5	—	17.85 ±0.74aA	19.6 ±1.19aA	18.7 ±1.44aA	0.5660	0.5741
2008.7	—	18.75 ±0.68aA	20.3 ±1.27aA	19.35 ±1.55aA	0.408	0.6687
2008.9	—	20.69 ±2.92bB	35.45 ±3.58aA	21.35 ±1.52bB	9.064	0.0011
2008.11	—	22.75 ±2.73bB	37.95 ±3.22aA	23.15 ±19bB	10.756	0.0001
2009.3	—	25.63 ±3.26bB	38.35 ±3.22aA	26.8 ±1.8bB	6.484	0.0054
2009.5	—	77.61 ±9.65aA	49.5 ±3.97bB	50.69 ±4.76bB	5.846	0.0085

表 6-17　不同生境条件杜茎山高度比较分析表

项目	环境Ⅰ (cm)	环境Ⅱ (cm)	环境Ⅲ (cm)	环境Ⅳ (cm)	*F* 值	*P* 值
2008.5	—	20.1 ±1.38bA	29.8 ±2.72aA	28.6 ±3.49aA	3.906	0.0324
2008.7	—	22.1 ±1.92bA	30.6 ±2.88aA	30 ±3.68abA	2.649	0.089
2008.9	—	43 ±6.20aA	38.7 ±3.56aA	32.4 ±4.02aA	1.358	0.2755
2008.11	—	34.3 ±4.28b	56.8 ±5.26aAB	44.5 ±6.47abAB	4.894	0.0161
2009.3	—	48.25 ±7.15aA	57.4 ±9.31aA	38.2 ±4.39aA	1.858	0.1768
2009.5	—	53.89 ±4.17aA	64.8 ±9.39aA	49.25 ±3.69aA	1.412	0.2631

匐形成有关。从3种环境杜茎山的生长情况看，无论是高生长或冠幅生长，均是以半遮荫环境生长最好，这说明耐阴植物在光照不足的地方生长同样会受到一定程度影响的。环境Ⅱ除光照比较符合杜茎山生长外，该试验点的土壤为新的种植土，土层中没有其他植物根系与其争夺生长空间，也是促使其生长的重要原因。

6.1.3.9　8种地被植物的园林应用综合评价

综合分析8种植物在各种环境中的生长和适应性指标，可以知道：小叶蚊母、檵木能适应多种生长环境，具抗热耐寒、喜光耐阴特性，最佳生境3个，能在所有4类环境中适生，综合适应性最好，但在遮荫严重的环境中生长变慢；轮叶蒲桃、赤楠耐热性强，但在全光照环境中抗寒性略差，可能出现一定程度冻害，而在种植地周围有遮挡物或上层覆盖物的情况下，冻害迅速减轻，在郁闭林下几无冻害；毛冬青在全光照环境中生长最好，在光照不足的地方生长不良；钝齿冬青适用于宅间半光照及林下半光照环境，在庇荫环境也能生长，但在全光照环境容易日灼，影响生长或生存；杜茎山最佳适生环境有两个，在全光照环境下，既会日灼又有寒害。以上5种植物最佳生境1~2个，不适宜生长环境1个，适宜生长环境3个，属于适应性一般的地被植物类型。朱砂根有2个不适宜生长的环境，适生环境2个，属于对适生环境要求较高，园林适应性较差的地被类型（表6-18）。

表 6-18　8种野生地被植物园林适应性评价表

评价指标	小叶蚊母	轮叶蒲桃	赤楠	钝齿冬青	檵木	毛冬青	杜茎山	朱砂根
种植成活率	高	不稳定	不稳定	高	不稳定	中等	高	高
保存率	高	高	高	高	高	高	高	不定
抗日灼性	好	好	好	差	好	好	差	差
抗寒性	好	中等	中等	好	好	好	中等	中等

（续）

评价指标	小叶蚊母	轮叶蒲桃	赤楠	钝齿冬青	檵木	毛冬青	杜茎山	朱砂根
生长速度	中等	慢	慢	慢	中等	快	快	慢
最佳生境	环境Ⅰ 环境Ⅱ 环境Ⅲ	环境Ⅱ	环境Ⅱ	环境Ⅱ 环境Ⅲ	环境Ⅰ 环境Ⅱ 环境Ⅲ	环境Ⅰ	环境Ⅲ 环境Ⅳ	环境Ⅳ
不适生境	无	环境Ⅰ	环境Ⅰ	环境Ⅰ	无	环境Ⅳ	环境Ⅰ	环境Ⅰ 环境Ⅱ
适生环境类型	环境Ⅰ 环境Ⅱ 环境Ⅲ 环境Ⅳ	环境Ⅱ 环境Ⅲ 环境Ⅳ	环境Ⅱ 环境Ⅲ 环境Ⅳ	环境Ⅱ 环境Ⅲ 环境Ⅳ	环境Ⅰ 环境Ⅱ 环境Ⅲ 环境Ⅳ	环境Ⅰ 环境Ⅱ 环境Ⅲ	环境Ⅱ 环境Ⅲ 环境Ⅳ	环境Ⅲ 环境Ⅳ
适应性评价	好	一般	一般	一般	好	一般	一般	差

6.2　野生木本地被植物苗木园林种植技术研究

6.2.1　野生木本地被植物苗木园林种植技术研究的意义

绿化工程施工中，苗木种植成活率是保证绿化工程质量的基础，也是工程施工企业实现利润的关键，因此，可以说保证较高的种植成活率是绿化工程施工的核心技术。野生木本地被植物作为新的地被植物产品，其苗木在园林应用时的成活率如何，要采取哪些技术措施才能保证较高种植成活率，这些问题是施工单位十分关注的技术问题，也是影响新的地被产品能否顺利推广的重要影响因素之一。通过研究了解地被新产品的种植成活率，既可以帮助施工企业采取有利于提高成活率的措施，也可以帮助苗木生产企业采取合适的育苗方式和带土方式，达到科学生产、科学应用的目的。

6.2.2　影响地被植物种植成活率的因素

影响地被植物种植成活率的因素有地被植物的根系特性、繁殖方式、带土情况、天气状况、苗木新鲜度、种植地条件和种植技术等。

6.2.2.1　根系特征

植物的根系特征主要包括植物的根的属性、根系类别、抑制植物生根物质的有无。根系属性主要是指是否属于肉质根，因为肉质根生根相对慢，生根量也少，种植成活率比较低，如朱砂根、红凉伞等植物。根系类别中，直根系植物一般细根和须根少，这种根系类别的地被植物，苗木出圃时带土球比较困难，对种植成活率有一定影响，如火棘、轮叶蒲桃、赤楠等。而须根系类型的植物，须根细根多，植物移植后初期，虽然新根没有萌发，但靠苗木原有的吸收根也足以保持植物吸收水分的需要，因此种植成活率极高，如毛鹃、瓜子黄杨、大叶黄杨、钝齿冬青等。

6.2.2.2 繁殖方式

繁殖方式不同，苗木的根系结构也不同，用种子繁殖培育的苗木，主根发达，侧根少而粗，增加苗木带土难度，影响种植成活率。而用扦插繁殖的苗木，侧根细根多，既有利于苗木带土，也能提高苗木移植后新根生成前的吸收根数量。

6.2.2.3 带土情况

苗木移植的关键技术是保证苗木移植过程中苗木根系的完整和生命活力，因为苗木根系失水后会导致根系生命活力下降甚至死亡。苗木土球能有效防止苗木根系失水和根系变形损伤，是对根系最好的保护。作为地栽地被苗木，土球是苗木最好的带土方式，应尽可能采取这种带土方式带土。但一些地被植物种类由于细根和须根少，带土球十分困难，如火棘、赤楠；还有就是由于苗圃土壤含沙量过高，造成苗木无法带土球。针对这些情况，在苗木出圃时，一方面要尽量带宿土，另一方面要适当多带根，更重要的是要采取有效的防根系失水措施，如用塑料袋包扎根系，并把苗木堆放在无风庇荫处。

6.2.2.4 天气状况

种植成活率与天气状况关系极大，特别是对没有带土球的苗木影响尤为突出。晴热天气种植成活率低，在适温的阴天种植，成活率较高。

6.2.2.5 苗木新鲜度

苗木新鲜度即苗木种植时的新鲜程度，与苗木种类特性、苗木带土方式、土球大小、苗木运输距离、苗木存储、天气情况、苗木挖起后至种植时的间隔时间长短等因素有关。

6.2.2.6 种植地条件

种植地条件主要指种植地的位置、土壤条件、排水情况。种植地背风、日照时间短的地方，苗木失水慢，种植容易成活，反之，成活率下降。有良好团粒结构的土壤，保水通气性能好，有利于植物新根形成；如果土壤过于黏重，则不仅新根难发生，还会导致烂根，影响植物成活，土壤含砂多，土壤过于疏松，则不利于保水。排水不良，也会导致供氧不足，引起根系死亡，影响植物成活。

6.2.2.7 种植技术

种植技术对种植成活率影响很大，从广义上来说，对上述影响因素的把握也属于种植技术的范畴，从狭义上来说，种植技术主要包括种植深度、覆土的紧实度、植后修剪和浇水等。一般来说，地被植物种植不宜过深，埋土深度至苗木原来的土痕为好。覆土紧实度要视土壤和种植时天气而异，黏重土不宜过紧，雨天种植不宜过紧，以免影响根部透气。

6.2.3　轮叶蒲桃、小叶蚊母夏季种植试验

小叶蚊母和轮叶蒲桃作为园林地被植物应用，已逐步得到业内人士的认可，并已在局部区域得到较好的推广应用。关于这两个地被植物树种的种植成活率，也已通过应用得到一定程度的了解，大部分应用单位反映小叶蚊母种植成活率较高，在常规情况下裸根种植即可获得较高的成活率，但也有个别施工单位反映成活率不够高，由此可见，关于小叶蚊母的种植成活率还没有一个统一的认识，十分必要有一个系统的理论数据供不同的应用单位参考。轮叶蒲桃细根较少，主观上均认为种植成活率低，因此实际生产中采用容器育苗，而轮叶蒲桃地栽苗种植成活率的实际情况却无法得知。为了配合这两个树种进一步推广的需要，我们于2008年在浙江省丽水市碧湖镇白桥村开展了这两种木本地被植物成活率种植试验。

6.2.3.1　种植时间与气象条件

轮叶蒲桃苗木起挖时间为2008年6月12日的7：00～11：00，种植时间分别在12日17：00～18：00，13日7：00～8：00、17：00～18：00，14日16：00～17：00等4个时间段。期间天气实况为多云，并有间隙性阵雨，13日天气为多云转晴，最高气温36℃。

小叶蚊母苗木起挖时间为2008年6月15日7：00～11：00，种植时间分别在15日16：00～17：00，16日8：00～9：00、17：00～18：00，17日8：00～9：00等4个时间段进行。期间天气实况为15日天晴，最高气温36℃，16日多云转阴，最高气温33℃，17日阴转阵雨，最高气温32℃。试验地为水稻田改建的苗圃地。

6.2.3.2　试验材料

轮叶蒲桃选用籽播移栽工程商品苗，苗龄0.3+1.5年，苗木规格冠幅20～30cm、高25～30cm。小叶蚊母选用扦插移栽工程商品苗，苗木规格冠幅20～30cm、高25～30cm。

6.2.3.3　试验设计

试验采用双因素随机区组设计，因素A为带土方式，设带土球（A1）和自然宿土（A2）两个水平；因素B为苗木种植时的新鲜度，轮叶蒲桃设苗木起挖后至种植的间隔时间为10小时（B1）、22小时（B2）、33小时（B3）、54小时（B4）等四个水平，计8个处理；小叶蚊母设苗木起挖后至种植的间隔时间为9小时

(B1)、23 小时(B2)、33 小时(B3)、46 小时(B4)等四个水平，计 8 个处理，每处理 200 株，三次重复。

2 种植物的苗木起挖后都按起苗时间的前后分 4 个时段分别包装，并做好标记，标记上标明挖苗时间，以便记录间隔时间。所有苗木都采用塑料袋进行根部保湿，并用遮阳网覆盖，自然堆放在野外。种植后及时浇透定根水，并进行常规的中度修剪。

6.2.3.4 试验调查与数据处理

2 种植物种植 45 天后分别调查成活率，调查结果见表 6-19、表 6-20。调查数据采用 Excel 和 DPSS 软件进行试验分析。

表 6-19 轮叶蒲桃夏季种植试验成活率统计表

处理号	不同带土方式	挖苗至种植时间(小时)	重复 1(%)	重复 2(%)	重复 3(%)	均值
1	带土球(A1)	10(B1)	100	100	100	100.0
2		22(B2)	100	100	100	100.0
3		33(B3)	100	96.5	97	97.83
4		54(B4)	96.5	95	88.5	93.33
5	带自然宿土(A2)	10(B1)	97	100	94	97.0
6		22(B2)	91	93	88.5	90.83
7		33(B3)	82	90	85	85.67
8		54(B4)	80	72	75	75.67

表 6-20 小叶蚊母夏季种植试验成活率统计表

处理	不同带土方式	挖苗至种植时间(小时)	重复 1(%)	重复 2(%)	重复 3(%)	均值
1	带土球(A1)	9(B1)	100	100	100	100.0
2		23(B2)	100	100	100	100.0
3		33(B3)	100	100	100	100.0
4		46(B4)	100	100	100	100.0
5	带自然宿土(A2)	9(B1)	100	100	100	100.0
6		23(B2)	100	100	100	100.0
7		33(B3)	97	97	97	97.0
8		46(B4)	97	97	94	96.0

6.2.3.5 不同带土方式对2种地被植物夏季种植成活率的影响

从表6-21可以看出，不同带土方式对2种植物夏季种植成活率都有显著影响：轮叶蒲桃、小叶蚊母2种植物带土球比带自然宿土种植成活率分别高10.5%和1.7%，达到极显著差异水平。原因主要是不同带土方式对苗木根系的损伤程度和保护作用不一样，其中带土球的苗木根系受到的破坏小，此外，苗木在运输和存放期间土球又可以继续为苗木提供营养和水分，这样就保证了苗木根系的生命活力，从而提高种植成活率。而带自然宿土的苗木，随苗的根系容易受到不同程度的机械损伤，同时在苗木运输与存放期间根系裸露，根系的养分水分供应受到影响，从而减低了根系的活力，导致成活率下降。

表6-21 2种植物不同带土方式夏季种植成活率的LSD多重比较分析

植物名称	处理	均值	5%显著水平	1%极显著水平
轮叶蒲桃	A1	97.79	a	A
	A2	87.29	b	B
小叶蚊母	A1	100.0	a	A
	A2	98.3	b	B

6.2.3.6 不同存放时间对2种地被植物夏季种植成活率的影响

从表6-22可以看出，轮叶蒲桃种植成活率随着起苗后至种植时的间隔时间加长而下降，间隔时间为10小时和22小时两个时段种植，成活率下降了3.08%，差异不显著，与间隔时间为33小时和54小时两个时段种植，成活率差异极显著。

小叶蚊母种植较轮叶蒲桃而言，成活率高，间隔时间为9小时和23小时两个时段种植，成活率均为100%，没有差异；间隔时间为33小时和46小时两个时段种植，成活率虽然开始下降，但下降的幅度比较小。

植物种植成活率随着苗木起苗后至种植间隔时间加长而下降，这是一个所有植物种类都客观存在的普遍规律，只是不同种类植物成活率下降速度和在相同间隔时间内下降幅度不同罢了。植物种植成活率下降的原因是苗木挖起后就开始脱离了与圃地母土的互联关系，其根部和整个植株所需要的营养和水分都无法再从圃地中获得，而只能靠挖苗时所带的有限土壤和苗木体内自身的营养和水分供给，而这种供给是十分有限的，特别是水分的供给，只能维持很短的时间，超过一定的时限，植物根系和其他组织的生理机能就会受到影响。这种影响积累到一定程度即可造成植物的死亡，从而影响种植成活率。不同种类植物，存在自身含水量、植物体自身水分平衡能力、对组织失水的忍受能力、受损根系抽发新根快慢与数量、原吸收根恢复吸收功能快慢等方面特性的差异，这些差异导致了不同植物种类间的种植成活率差异。

表 6-22　2 种植物不同存放时间夏季种植成活率的 LSD 多重比较分析

植物名称	处理	均值	5% 显著水平	1% 极显著水平
轮叶蒲桃	B1	98.5	a	A
	B2	95.3	a	AB
	B3	91.7	b	B
	B4	84.5	c	C
小叶蚊母	B1	100.0	a	A
	B2	100.0	a	A
	B3	98.5	b	B
	B4	98.0	b	B

6.2.3.7　不同处理方式对 2 种地被植物夏季种植成活率的影响

由表 6-23 可以看出，A 因素和 B 因素相比，A 因素对这 2 种植物夏季种植成活率的影响更为明显，即不同带土方式对轮叶蒲桃和小叶蚊母种植成活率影响的程度大于起苗后至种植间隔时间的影响。$F_{A\times B}=6.6213>F_P$，这表明因素 A 和因素 B 交互作用显著，即不同的带土方式和不同的存储时间之间对这 2 种植物种植成活率的影响有交互作用。

表 6-23　2 种植物不同处理夏季种植成活率的方差分析表

植物名称	变异来源	平方和	自由度	均 方	*F* 值	*P* 值
轮叶蒲桃	A 因素间	661.5000	1	661.5000	78.7612	0.0001
	B 因素间	652.3333	3	217.4444	25.8899	0.0001
	A×B	166.8333	3	55.6111	6.6213	0.0052
	误　差	117.5833	14	8.3988		
	总变异	1630.0000	23			
小叶蚊母	A 因素间	0.7500	2	0.3750	1.0000	0.3927
	B 因素间	18.3750	1	18.3750	2.8824	0.1881
	A×B	19.1250	3	6.3750	1.0000	0.5000
	误 差	19.1250	3	6.3750	17.0000	0.0001
	总变异	5.2500	14	0.3750		

表 6-24 表明，试验中轮叶蒲桃种植成活率最高的 3 个处理都是带土球苗木种植的处理，在适合的天气情况下，用带土球的苗木在起苗后 22 小时之内种植，成活率达 100%，起苗后 33 小时种植，成活率也可达 97.7%，也就是相当于第一天早上挖起的带土球苗木，在合适的天气情况下，如果能在第 2 天晚上之前种植完毕，成活率可以达到 97.7% 以上，可以一次性达到园林种植规范的成活率要求；如果等到第 3 天再种植，成活率也可以达到 95% 的种植规范要求，只是在常规土质苗圃中，实生轮叶蒲桃苗带土球比较困难。如果不带土球，而是用带自然宿土的苗木种植，则成活率显著下降，即使当日挖苗，当日种植，成活率也为 97%，可以达到园林标准规范的种植成活率要求，从挖苗到种植间隔时间如此短，在实际工作中比较少，现在比较普遍的是第一天挖苗，第 2 天种苗，但如果要到第 2 天才能种植完毕，则成活率只能达到 85.7%，达不到园林标准规范的成活率要求，如果对苗木的保湿防晒措施不到位，或者是天气晴热，则种植成活率还要下降到更低水平，无法达到园林规范中地被植物种植成活率要求。

小叶蚊母的成活率显然比轮叶蒲桃成活率要高得多，所有 8 个处理平均成活率都超过园林行业标准规范规定的成活率 95% 的要求，其中 6 个处理成活率都达到了 100%，这充分说明小叶蚊母是一种种植成活率极高的地被植物，在一般情况下，采用带自然宿土即可获得很高的成活率。

从上述分析可以看出，这 2 种植物夏季种植成活率有很大差异，小叶蚊母种植极易成活，可以采用大田育苗的方法培育园林工程用苗，并且还可以采用带自然宿土的带土方式，但必须采取有效措施保护好根系。而轮叶蒲桃夏季种植成活率与带土方式关系很大，带自然宿土的苗木，挖苗后到种植间隔期 22 小时以上，成活率即无法达到园林标准规范要求，且轮叶蒲桃苗木根系中，细根须根较少，在一般土壤上带土球比较困难，因此，实际生产中建议采用容器育苗的方式培育轮叶蒲桃苗木比较妥当。

当然，本试验选择的种植时间为非常规种植季节的 6 月中旬，不但种植时温度高，且种植后不久即要经历一年中对植物成活影响威胁最大的盛夏，对植物的成活是一种考验，如将试验时间选择在春季，成活率应该会更高。不过，试验中我们发现，这两种植物死亡苗木都出现在种植后 15 天内，15 天后没有苗木死亡，这是因为夏季气温高，植物失水快发根也快，是否成活在种植初期即可以得到表现，这同时也说明种植后 15 天是植物夏季种植成活的关键时期。为提高夏季种植成活率，对苗木采取有效的保护措施，选择有利的种植时段，尽量避开高温时段种植，如选择在阴雨天、早上或晚上种植，种植后及时遮荫和喷水，可以有效提高夏季种植的成活率。

表 6-24　2 种植物不同处理夏季种植成活率的 LSD 多重比较分析

植物名称	处理	均值	5% 显著水平	1% 极显著水平
轮叶蒲桃	1	100.0	a	A
	2	100.0	a	A
	3	97.7	ab	AB
	5	97.0	ab	AB
	4	93.3	bc	AB
	6	90.7	cd	BC
	7	85.7	d	C
	8	75.7	e	D
小叶蚊母	1	100.0	a	A
	2	100.0	a	A
	3	100.0	a	A
	5	100.0	a	A
	4	100.0	a	A
	6	100.0	a	A
	7	97.0	b	B
	8	96.0	b	B

6.3　野生木本地被苗木的园林应用效果研究

在绿化工程中使用的木本地被植物苗木绝大部分为人工繁殖培育的工程苗，野生材料较少在工程上直接应用，这是因为利用野生植物材料直接进行绿化，存在对野生资源破坏大、种植成活率低、景观效果差等方面问题。但有时由于一些特殊情况的需要，也存在不得不用野生苗木直接应用的现象。为了评价利用野生木本地被苗木进行园林绿化效果，以便为相关工作提供理论依据，我们对温州生态园沙河村二期景观工程中使用的野生木本地被苗木的应用效果进行调查分析。

6.3.1　项目概况

调查项目位于温州市瓯海区沙河村，项目地地势平缓，周边为水体，内有水系，土壤以园土、稻田土、淤泥等为主。该项目为温州生态园，为了体现生态的需要，选用了多种乡土灌木作为地被使用，施工时由于缺乏这些植物的人工栽培苗，施工单位从附近县采购野生苗木直接进行绿化。采购的苗木一般为裸根苗，苗木挖掘后放存放在阴凉处，挖掘至种植间隔时间 1 ~ 3 天，苗木挖后不修剪，至种植时统一修剪，种植密度为 16 株/m^2，应用的野生苗木情况见表 6-25。

表 6-25　温州生态园野生木本地被植物应用

植物名称	学名	规格（cm）	树龄	带土方式	苗木种植前存放时间(天)	苗木修剪
乌　饭	*Vaccinium bracteatum*	d1.0 ~ 2.5	多年生	裸根	1 ~ 3	种植前
黄 瑞 木	*Adinandra millettii*	d1.0 ~ 2.5	多年生	裸根	1 ~ 3	种植前
美丽胡枝子	*Lespedezaformosa*	d1.5 ~ 3	多年生	裸根	1 ~ 3	种植前
中华野海棠	*Bredia sinensis*	3 ~ 5 枝丛生	多年生	裸根	1 ~ 3	种植后
水团花	*Adina pilulifera*	d2.0 ~ 3.0	多年生	裸根	1 ~ 3	种植前
醉鱼草	*Buddleja lindleyana*	d1.0 ~ 2.0	多年生	裸根	1 ~ 3	种植前
朱砂根	*Ardisia crenata*	d0.6 ~ 1.0	多年生	裸根	1 ~ 3	种植后
算盘子	*Glochidion puberum*	d1.0 ~ 2.0	多年生	裸根	1 ~ 3	种植前

6.3.2　调查方法

由于采用的是野生苗木，苗木的规格和树龄都比较大，且苗木又为裸根苗，种植后发根慢，判断成活所需的时间长，为了提高调查结果的有效性和准确性，我们延长了成活率和保存率的调查时间，分别于栽后 6 个月调查初始成活率，18 个月调查植株保存率和绿化效果。调查方法为：对种植总量少的树种采取全部调查，对种植总量较多的树种，采用分块随机抽查。

6.3.3　调查结果

6.3.3.1　成活率与保存率

8 种植物栽后 6 个月初始成活率和 18 个月保存率见表 6-26。从表 2-26 可以看出：

(1)美丽胡枝子、算盘子初始成活率最高，分别达到 99.02% 和 98.66%，18 个月后植株保存率也很高，分别达 97.78% 和 97.83%，仅比 6 个月时的成活率下降了 1.24% 和 0.87%，说明这 2 种植物种植极易成活，栽后发根快，成活后不易死亡。

表 6-26　8 种植物初始成活率、18 个月保存率调查统计分析表

植物名称	初始成活情况			存活情况			阶段死亡分析		
	调查株数	成活株数	成活率（%）	调查株数	成活株数	成活率（%）	全程死亡率(%)	后程死亡率(%)	后程死亡比例(%)
乌饭	480	402	83.75	500	356	71.2	28.8	12.55	43.5764
黄瑞木	654	612	93.58	484	312	64.46	35.537	29.1152	81.9287
美丽胡枝子	612	606	99.02	535	521	97.38	2.6168	1.63643	62.535
中华野海棠	245	176	71.84	310	100	32.26	67.742	39.5787	58.4257
水团花	268	172	64.18	327	185	56.57	43.425	7.60418	17.511
醉鱼草	264	260	98.48	320	257	80.31	19.688	18.1723	92.304
朱砂根	416	347	83.41	376	195	51.86	48.138	31.5518	65.544
算盘子	298	294	98.66	320	313	97.81	2.1875	0.84522	38.6385

注：全程死亡率是指栽后 18 个月的死亡率，后程死亡率是指栽后 6～18 个月之间新发生的死亡率，后程死亡比例为后程死亡率占全程死亡的比例。

(2)醉鱼草、黄瑞木这 2 个树种栽后 6 个月的初始成活率也很高，但 18 个月后保存率大幅下降，特别是黄瑞木的保存率比初始成活率下降了 29.12%，这说明这 2 种植物成活所需时间较长，但如果能加强栽后较长期的精细养护，能够得到较高的成活率和保存率。

(3)乌饭、水团花这 2 个树种栽后 6 个月的初始成活率分别为 83.75% 和 64.18%，18 个月的保存率分别为 71.2% 和 56.57%，比初始成活率分别下降 12.55% 和 7.60%，下降幅度是初始成活率的 15.06% 和 11.86%，说明这 2 种植物野生苗种植较易成活，6 个月后有部分苗木死亡，需延长养护时间。

(4)中华野海棠、朱砂根初始成活率分别为 83.41% 和 71.84%，18 个月存活率为 32.26% 和 51.26%，为存活率最低的两种植物，从成活率与存活率差异分析，中华野海棠与朱砂根后期死亡率高，分别达到 55.1% 和 37.83%，后期死亡比例分别为 58.43% 和 65.44%。造成后期死亡严重的原因可能有 3 个：一是 6 个月调查成活率时，其中一部分植株本身没有成活，只是还没有死亡，调查时被误计为成活苗木；二是种植地遮荫不足，生长环境的光照条件不适合这 2 个耐阴树种的生长要求；三是种植地的土壤和空气湿度较大，种植时没有对苗木进行过消毒，造成朱砂根根腐病高发。

(5)从阶段死亡率分析，8 种植物中无论总成活率如何，从 6～18 个月期间发生的死亡率均极高，占总死亡率的比例高达 17.51%～92.30%，这说明野生苗木种植后真正成活需要很长时间，与一般工程苗的成活时间有很大区别，但不同

树种这种差异很大，因此在成活率统计、保活养护时间及措施安排上应区别对待。造成野生苗木种植成活时间长、后期死亡率高的原因可能是由于野生苗苗龄大、细根少导致越夏困难的缘故。

(6) 在成活率和存活率调查中发现，多种植物的成活和死亡植株有一定的聚块现象，出现这种现象的原因可能是苗木质量或土壤条件不良的缘故。其中苗木方面的原因可能是苗木的新鲜度问题，土壤方面原因可能是土壤通透性问题，具体原因如何还需作进一步的研究。

6.3.3.1　绿化效果

栽后 18 个月调查苗木存活率的同时，定性调查各种植物的生长感官指标、病虫危害、绿化效果，结果见表 6-27。

从表 6-27 可看出，8 种植物栽后 18 个月的绿化效果差异很大，其中整齐度为好或较好、枝叶浓密度为浓或较浓、覆盖度为好或较好、生长势为好或较好、绿化效果为好或较好的树种仅有美丽胡枝子、算盘子、醉鱼草 3 个，占比例为 37.5%；绿化效果为一般的 1 个，占比例为 12.5%；绿化效果差的有 4 个，占比例为 50%。病虫害发生率较高也是因为植物的生长势恢复慢，抵抗力较弱的缘故。

由此可见，利用野生灌木直接用于园林绿化，绿化效果往往不理想，表现为植物恢复生长慢，长势弱，地表覆盖慢，整齐度差，在绿化工程中应尽量避免应用。

表 6-27　8 种植物野生苗栽后 18 个月绿化效果调查表

植物名称	整齐度	枝叶浓密度	覆盖度	生长势	病害	虫害	绿化效果
乌饭	一般	一般	差	较差	不明显	不明显	差
黄瑞木	一般	一般	一般	一般	不明显	不明显	一般
美丽胡枝子	好	浓密	好	好	不明显	不明显	好
中华野海棠	差	差	差	差	炭疽病	不明显	差
水团花	差	差	差	差	炭疽病	不明显	差
醉鱼草	较好	较浓密	好	较好	不明显	叶片轻微啃食	较好
朱砂根	差	差	差	差	根腐病	不明显	差
算盘子	好	浓密	好	好	煤烟病	介壳虫	好

第7章 部分野生木本地被植物

7.1 南天竹 *Nandina domestica* Thunb.

(1)形态特征：小檗科南天竹属常绿灌木。茎常丛生而少分枝，高1～3m，光滑无毛；茎皮幼时常呈红色，老后呈灰色。三回奇数羽状复叶，长30～50cm；小叶革质，小叶片椭圆状披针形，长2～8cm，先端渐尖，基部楔形，全缘，两面无毛；近无小叶柄，叶柄基部常呈褐色鞘状抱茎。圆锥花序长达20cm以上；花白色，径达6mm；萼片外轮较小，卵状三角形至披针形，长约1.5mm，内轮较大，卵圆形至椭圆状舟形，长5mm，宽2.5mm；雄蕊6，花瓣状，长3.5mm，离生，花药黄色，2室纵裂，顶端药隔微突，基部花丝甚短至近无。浆果球形，径约5mm，顶端具宿存花柱，熟时红色至紫红色，有时黄色，具扁圆形种子2；果梗长4～8mm。花期5～7月，果期8～11月。

(2)类型：南天竹品种，计有十余个。观果的有狐尾、狮尾、满天星3种。以狐尾为最美，产于常熟，所结的果实茂密均匀，每穗长尺余，真像狐尾一样；狮尾穗短而籽大，顾名思义，可知其不如狐尾；满天星徒长枝叶，结果不多。观叶的有五色南天竹、琴丝南天竹，还有红叶、黄叶等几种。其中以五色为最美，干矮叶密，四季变色，忽青忽白，忽黄忽紫，忽又一变而为红，可作盆玩，以供四时观赏。所谓琴丝天竹，是形容它的叶细如琴丝，而枝干也是矮矮的，栽在盆子里，可作案头清供。老干的南天竹形成树桩的，是盆景上品。

(3)分布：自然分布于浙江、江苏、安徽、江西、湖北、广西、四川、陕西以及日本和印度。浙江主要分布于德清、杭州、临安、淳安、建德、诸暨、嵊县、宁波、鄞县、奉化、普陀、衢县、兰溪、金华、天台、遂昌、龙泉、文成、泰顺等地海拔1000m以下山坡、谷地灌丛中。

(4)生态特性：多生于湿润的沟谷旁、疏林下或灌丛中，为钙质土壤指示植物。喜温暖多湿及通风良好的半荫环境，较耐寒，能耐微碱性土壤，花期5～7

月，喜光也耐阴，强光下叶色变红。适宜含腐殖质的砂壤土生长。

(5)繁殖：繁殖以播种、分株为主，也可扦插。可于果实成熟时随采随播，也可春播。分株宜在春季萌芽前或秋季进行，把老株蔸部有根的小苗剪下栽种。扦插以新芽萌动前或夏季新梢停止生长时进行。

(6)栽培管理：在半荫、凉爽、湿润处栽培最好。强光照射下，茎粗短变暗红，幼叶“烧伤”，成叶变红，十分荫蔽的地方则茎细叶长，株丛松散，有损观赏价值，也不利结实。南天竹适宜生长温度为 20℃左右，适宜开花结实温度为 24 ~25℃，冬季气温低于 0℃时，部分叶片脱落，如四周和上方有其它乔木树种挡风，则落叶大大减少。

南天竹浇水应见干见湿。干旱季节要勤浇水，保持土壤湿润；夏季每天浇水一次，并向叶面喷雾 2 ~3 次，保持叶面湿润，防止叶尖枯焦，有损美观。开花时尤应注意浇水，不使盆土发干，并于地面洒水提高空气湿度，以利提高受粉率。冬季植株处于半休眠状态，不要使盆土过湿。浇水时间，夏季宜在早、晚时行，冬季宜在中午进行。南天竹在生长期内，幼苗半个月左右施一次薄肥(宜施含磷多的有机肥)。成年植株每年施 2 次干肥，分别在 5 月和 8 月进行，肥料可用充分发酵后的饼肥和猪牛羊粪肥等。施肥量一般第一次宜少，第二次可增加用量。在生长期内，剪除根部萌生枝条、密生枝条，剪去果穗较长的枝干，留 1、2 枝较低的枝干，以保株型美观，以利开花结果。

南天竹在通风不良的情况下，易被介壳虫和煤污病为害，因此需防止植株过密或枝叶重叠太多。发生煤污病时，可用清水冲洗。如既有介壳虫又有煤污病时，可喷洒 0. 3 ~0. 5 石硫合剂。

(7)用途：南天竹树姿秀丽，翠绿扶疏。红果累累，圆润光洁，是常用的观叶、观果植物，无论地栽、盆栽还是制作盆景，都具有很高的观赏价值。作为地被植物应用时，可用于各类庭院绿地和道路隔离带绿化，密度以每平方米 16 ~25 株为宜。

7. 2　小叶蚊母 *Distylium buxifolium* (Hance) Merr.

(1)形态特征：金缕梅科蚊母树属常绿灌木，高 1 ~2m。树皮灰褐色，枝、芽均有褐色柔毛；叶互生，叶片薄革质，倒卵状长圆形，长 2. 5 ~5cm，宽 1 ~2cm，先端圆形或钝，中脉伸出成一小突尖，基部楔形，全缘或近先端各有一个小齿突，两面无毛，侧脉不明显；叶柄长 2 ~3mm。穗状花序腋生，花序轴有褐色柔毛，苞片线状披针形，被褐色柔毛，长 2 ~3mm；花单性或杂性，萼筒极短，

4齿披针形，长约2mm；两性花的雄蕊5~6枚，长3~5mm，花药红色，子房卵球形，密被褐色星柔毛，花柱2枚，线形，长5~6mm，蒴果卵球形，长8~9mm。被褐色星柔毛，成熟时2瓣裂，每瓣再2浅裂。种子亮褐色，长卵形，长4~5mm。花期11月至翌年3月，果实5~6月成熟。

类型：虽然把小叶蚊母作为盆景材料应用已有较长的历史，但对该植物的其他应用研究开始比较迟，在文献资料中还未见关于小叶蚊母类型的报道。但我们在进行浙西南小叶蚊母的资源研究与开发利用过程中，发现小叶蚊母种内个体间性状差异明显，一些性状差异表现稳定，目前我们已根据小叶蚊母的花药颜色、嫩叶颜色、叶片大小等性状差异，初步将小叶蚊母分为12个类型。小叶蚊母12个类型分别用LHWM01、LHWM02、LHWM03、LHWM04、LHWM05、LHWM06、LHWM07、LHWM08、LHWM09、LHWM10、LHWM11、LHWM12表示，它们的主要特性为：

LHWM01：大叶型，叶宽1.2~1.7 cm，长3.3~4.8 cm，嫩叶黄色，每母枝抽梢7~13个，花黄色，花量较多，花序中等大小，果量一般，每果序果数1~5个。

LHWM02：小叶型，叶宽0.6~1.1 cm，长3.3~3.6cm，嫩叶黄绿色，每母枝抽春梢数量3~7个，花量中等，花序小，果量少。

LHWM03：大叶型，叶宽1.6~2.7cm，叶长多不及叶宽的2倍，嫩叶黄色或黄绿色，萌芽期3月上旬，枝叶较稀疏，花量中等，果量一般，每果序果数1~4个。

LHWM04：大叶型，叶宽1.3~1.8 cm，长3.6~4.8 cm，叶长多为叶宽的2倍以上，嫩叶淡黄色，黄色期较长，每母枝抽枝数5~11个，花量较少，花序中等，果量较少。

LHWM05：小叶型，叶片宽度0.8~1.2 cm，叶片长度3.3~4.0 cm，嫩叶紫红色，每母枝抽春梢7~9个，花红色，花量较少，花序小，果少，每果序果数1~2个。

LHWM06：小叶型，嫩叶淡紫红色，枝条较为柔软匍匐，每母枝抽春梢1~3个，花量较多，花红色，花序大，果量多。

LHWM07：小叶型，嫩叶紫色，叶片宽度0.8~1.1cm，每母枝抽梢4~8个，花红色，花量中等，果量一般，每果序果数1~4个。

LHWM08：中叶型，嫩叶紫色，萌芽期3月中旬，春梢停捎期4月中旬，春梢定梢长8~10cm，侧梢长3~7cm，侧枝少，每母枝抽梢1~4个，花紫红色，花量多，花序小。

LHWM09：大型叶，嫩叶红色，萌芽期3月中旬，花红色，花量极多，枝叶稀疏，新梢少，宜观花，不宜作地被。

LHWM10：中小叶型，嫩叶红色，顶枝长3~5cm，花序大，花红色，花量多，侧枝少。

LHWM11：大叶型，叶宽1.3~2.1cm，叶长3.6~4.9cm，嫩叶橙红色，萌芽期3月上旬，每母枝抽春梢数极多，一般为8~19个，花量中等，花序大，果少，果序数和每果序果数均较少。

LHWM12：大叶型，叶宽1.3~2.3cm，叶长3.9~5.7cm，嫩叶紫色或深紫色，每母枝抽春梢6~11个，花量中等，花序中等大小，果少，每果序果数1~2个。

(3)分布：自然分布于浙江、福建、广东、广西、湖南、湖北、安徽等地布。浙江主要分布于开化、遂昌、松阳、云和、龙泉、庆元、景宁、泰顺等地的山地溪沟边的常水位与洪水位交界处，

(4)生态特性：喜光也耐阴，耐高温，耐旱也耐水湿，耐贫瘠，对土壤的适应性强，可在盐碱土中生长；据介绍，在土壤pH值9.5，含盐量76‰以下时，仍生长良好。自然分布在河边或低湿地，据报道，连续浸水30天，仍能正常生长，该树种根系十分发达，发枝能力强，一年多次抽梢，耐修剪，容易形成紧密的树冠。

(5)繁殖：扦插繁殖或种子繁殖。扦插繁殖用新枝老枝均可，最好是用当年生半熟枝。剪成2节为一插穗，剪去下部叶片，用500倍生根粉浸基部2小时，扦插地可用腐熟有机肥打底，扦插后应喷施多菌灵。5~9月扦插用70%遮荫网加竹弓棚遮荫，其余时间扦插用塑料薄膜加竹棚加温保湿。约10天(夏季)至20天(冬季)发出新根和新芽，8~12个月可上容器。种子繁殖宜随采随播。

(6)栽培管理：小叶蚊母移栽成活率高，病虫害少，在苗木生产中主要把握好以下技术环节：在苗木种植初期避免苗床积水，苗木种植时避免小苗长时间晾晒，苗木成活后，及时打顶促梢，以培育良好冠形苗木。

园林绿化中，一般可以采用带宿土的苗木种植，但如果在非常规种植季节使用，且苗木为多年生苗木，则以带土球苗木才能充分保证种植成活率。种植成活的关键是苗木根系的活力和种植技术，关键时期为种植后前10天，成活情况能在种后很短时间内表现出来。小叶蚊母病虫害少，园林绿地中应用后一般不需要进行病虫害防治，管理的主要任务是每年进行2~3次的修剪，若干旱时间过长，可适时浇水1~2次。

(7)用途：小叶蚊母生态适应性强，树形紧凑，枝叶浓密，嫩叶颜色丰富，花多色艳，景观效果持久，是良好的地被植物，在园林造景中，可广泛应用于道

路隔离带绿化、花坛绿化、庭院绿化等。特别是该树枝条婆娑、树高增长慢、大面积群植冠面不易乱，非常适合大型绿地的大型色块，也可作为林下地被植物使用。此外，由于其根系发达，还可用于道路和水库的边坡绿化，能很好地满足景观与固土护坡双重需要。小叶蚊母可替代传统绿色灌木地被龟甲冬青、瓜子黄杨、龙柏、十大功劳等使用，也可与红花檵木、金叶女贞等不同彩度不同质地的绿色地被搭配使用，是理想的园林灌木地被植物。小叶蚊母还可以孤植、丛植于水边、亭边、假山和山坡上。

7.3 檵木 *Loropetalum chinense*（R. Br.）Oliv.

（1）形态特征：金缕梅科檵木属常绿植物，通常为灌木，稀为小乔木，高达12m，径30cm；小枝有锈色星状毛。叶革质，卵形，长1.5～6cm，宽1.5～2.5cm，顶端锐尖，基部偏斜而圆，全缘，下面密生星状柔毛；叶柄长2～5mm。苞片线形，萼筒有星状毛，萼齿卵形；花瓣白色，线形，长1～2cm；雄蕊4，花丝极短，退化雄蕊与雄蕊互生，鳞片状。蒴果褐色，近卵形，长约1厘米，有星状毛，2瓣裂，每瓣2浅裂；种子长卵形，长4～5mm。花期5月，果期8月

（2）类型：共有2个类型，一个新梢为红色；一个新梢为黄色。浙江野生资源中2种类型均有分布，其中以新梢为黄色的类型开发利用价值高，因为就红叶植物而言，目前已有综合性能十分优良的红花檵木品种群，一般的红叶植物综合性能难以超过红花檵木，但综合性好的黄叶植物却还比较缺乏。

（3）分布：我国自然分布于华东、华南、西南各省区，为浙江各地常见的野生植物，在平原、山地，山脊、山谷，水边、旱地，低海拔、中高海拔均有分布。

（4）生态习性：檵木具有很强的耐干旱耐水涝性能，出现干旱时，叶片进行自我保护性萎蔫，一遇水分，叶片很快舒展，恢复生机；檵木对温度适应性也强，根系与枝叶的耐受性差异小；檵木属中性偏喜光树种，适合在全光照到半荫环境中生长。

（5）繁殖：可以用扦插繁殖和种子繁殖。扦插繁殖的插穗以半木质化或木质化的当年生枝段最为理想，插穗长6～8 cm，摘去其下端叶片，保留上端3～5片叶片及腋芽，剪好的插穗成捆浸入70%甲基托布津可湿性粉剂0.1%倍药液中消毒，并用生根激素处理，插后浇透水，并及时用新薄膜覆盖密封，用遮荫网遮荫。扦插时间以5～6月和9～10月为好。

（6）栽培管理：檵木的苗木生产，成活与成苗的关键是小苗种植初期，其中

关键因子是圃地条件、小苗质量和种植时间。苗圃地宜选择土质肥沃并有良好土壤团粒结构、排灌条件良好的稻田或圃地；种植时选用主枝粗壮、根系发达的小苗种植，小苗最好能带宿土，并尽量做到随挖随种；种植时间最好选择在雨天前后的阴天。檵木种植后早期生长慢，要及时除草和施肥，追肥掌握少量多次的原则，避免用量过多烧苗。春夏苗木生长旺盛期以氮肥为主，秋冬苗木生长缓慢期以磷钾肥为主。园林绿地中管理的主要任务是修剪。

(7)用途：檵木生长缓慢，干性弱，分枝多，常成灌木状生长，在园林中可以作为中层植物使用，也可以修剪成球类植物应用。作为地被植物应用时，可在各种类型绿地中应用，且该植物嫩叶常呈黄绿色，成片种植能体现出明显的黄色植物的绿化效果；由于该植物的形态和质地与红花檵木极为相近，而叶色、花色差异却很大，所以把这2种植物进行搭配使用，可收到良好的效果。

7.4　光叶石楠 *Photinia glabra* (Thunb.) Maxim.

(1)形态特征：蔷薇科石楠属常绿小乔木，高3～5m，有时可达7m。老枝灰黑色，皮孔棕黑色，近圆形，散生，无毛。叶片革质，幼时或老时均呈红色，椭圆形、长圆形或长圆状倒卵形，长5～9cm，宽2～4cm，先端渐尖，基部楔形，边缘疏生浅钝细锯齿，两面无毛，侧脉10～18对；叶柄长1～1.5cm，无毛，有1至数个腺齿。复伞房花序顶生，直径5～10cm，花多数；总花梗和花梗无毛；花直径7～8mm；萼筒杯状，无毛，萼片三角形，长1mm，先端急尖，外面无毛，内面有柔毛；花瓣白色，倒卵形，反卷，长约3mm，先端圆钝，内面近基部有白色绒毛，具短瓣柄；雄蕊20枚，与花瓣等长或较短；子房顶端有柔毛，花柱2枚，稀3枚，离生或下部合生，柱头头状。果实红色，卵形，长约5mm，无毛。花期4～5月，果期9～10月。

(2)类型：在类群中有新叶橙红和淡红褐色2种类型。

(3)分布：自然分布于浙江、江苏、安徽、江西、福建、湖北、湖南、广东、广西、四川、贵州、云南，在日本、泰国、缅甸也有分布。在浙江生于全省各地海拔1200m以下的山坡杂木林中。

(4)生态特性：喜光，稍耐阴，喜温暖湿润的气候，抗寒力不强，对土壤要求不严，以肥沃湿润的砂质土壤最为适宜，萌芽力强，耐修剪，对烟尘和有毒气体有一定的抗性。

(5)繁殖：种子或扦插繁殖。播种于11月采种，将果实堆放捣烂漂洗，取籽晾干，层积沙藏，至翌春播种，注意浇水、遮荫管理，出苗率高。扦插于梅雨季节剪取当年健壮半熟嫩枝为插穗，长 10 ~12cm，基部带踵，上部留 2 ~3 张叶片，每叶剪去 2/3，插后及时遮荫，勤浇水，保持床土湿润，极易生根。常直接插条形成绿篱。

(6)栽培管理：比较简单，如作灌木或色块种植，前期应多强剪，以形成密集紧凑树冠。病虫害不多，主要是金龟子危害，应注意防治。

(7)用途：多作篱垣及庭园栽培。

7.5 尖叶黄杨 *Buxus aemulans*(Rehd. et Wils.) S. C. Li et S. H. Wu

(1)形态特征：黄杨科黄杨属常绿灌木，高达 3(4)m，树皮淡棕黄色，小枝具四棱，稍被柔毛或近无毛，叶卵状披针形或菱状卵形，长 2 ~ 5cm，先端渐尖或微钝，下面中脉无白色钟乳体，稀中脉两侧有短线状钟乳体，叶柄长 1 ~ 1.5mm，稍被毛；花密集成球形，总梗长约 2mm，苞片 6 对，雄花无梗，雄蕊较萼片稍长，雌花单生花序顶端，花柱短于子房，柱头面延至花柱中部。果径 5 ~ 8mm，干后稍皱，宿存花柱长约 3mm，外弯。

(2)类型：根据叶片大小和颜色差异划分为 4 个类型。分别为金叶尖叶黄杨、尖叶黄杨、金边尖叶黄杨和小叶尖叶黄杨。金叶尖黄杨：新叶黄色，成熟叶黄绿色，叶片长 3 ~ 6cm，宽 1.5 ~ 2.2cm；尖叶黄杨：叶片绿色，叶片长 3 ~ 6cm，宽 1.5 ~ 2.2cm；金边尖叶黄杨：叶缘金黄色，叶片长 3 ~ 6cm，宽 1.5 ~ 2.2cm；小叶尖叶黄杨：叶片小，叶长 3cm 以下，宽 1.3cm 以下。

(3)分布：自然分布于浙江、四川、湖北、湖南、江西、福建、安徽等地，浙江的主要分布区为丽水等浙江西南部地区，多生于海拔 700 ~ 2400m 谷地，林缘、灌丛中，东南各地 1200m 以下。

(4)生态特性：喜阴湿，适应性强，抗性好，性喜光、喜湿润、喜肥沃，也能耐阴、耐干旱、耐贫瘠，但耐寒性较差。

(5)繁殖：一般用扦插繁殖。插穗选取生长健壮、无病虫害，向阳的当年由顶芽抽发的春季梢。扦插床为东西走向，背风向阳，光照充足，床面上方用 85% 的遮荫网进行遮荫。插床长 3m，宽 1m，深 0.5m。用竹片搭建塑料薄膜拱棚，高约 0.6m。在选取的枝条上剪取粗为 0.2 ~ 0.3cm，长为 5 ~ 6cm 的插穗，上端平剪，下端斜剪，成 45°面，除去多余的叶片，一般留 2 ~ 3 片叶片，然后将基部浸入配制好的溶液中速蘸后进行扦插，扦插密度为 5cm × 5cm。

(6)栽培管理：种植成活率高，生长适中，在生产和园林应用中主要注意低温冻害。

(7)用途：叶色黄绿，虫害较轻，适用于冬季温暖无冻害地方作色块或矮篱使用。

7.6 石斑木 *Rhaphiolepis indica*（L.）Lindl.

(1)形态特征：蔷薇科石斑木属常绿灌木，稀小乔木，高1.5~4m。幼枝初被褐色绒毛，后渐脱落。叶片薄革质，卵形、长圆形、稀倒卵形或长圆状披针形，长2~8cm，宽1.5~4cm，先端圆钝、急尖、渐尖或长尾尖，基部渐狭下延至叶柄，边缘具细钝锯齿，上表面光亮，无毛，细脉不明显或明显，下表面色淡，无毛或被稀疏绒毛，叶脉稍隆起，细脉明显；叶柄长5~18mm，近无毛；托叶钻形，脱落。圆锥花序或总状花序顶生；总花梗和花梗被锈色绒毛，花梗长5~15mm；苞片及小苞片狭披针形；花直径1~1.3cm；萼筒管状，长4~5mm，两面有褐色绒毛或无毛，萼片5枚，三角状披针形至线形，长4.5~6mm，两面被疏绒毛或无毛；花瓣白色或淡红色，5枚，倒卵形或披针形，长5~7mm，宽4~5mm，先端圆钝，基部具柔毛；雄蕊15枚，与花瓣等长或稍长；花柱2~3枚，基部合生，近无毛。果实紫黑色，球形，直径约5mm；果梗粗短，长5~10mm。花期4~5月，果期7~8月。

(2)类型：未开发应用种类，目前野生资源中根据嫩叶颜色差异划分为2个类型。其中一个类型为新叶红色，另一类型为新叶的叶缘、叶脉红色，其他部分为绿色。

(3)分布：自然分布于浙江、安徽、江西、福建、台湾、湖南、广东、海南、广西、贵州、云南。日本、老挝、越南、柬埔寨、泰国和印度尼西亚也有。浙江习见于全省各山区及半山区，生于海拔1300m以下的山坡、路旁或溪边灌木林中。

(4)生态特性：亚热带树种。喜温暖湿润气候，阳光充足或半荫环境。宜生于微酸性砂壤土中，耐干旱瘠薄。有较强的耐寒性。常生长在裸露低丘陵向阳山坡、溪边、路旁、杂木林内或灌木丛中，在略有庇荫处则生长更好。

(5)繁殖：繁殖以播种为主，用半熟枝扦插也有较高成活率。

(6)栽培管理：早春2月移植最佳。栽培土质以排水良好之壤土最佳。如挖野生苗种植，由于其侧根甚少，根部最好用浓度1000mg/L萘乙酸溶液处理，促其生根，提高成活率。移栽初期应遮荫。如作盆景树种栽培，到了花期应剪除花序基部抽生的幼嫩枝叶，使花朵完全显露，增加美感。翻盆宜2~3年一次，盆底垫些有机杂质肥，更利生长。如不需观果取果的，花期后即行修剪，萌芽力强的春花很快长出新枝叶。

(7)用途：绿篱、庭园美化、盆栽；可单植、列植、丛植均可。春天开花成簇，具观花效果。石斑木花朵美丽，枝叶密生，能形成圆形紧密树冠。在园林中最宜植于园路转角处，或用于空间分隔，或用于作阻挡视线的隐蔽材料。果实可食用。

7.7 厚叶石斑木 *Rhaphiolepis umbellata* (Thunb.) Makino

(1)形态特征：蔷薇科石斑木属常绿灌木或小乔木，高 1～4m。枝粗壮，叉开至极叉开，枝、叶幼时有褐色柔毛，后脱落无毛。叶片集生小枝顶端，厚革质，长椭圆形、卵形或倒卵形，长 2.5～7cm，宽 1.2～3cm，先端圆钝，稍锐尖或微凹，基部楔形、宽楔形至圆钝，边缘稍反卷，全缘或疏生钝锯齿，士面深绿色，略带紫红色，稍有光泽，下面淡绿色，细脉明显；叶柄长 5～18mm。圆锥花序顶生，直立，密被褐色柔毛；萼筒倒圆锥状，萼片三角形至窄卵形；花瓣自色，倒卵形，长 1～1.2cm；雄蕊 20 枚；花柱 2 枚，基部合生。果实黑紫色带白霜，球形，直径 7～10mm，顶端有萼片脱落残痕；有 1 粒种子。果期 8 月。

(2)类型：有 2 种类型，一为叶片较小，而叶先端尖，称为尖叶厚叶石斑木 *Raphiolepis umbellate* (Thunb.) Makino form. *acuminatifolius* L. H. Lou form. nov. *inned*，该类型枝叶较密集，树冠较紧凑，开花量较大；一为叶片较大，先端圆钝，称为圆叶厚叶石斑木 *Raphiolepis umbellate* (Thunb.) Makino form. *rotundifolis* L. H. Lou form. nov. *inned*，该类型枝叶较扶疏，开花量较少而花较大。

(3)分布：产于浙江全省各岛屿和天台。生于海拔 80m 左右的山坡、路旁岩石上。日本也有。

(4)生态特性：厚叶石斑木生性强健，喜光，耐水湿，耐盐碱土，耐热，抗风，耐寒。山东青岛 20 世纪 30 年代从日本引入厚叶石斑木，当地冬季低温 -16℃，经过几十年驯化栽培，证明具有极强的抗寒性及适应性。

(5)繁殖：种子播种。12 月采收充分成熟果实(紫黑色)，置室内地上喷水、盖草，使果皮进一步腐熟变软，通过搓揉除去果皮，洗净，晾至种子(具内果皮的果实)表面无水，喷施 500 倍多菌灵或托布津预防霉变，加种子重量 10 倍的半湿沙层积贮藏，次春 2 月底至 3 月初播种。为节约种子和减少小苗早期移栽工作量，通常采用单子点播。种子出苗率可达 70% 以上。也可直接贮藏果实(方法同上)，连同果皮一起播种，不影响出苗率。扦插繁殖成活率低，通常不采用。

(6)栽培管理：厚叶石斑木幼苗须适当遮荫，通常在 50% 的遮荫网覆盖较合适，2年后在全光照下生长较快。小苗在1～2年内生长较慢，种植密度高，有利于提高空气湿度而使苗木生长健壮，第3年应通过移栽保持株行距60cm×60cm，并开始修剪，特别是剪除过高过长枝条，以形成球形树冠。第4年一般可出圃应用。如培育大规格苗木，第5年应再次移栽，保持株行距120cm×120cm。圃地土质以排水良好的砂质至黏质壤土为佳。病虫害不多，偶见红蜘蛛危害，或用敌百虫或敌敌畏杀灭。

(7)用途：厚叶石斑木经过修剪，树形似杜鹃，树冠伞形，能形成圆形紧密树冠。其花及果均能带来不同的美感。树性强健，耐性强，生长条件要求不高，宜在公园、绿地、高速公路、工厂、道路分隔带及海滨地区种植。

7.8　锦鸡儿 *Caragana sinica* (Buch.) Rehd.

(1)形态特征：也叫娘娘袜子，豆科锦鸡儿属落叶灌木，高1～2m。枝直伸或开展，小枝黄褐色或灰色，多少有棱，无毛。一回羽状复叶有小叶4枚，上面1对通常较大；叶轴长约2.5cm，先端硬化成针刺；托叶三角状披针形，先端硬化成针刺；小叶片革质或硬纸质，倒卵形、倒卵状楔形或长圆状倒卵形，长1～3.5cm，宽0.5～1.5cm，先端圆或微凹，通常具短尖头；托叶成针刺状。花两性，单生叶腋，长2.5～3cm；花梗长0.8～1.5cm，中部具关节，关节上有极细小苞片；花萼钟状，长约1cm，萼齿宽三角形，基部具浅囊状凸起；花冠黄色带红，凋谢时红褐色，长2～3cm，旗瓣狭倒卵形，基部带红色，翼瓣长圆形，先端圆钝，耳极短而圆，龙骨瓣紫色，先端钝；花药黄色；子房线形，无毛。荚果稍扁，长3～3.5cm，宽约0.5cm，无毛。花期4～5月，果期5～8月。

(2)类型：目前未见栽培类型。

(3)分布：自然分布于华中、华南、华北、西南地区。浙江产于全省各地海拔1000m以下的山坡、山谷、路旁灌丛中或栽培。

(4)生态特性：喜光，常生于山坡向阳处。根系发达，具根瘤，抗旱耐瘠，能在山石缝隙处生长，忌湿涝，萌芽力、萌蘖力均强，能自然播种繁殖。

(5)繁殖：用播种或分株繁殖。当荚果颜色发褐时，及时采收曝晒后收种，秋播或春播均可。翌年3月播种，播前种子宜先用30℃温水浸种2～3日后，待种子露芽时播下，出苗快而整齐。分株通常在早春萌芽前进行，在母株周围挖取带根的萌条栽在园地，但需注意不可过多损伤根皮，以利成活。也可盆栽。

(6)栽培管理：锦鸡儿适应性强，可粗放管理，因其喜光性较强，必须要全光照下种植，如光照不足则枝叶稀疏，生长不良，如光照少于全光照的30%则很快死亡。不耐水湿，需土壤排水良好。适当修剪，可形成良好的圆球形树冠。

(7)用途：锦鸡儿枝繁叶茂，花冠蝶形，黄色带红，展开时似金雀。在园林中可丛植于草地或配置于坡地、山石边，可供制作盆景或切花。因其较耐干旱，可考虑用于边坡和荒山绿化。

7.9 毛冬青 *Ilex pubescens* Hook. et Arn.

(1)形态特征：冬青科冬青属常绿灌木或小乔木，高3~4m。小枝灰褐色，有棱，密被粗毛。叶片纸质或膜质，卵形或椭圆形，长2~6.5cm，宽1~2.7cm，先端短渐尖或急尖，基部宽楔形或圆钝，边缘有稀疏的小尖齿或近全缘，中脉上面凹下，侧脉4~5对，两面有疏粗毛，沿脉密被短粗毛；叶柄长3~4mm，密被短毛。花序簇生叶腋；雄花序每枝有1花，稀3花，花4或5数，花梗长1~2mm，花萼直径2mm，裂片卵状三角形，被柔毛，花冠直径4~5mm，花瓣倒卵状长圆形，雄蕊比花冠短；雌花序每枝具1~3花，花6~8数，花萼直径2.5mm，裂片宽卵形，有硬毛，花瓣长椭圆形，长约2mm，子房卵形，无毛，柱头头状。果球形，直径3~4mm，熟时红色，宿存花柱明显；分核常6粒，少为5或7粒，椭圆形，背部有单沟，两侧面平滑，内果皮近木质。花期4~5月，果期7~8月。

(2)类型：根据花色不同可分为2个类型，其花色分别为紫色和黄白色。

(3)分布：除四川、湖北外，广泛分布于长江流域以南各地及台湾。浙江分布于浙西、浙东、浙南等地海拔180~500m的山坡灌丛中和荒山草丛中。

(4)生态特性：性喜光，也能耐半阴，对土壤适应性强，以在土层深厚、肥沃、排水良好的沙壤土生长为好。

(5)繁殖：种子繁殖。毛冬青种子有隔年发芽的特性，果实成熟时及时采收，贮藏半湿沙中到第3年春播种，贮藏期间要保持适当的水分，不能过干或过湿。播种前取出果实，破碎，用水浮选得到种子，在东北向的山谷地建立苗圃，整地，做畦，压平畦面，散播种子，覆草木灰1~2cm，浇透水，再盖湿草保湿。上方用50%遮阳网遮荫。3月初播种，约30天左右发芽。

(6)栽培管理：毛冬青自然生长常呈小乔木状，用于地被植物，应强剪主枝，促发分枝。不耐水湿，应做好开沟排水，并保证有充足光照，保证枝叶密集，结果量大。

(7)用途：毛冬青果多而红艳，挂果时间长达数月，冬季经霜后叶片也转红色，是优良的色块的绿篱树种。根和叶药用，可治冠心病和脉管炎。

7.10 尾叶冬青 *Ilex wilsonii* Loes.

(1)形态特征：冬青科冬青属常绿乔木，高达10m。小枝有棱，近无毛。叶片革质，卵形或椭圆形，长3～6.5cm，宽1.5～3cm，先端尾状渐尖，顶端钝，有骨质小尖，基部楔形或圆形，全缘，上面有光泽，两面无毛，中脉在上面扁平，下面稍凸起；叶柄长7～10mm。花序簇生叶腋；花4数；雄花序每枝为聚伞花序或伞形状，花梗长2.5～3mm，花萼直径1.5mm，萼片卵状三角形，花冠直径4～5mm，花瓣卵形，基部稍结合，雄蕊短于花冠；雌花序每枝含1花，花梗长4～7mm，花萼和花冠似雄花，子房卵形，柱头厚盘状。果球形，红色，干时紫褐色，平滑，直径4mm；分核4粒，椭圆形，背部具3条线纹和2条浅沟，内果皮革质。花期5～6月，果期6～10月。

(2)类型：未见形态中差异明显的类型。

(3)分布：分布于浙江、安徽、江西、福建、台湾、湖南、湖北、广西、四川、贵州、陕西。浙江产于全省各地，生于海拔700～1000m的山地、沟谷边杂木林中。

(4)生态特性：中性树种，适当侧方遮荫有利于生长。土壤深厚、肥沃、排水良好的沙壤土生长良好。

(5)繁殖：种子繁殖。可参考毛冬青。

(6)栽培管理：尾叶冬青生长较缓慢，须多次移栽方可应用。留圃一年移栽株行距30cm×30cm，种植2年后移栽株行距60cm×60cm，如要更大规格苗木，还要再次移栽，株行距120cm×120cm，可成冠幅100cm以上的大苗。

尾叶冬青自然状态下为常绿小乔木，作为地被植物应用应通过修剪，强剪主枝，促发分枝。本种在自然状态下未发现有威胁的病虫害，可考虑预防介壳虫危害。

(7)用途：尾叶冬青株形紧凑，叶虽小但量多，亮绿可爱，果实红艳，挂果时间3个月以上，作为地被植物应用具有很高的观赏价值。制作盆景亦有好的前景。

7.11 矮冬青 *Ilex lohfauensis* Merr.

(1)形态特征：又名罗浮冬青，冬青科冬青属常绿灌木或小乔木，高达5m，小枝密被柔毛。叶椭圆形或长圆形，稀菱形或倒心形，长1～3cm，宽0.5～

1.5cm，先端微凹，基部楔形，全缘，常被缘毛，两面沿脉被柔毛，上面脉稍隆起，叶柄长1~2mm，雄花1~3朵簇生，花梗长不及1mm，雌花2~3朵簇生，花梗长1mm，果球形，红色，径3mm，熟时红色，分核4，背景3线纹，侧面有一线纹，革质。花期6~7月，果期7~8月。

(2)类型：雌雄异株，雌株可观果，根据嫩叶颜色的差异划分为2个类型，即嫩叶为紫红色的类型和嫩叶为黄绿色或绿色类型。

(3)分布：分布于浙江、安徽、江西、福建、广东、广西。在浙江分布在浙西、浙东、浙南等地，生于海拔180~500m的山坡灌丛中和荒山草丛中。

(4)生态特性：适应性强，抗性好，性喜光、喜湿润、喜肥沃，也能耐阴、耐干旱、耐贫瘠、耐寒。

(5)繁殖：可用种子繁殖和扦插繁殖。种子催芽后采用撒播，播后覆上细土，覆土厚度1~1.5cm，并在床面上盖上稻草以保温。20~30天后发芽出土，根据天气情况逐步揭开稻草。当苗高3~5cm时，追施少量速效肥，同时做好松土、除草，加强水分管理，保持床面湿润。5月下旬可出苗移栽、定值。扦插以当年生半木质化或木质化枝条为插穗，以吲哚丁酸200~400 mg/L进行蘸根处理，可取得95%以上的扦插成活率。

(6)栽培管理：矮冬青生长缓慢，枝叶密集，冠形规整，适应性强，栽培管理较为简单，主要是适时修剪；对靠近硬化地种植的，在高温干旱季节需经常浇水，防止日灼。

(7)用途：枝叶繁茂，春夏抽梢新叶皆为淡红色，其果为红色，果多果大，挂果期长，是难得的观赏植物的树种之一。在城市园林绿化中可用作观赏灌木，栽植于草坪、林缘、道路分车带等作为色块。

7.12 钝齿冬青 *Ilex crenata* Thunb.

(1)形态特征：冬青科冬青属常绿灌木，高达2.5~10m，小枝灰褐色，有棱，密生短柔毛，叶片革质，倒卵形或椭圆形，稀卵形，长1~3.5cm，宽0.5~1.5cm，先端圆钝或锐尖，基部楔形或钝，边缘有钝齿或锯齿，下面有褐色腺点，中脉上面凹入或稍平坦，被柔毛，侧脉不明显，叶柄长2~3mm，有微柔毛。雄花序单生于鳞片腋内或当年生枝的叶腋，稀有假簇生于二年生枝上，花4数，花梗长2~3mm，花萼直径2.5~3mm，裂片宽三角形，无毛，花冠直径4~4.5mm，花瓣宽椭圆形，基部稍结合，雌花序含1花或稀含2~3花，单生叶腋，花梗长4~6mm，花萼直径6mm，花瓣卵形，基部稍结合，子房卵状圆锥形，柱头盘状。果球形，直径6~7mm，成熟时黑紫色，分核4粒，背部有稍下凹的线纹，但无沟，内果皮革质。花期5~6月。果熟期10月。

(2)类型：雌雄异株，雌株可观果，其他未见栽培类型报导。

(3)分布：自然分布于浙江、江西、福建、广东。浙江主要分布于普陀、天台、开化、庆元、龙泉、泰顺等地，生于海滨或高山草地或灌丛中。

(4)生态特性：在土壤瘠薄、受海雾海风影响大以及干旱等恶劣的环境条件下，其适应性和抗逆性极强，适生应用范围广，但抗高温性能不强。

(5)繁殖：可用种子繁殖和扦插繁殖。钝齿冬青休眠期短，用湿沙贮藏过冬后在早春就可以播种，播种以撒播为好，播种后均匀覆盖过筛的焦泥灰，覆土厚度为1~2 cm，并适当加以镇压，之后浇水保湿，然后覆盖稻草。待幼苗长至3~5 cm时进行移植。

扦插繁殖的插穗选用一年生的木质化枝条或半木质化的当年生枝条，插穗长4~5 cm，上部留叶2~3片，生根激素以50~100 mg/L ABT1号生根粉为好，扦插成活率可达85%以上，一般扦插20天后开始通过皮部生根，至40天后基本生根齐全。未经激素处理生根率较低，且生根慢。无论采用哪种繁殖方式，夏季均必须予以遮荫，防止小苗日灼。

(6)栽培管理：钝齿冬青自然分布于高海拔或海滨等夏季凉爽地区，对低海拔地区夏季高温忍受能力不足，在低海拔苗圃中苗木会出现面层叶片日灼，在高温地区的城市绿化，若无上层植物覆盖，会出现中度至重度日灼，甚至会成片死亡。因此，在生产和园林应用中，主要注意夏季防日灼。生产中，可选择海拔较高或靠近水体边的田地作为圃地，也可选择交通方便的山垄田为圃地，在平原的圃地种植，可适当配植一些落叶小乔木。城市绿地中钝齿冬青的管理最主要是选择适合其生长的应用环境种植，管理重点是注意夏季高温时段植物的生长状况，及时浇水保湿降温。

(7)用途：钝齿冬青生长慢，枝叶密集，自然冠形规则，观赏性好，适合在上层植物较多、夏季高温干旱程度较轻的环境中作地被植物或球类植物使用，不适合在道路隔离带中应用。

7.13 胶州卫矛 *Euonymus kiautschovicus* Loes.

(1)形态特征：卫矛科卫矛属半常绿灌木，蔓生或半直立，高3~8m。小枝圆柱形，伸展，下部匍匐；冬芽卵形，长5~7mm。叶片薄革质，通常椭圆形、长圆状卵形或倒卵形，长5~8cm，宽2~4cm，先端尖或钝圆，基部楔形，边缘具细锯齿，侧脉5～6对；叶柄长0.6～1cm。聚伞花序，具多数花，排列疏散；总花梗长1.5～6cm，第2回分枝长0.6～1cm，花梗长2～5mm；花黄绿色，直径6～8mm，4基数；萼片半圆形；花瓣近圆形，直径2～3mm，花盘方形，雄蕊花丝长2～3mm，着生于花盘四角边缘；子房球形；花柱柱状，长约2mm。蒴果近球形，淡红色，直径约1cm。种子椭圆形，淡红褐色，长约7mm，有橙红色假种皮。花期8～9月，果期11～12月。

(2)类型：未见栽培类型报导。

(3)分布：自然分布于浙江、江苏、安徽、江西、湖北、山东。浙江产于德清、杭州、临安、淳安、建德、桐庐、宁波、普陀、开化、兰溪、金华、浦江、义乌、东阳、武义、永康、天台、遂昌、松阳、龙泉、温州、泰顺等地，生于海拔20～1500m山谷涧或山坡地林中的树上或岩石上。

(4)生态特性：对土壤要求不严，适应性强，耐寒、抗旱，极耐修剪。胶州卫矛对寒冷适应能力强，模式标本产地山东胶州最低温度可达－20℃，北可至河北、北京。宁夏等地已引种成功。对光的适应幅度比较大，既可长在裸露的岩石上，也可分布在林下，并和翠云草、石蒜等耐阴性较好的植物伴生。胶州卫矛对空气湿度要求较高，适生于山区天然植被良好的林中或林缘。

(5)繁殖：种子繁殖或扦插繁殖。由于胶州卫矛种子结实量少，采收难度较大，一般采用扦插繁殖，可在春、秋两季扦插。插穗最好是用当年生半熟枝，用1000倍生根粉处理2小时，成活率可达90%以上。

(6)栽培管理：胶州卫矛生态适应能力强，栽培管理比较简单，主要做好鳞翅目幼虫的防治。

(7)用途：园林中多用为绿篱和垂直绿化，不仅适用于庭院、通道、建筑物周围，而且也用于主干道绿带和岩石园。因能吸收多种有毒气体，抗性很强，从而净化空气，抗烟吸尘，又是污染区理想的绿化树种。它也是绿篱、绿球、绿床、绿色模块、模纹造型等平面绿化的首选常绿树种，也是代替草坪的常绿地被植物，以及大型广场、绿地、公路护坡、铁路护坡、高架桥护坡的理想地被植物。

7.14 毛枝连蕊茶 *Camellia trichoclada* (Rehd.) Chien

(1)形态特征：山茶科山茶属常绿小灌木，多分枝，高约1m。小枝纤细，黄褐色，密被能宿存三年伸展长柔毛，毛长远超过当年生小枝之直径。叶片小，薄革质，两列状排列，卵形至椭圆状卵形，长1.2～2.5cm，宽0.6～1.3cm，先端钝尖而微凹，基部圆形或微心形，边缘具细钝锯齿，上面除中脉外无毛，下面无毛或初时沿中脉有长柔毛；叶柄长1～1.5mm，具毛。花通常1或2朵着生于小枝顶，有时兼可腋生，粉红色，直径约2～2.5cm；具长1～3mm的花梗；苞片4～5；萼片5，卵形、宽卵形至圆形，长1～3mm，与苞片均无毛或边缘有微小睫毛；花瓣5～6，长椭圆状倒卵形至近圆形，长0.8～1.5cm，基部连生；雄蕊约20～30，花丝无毛，外轮花丝除与花冠基部合生部分外下半部连生成短筒；子房无毛，花柱长8～11mm，无毛，顶端3裂。蒴果近球形，直径9～10mm，基部具宿存的苞片及萼片，淡褐色或绿褐色，熟时3裂，内含1粒直径7～8mm的棕褐色球形种子，果瓣薄革质。花期11～12月，果期翌年10月。

(2)类型：目前根据花色的差异划分为2个类型，其花色分别为白色和粉红色。

(3)分布：自然分布于浙江青田、泰顺一带，生于山坡林下或灌木丛中。模式标本采自泰顺。

(4)生态特性：中性树种，要求疏松、排水良好的土壤和空气湿度大，在疏林下生长最好。

(5)繁殖：可用种子繁殖或扦插繁殖。种子繁殖：果熟时及时采收，置通风处等蒴果晾干（切忌在太阳下曝晒），待蒴果出现裂缝，掰开蒴果取种，直播或半湿沙层积贮藏翌春播种。种子发芽率可达90%以上。一年生苗高仅15～20cm，需留圃一年后移栽或上容器栽培。扦插繁殖：6～7月，取当年生半熟枝(注意侧芽已成正常大小)，每2节为一插穗，用1000倍生根粉处理2小时，在沙壤质圃地扦插，用70%遮阳网加竹弓棚遮荫，每天早晚2次喷水保证土壤和空气湿度，约15天开始生根发芽。

(6)栽培管理：毛枝连蕊茶种植比较容易，土壤以中性或偏酸性，排水良好为宜，种植地上方有稀疏的落叶阔叶树遮荫，或西侧有侧方遮荫为好。该种叶色较淡，适当增施氮肥可使叶色加绿。小苗时主枝强可使小枝更稠密。绿地种植叶片可能发生煤污病，应注意防治。

(7)用途：本种叶片特小而浓密，两列状排列，花小而粉红色，春季新叶红色，是理想的色块和绿篱树种，也可供盆栽观赏。

7.15 金丝梅 *Hypericum patulum* Thunb. ex Murray

(1)形态特征：也叫金香、水石油、端午花，藤黄科金丝桃属灌木，高0.5～1m，光滑无毛。小枝具2纵线棱，红褐色或暗褐色。叶片卵圆形或卵状长圆形，长2.5～5cm，宽1～2.5cm，先端钝圆或急尖，基部近圆形或渐窄，上面绿色，下血粉绿色，全面散布透明腺点及短腺条；叶柄极短。花单生或数朵组成顶生聚伞花序；花大，金黄色，直径2.5～4cm；萼片宽卵圆形，长5～8mm；花瓣宽倒卵形至长圆状倒卵形，长1～1.5cm，凋落；雄蕊极多数，基部合生为5束，长约为花瓣的一半；子房5室，花柱5，分离，长约5mm。蒴果卵形，下具宿存萼片。种子圆柱形，黑褐色，表面有不明显的细蜂窝纹。花期5～7月，果期8～10月。

(2)类型：未见形态上差异明显的类型。

(3)分布：自然分布于浙江、安徽、江西、福建、台湾、湖北、湖南、广西北部、四川、贵州及陕西。越南北部也有，日本有引种。浙江产于临安、建德、萧山、临海、遂昌、龙泉、庆元、云和、景宁、缙云、丽水、瑞安、泰顺、平阳、苍南等地，生长于海拔200～1000m的山坡、路边灌草丛及水沟边。

(4)生态特性：为温带、亚热带树种，稍耐寒。生长适应性强，中等喜光，有一定耐寒能力，耐水湿。喜湿润肥沃的砂质壤土。根系发达，萌芽力强，耐修剪。

(5)繁殖：多用分株法繁殖。一般在春季或秋季栽培时进行，分株一定要带土球，这样有利成活。采挖分株苗木可用尼龙袋包裹根系或直接栽于花盆内，尽量不要破坏根系，一边采挖，一边包装，采挖包装完后及时运输，经常浇水，这样有利于成活。如用种子繁殖，应注意及时采收种子，种子低温贮藏，翌年3月中旬播种，播种前用温水浸种1～2小时可明显提高发芽率，覆土在1cm左右，并遮荫。扦插繁殖春、夏、秋三季均可，以5～6月最适。选择生长健壮的1年生枝条，剪成10～15 cm长的插穗，剪口上平下斜，并用生长素或生根粉浸泡处理，苗床应浇透水待水落后即可扦插，株行距10cm×10cm，插深为插穗长的2/3。

(6)栽培管理：可丛植或群植于草坪、树坛的边缘和墙角、路旁等处。金丝梅病虫害少，主要是蚜虫类，防治方法有：冬剪和夏剪时剪除被害枝梢或干卷叶片，消灭部分越冬卵和虫源；在冬季或早春萌芽前，喷5%机油乳剂或5%柴油乳剂杀越冬卵；在4～5月发生初期，喷40%氧化乐果乳油1000～1500倍液，20%速灭丁乳油2000倍液，50%甲胺磷乳油1500倍液或2.5%敌杀死乳油3000倍液，2～3次即可控制；于5～6月为害盛期，以40%氧化乐果、久效磷等吸湿性杀虫剂油10～20倍液在树干涂环或浸根防治，效果良好。

(7)用途：金丝梅枝叶丰满，开花色彩鲜艳，绚丽可爱，与金丝桃相似，虽然花量不及它多，但其耐水湿能力，是金丝桃无法比拟的。可用于河道、水体边林下种植。也可配置专类园和花径，还可盆栽观赏，亦能作切花。根及全草入药，有舒筋活血、催乳、利尿功效。

7.16 芫花 *Daphne genkwa* Sieb. et Zucc.

(1)形态特征：瑞香科瑞香属落叶灌木，高30～100cm，枝略带紫褐色，幼枝密被淡黄色绢状毛，老枝无毛。叶对生，偶互生；叶片纸质，椭圆形、椭圆状长圆形至卵状披针形，长3～5.5cm，宽1～2cm，先端急尖，基部楔形，全缘，初时下面密被淡黄色绢状毛，以后除下面中脉微被绢状毛外，其余部分无毛；叶柄密被短柔毛。花先于叶开放，3～7朵成簇，数簇侧生于去年生枝无叶的叶腋；花序的总花梗短，具早落性苞片；萼筒淡紫色或淡紫红色，长约1cm，外被绢毛，裂片4，卵形，长约5mm，先端圆形；雄蕊8，2轮，分别着生于花萼筒中部及上部；花盘环状；子房瓶状，密被淡黄色柔毛；花柱极短或无，柱头头状。果白色，内含种子1颗。花期3～4月，果期6～7月。

(2)类型：目前未见形态差异明显的类型。

(3)分布：自然分布于浙江、江苏、安徽、江西、台湾、湖北、湖南、四川、山东、河南、陕西，朝鲜也有分布，日本有栽培。浙江产于杭州、临安、淳安、建德、桐庐、富阳、绍兴、嵊县、舟山、岱山、普陀、开化、衢县、兰溪、金华、武义、天台、温岭、玉环等地。生于向阳山坡、灌丛、路旁或疏林下。

(4)生态特性：喜光，耐干旱瘠薄，喜石灰性土壤。根系发达，不耐水湿，分枝较强。

(5)繁殖：种子繁殖或分株繁殖。种子繁殖：果实接近成熟(核由绿色转为白色)采收果实，直接播种。圃地应选择在排水良好高坡地，播前应除净杂草及杂草种子，最好是用没有杂草种子的生土覆盖种植地。因播种季节正值盛夏，要覆草，喷水，并用荫棚遮荫。分株在立春前后进行。

(6)栽培管理：芫花生态适应能力较强，栽培管理比较简单。主要是圃地不要积水，阳光比较充足就能良好生长。适当施用磷钾肥可增加开花数量，适当修剪，可提高整齐度。

(7)用途：芫花为早春花灌木，先花后叶，花量大，花色艳丽，株形整齐，花后的枝叶和果实亦具较高观赏价值，种植容易，病虫害少，是优良的地被植物。茎皮纤维为优质纸和人造棉的原料；干燥花蕾为芫花，能泻下逐饮、祛痰、解毒；根皮有活血止痛、消肿解毒的功效；根有驱蛔虫的作用。全株有毒，需慎用。

7.17 赤楠 *Syzygium buxifolium* Hook. et Arn.

(1)形态特征：桃金娘科蒲桃属常绿灌木或小乔木，高达5m。嫩枝有棱角。叶对生，叶片革质，椭圆形或倒卵形，长1~3cm，宽1~2cm，先端圆钝，有时有钝尖头，基部宽楔形，侧脉不明显，在近叶缘处汇合成一边脉；叶柄长2~3mm。聚伞花序顶生，长约1cm；花梗长1~2.5mm；花蕾长3mm；萼齿浅波状；花瓣4，分离，长2mm；雄蕊长2.5mm；花柱与雄蕊等长。果实球形，直径5~7mm，成熟时紫黑色。花期6~8月，果期10~11月。

(2)类型：目前还没有园艺栽培品种，但根据野生资源的叶片颜色、节间长短的差异，可划分为3个类型。分别为金叶密集型、橙叶密集型和金叶疏散型。金叶密集型：嫩芽红色，嫩叶、近成熟叶黄色或黄绿色，新枝长2~5cm，节间1~1.5cm，枝直立，叶片浓密，树冠紧凑，观赏性好。橙叶密集型：嫩芽红色，嫩叶、近成熟叶橙色、橙红色或橙黄色，新枝长2~5cm，节间1~1.5cm，叶片浓密，树冠紧凑，观赏性好。金叶疏散型：嫩叶、近成熟叶黄色或黄绿色，新枝长5~15cm，节间2~4cm，部分枝条横生或斜生，叶片较稀疏，树冠松散，观赏较差。

(3)分布：自然分布于浙江、安徽、江西、福建、台湾、湖南、广东、广西、贵州。日本及越南也有。浙江全省各地有分布，生长于海拔50~1200m的山脊、山坡、山沟灌草丛林下。

(4)生态特性：赤楠喜光稍耐阴；野生植株耐寒性强，但圃地苗耐寒性欠佳；喜酸性和微酸性土壤，也有较强的耐盐碱能力；耐干旱瘠薄，能在石砾多土层薄的条件生长，是贫瘠山地常见的树种之一 。

(5)繁殖：可用种子繁殖和扦插繁殖。赤楠结果多，采种容易，种子出苗率高，种子繁殖是主要的繁殖方式。11月果皮变为黑色后，即可采种，种子采用湿沙贮藏至第2年春播种，赤楠种子春季萌芽早，因此播种时间宜早，一般2月上旬至2月下旬均可，播种太迟常造成种芽太长太老，影响出苗率和苗木质量。播种方式一般选择撒播，播种量每亩70~100kg，撒种后上面覆1cm左右细土，再在土上盖一层杂草等覆盖物。播种后约30~35天左右苗木出土，到有较多苗木出土后小心去除上面覆盖物，并在此后阶段及时防除杂草，约经30~45天，到5月上旬左右，待幼苗高4~5cm，有真叶4~5片时，即可进行幼苗移植。

赤楠枝条细短，生长缓慢，生根率较低，除品种或类型育苗需要外，一般使用很少。插穗可采用1年生的成熟枝条或当年生的半木质化枝条，用吲哚丁酸

400mg/L 处理，扦插时间 3～6 月或 9～10 月，苗木扦插后要采取遮荫保湿措施。

(6)栽培管理：由于赤楠苗木细根较少，地栽工程苗带土困难，影响种植成活率，因此一般以用生产容器苗为好。移植时以 2～3 株合栽一丛，以加快工程苗成型，缩短育苗时间。地栽苗移植后当年或第 2 年春天冠幅可达 15～20cm，高度 20～25cm，达到一般木本地被苗木的规格标准，容器苗一年生苗冠幅 10～15cm，高 15～20cm。

冬季防冻是赤楠育苗的重要环节。由于赤楠野生植株很少受冻，因此常使育苗者忽略了苗木的防冻工作。生产中我们发现苗圃中的赤楠苗木很容易受冻，需搭建遮荫大棚进行防冻，在城市园林绿地中应用则冻害程度较轻，若选择有上层植物遮盖或周围有建筑物的环境种植，则基本可避免冻害发生。

(7)用途：适合作为温暖地区园林绿地的地被植物或中层植物使用。在浙江大部分城市应用时，宜配置为上层有适量常绿植物部位的地被植物。

7.18　轮叶蒲桃 *Syzygium grijsii* (Hance) Merr. et Perry

(1)形态特征：桃金娘科蒲桃属常绿小灌木，高达 1.5m。嫩枝纤细，有 4 棱。叶对生或常 3 叶轮生，叶片革质，狭倒披针形，长 1.5～2.4cm，宽 5～7mm，先端钝或略尖，基部楔形；叶柄长 1～2mm。聚伞花序顶生或腋生，长1～2cm；花梗长 2～3mm；萼齿极短，钝头；花瓣4，分离，近圆形，长约2mm；雄蕊长约 5mm；花柱略长于雄蕊。果实球形，直径 4～5mm，成熟时紫黑色。花期 5～6 月，果期 10 月。

(2)类型：目前还没有园艺栽培品种，但根据野生资源的叶片颜色、节间长短的差异，可划分为红米叶蒲桃、米叶蒲桃、红细叶蒲桃、细叶蒲桃、红小叶蒲桃、小叶蒲桃等 6 个类型。轮叶蒲桃不同类型主要性状为：红米叶蒲桃：嫩叶红色、紫红或橙红色，叶片细小如米状，叶片宽度在 4mm 以下，对生近对生或轮生，叶形为长椭圆形、椭圆形或卵状椭圆形，枝叶浓密。米叶蒲桃：嫩叶黄绿色或近绿色，叶片细小如米状，叶片宽度在 4mm 以下，对生近对生或轮生，叶形为长椭圆形、椭圆形或卵状椭圆形，枝叶浓密。红细叶蒲桃：嫩叶红色、紫红或橙红色，叶片细小，叶片宽度 4～7mm，对生近对生或轮生，叶形为椭圆形或卵状椭圆形，枝条向上，枝叶浓密。细叶蒲桃：嫩叶黄绿色或近绿色，叶片细小，叶片宽度 4～7mm，对生近对生或轮生，叶形为椭圆形或卵状椭圆形，枝条向上，枝叶浓密。红小叶蒲桃：嫩叶红色、紫红或橙红色，叶片小，叶片宽度在 7mm 以上，对生近对生或轮生，叶片卵形、椭圆形或，枝叶浓密。小叶蒲桃：嫩叶黄绿色或近绿色，叶片小，叶片宽度在7mm以上，对生近对生或轮生，叶片卵形、椭圆形或，枝叶浓密。

(3)分布：分布于浙江、江西、福建、广东、广西。浙江产于开化、遂昌、龙泉、云和、景宁、丽水等地，生于海拔400m以下山麓沟谷、果园边坡、溪滩边，常成丛。

(4)生态特性：与赤楠相近，抗寒性比赤楠略差。

(5)繁殖：与赤楠同。

(6)栽培管理：与赤楠同。

(7)用途：与赤楠同。

7.19 短尾越橘 *Vaccinium carlesii* Dunn

(1)形态特征：又名小叶乌饭树，杜鹃花科乌饭属常绿灌木，高1~4m。小枝纤细，被向上弯曲的短柔毛，老枝无毛。叶片革质，卵形，卵状长圆形或卵状披针形，长3~5cm，稀达6cm，宽1~2cm，先端尾尖，少渐尖，基部圆形或宽楔形，边缘有疏细齿，中脉上面隆起，被短柔毛，余无毛，侧脉不明显；叶柄长1~3mm，被毛与小枝同。总状花序生上年枝叶腋，长3~6cm；花序轴疏生短柔毛，或近无毛；苞片披针形，早落；花具短梗；花萼长约2mm，5裂，裂片三角形；花冠白色，钟形，长3.5mm，5裂几达中部，与花梗、花萼几无毛；雄蕊10，内藏，花药顶端延伸成管状，背面有短芒，花丝短，有毛。浆果球形，直径5mm，熟时紫红色，被白粉，无毛。花期6月，果期9~10月。

(2)类型：未见有栽培类型报道。

(3)分布：自然分布浙江、江西、福建、湖南、广东、广西、贵州等省、区。浙江产于临安昌化、淳安、建德、奉化和金华、台州、丽水、温州等地区，生于海拔200~1500m的偏酸性土壤的沟谷、山坡林下或灌丛中。

(4)生态特性：喜温凉湿润气候，中等喜光，多见于排水良好的酸性或微酸性土壤，对肥力要求不高。

(5)繁殖：种子繁殖。果熟后及时采收，堆放5 ~7天，如气候干燥，可适当喷水，使果实充分腐熟，捣碎，水洗，除净果肉和果皮，取出种子后尽快用于播种，否则容易失去发芽力，播种方法可以条播或撒播。因种子细小，圃地应尽可能做得精细平坦，并用宽10cm的木条压实。为播种均匀，可将种子掺和10倍的过筛焦泥灰，充分拌和后在木条压实的条沟上撒种，覆盖过筛焦泥灰，厚0.5cm左右，盖稻草，并喷水。约20天开始出苗，掀去稻草，每天早晚2次喷水保证土壤湿度。出苗率可达80%。幼苗不耐阳光直晒，应架荫棚，用70%遮阳网遮荫。1年生苗高15～20cm。

(6)栽培管理：实生苗须根不发达。为了提高苗木生长速度和移栽成活率，可通过早期移栽促发新根。当苗木产生4～5枚真叶时进行移栽，时间大约在梅雨季节，移栽时剪去主根大部，移栽地施足基肥，种植密度控制在20cm×20cm。并需继续遮荫，此时宜用50%遮阳网。第三年即可在园林应用。

(7)用途：本种树冠紧凑，叶小浓密，新叶红色，花多而洁白，为优良木本地被植物。果实形大，可生食，也可入药。

据记载浙江还有与本种近似的长尾越橘 *V. longicaudatum* Chun 分布，但两者区别不大，仅后者枝条无毛。叶片较大，长达7cm，先端长尾状渐尖。但这些性状在短尾越橘都有出现，两者是否同属一种有待进一步研究。

7.20 朱砂根 *Ardisia crenata* Sims

(1)形态特征：也叫珍珠伞、红铜盘，紫金牛科紫金牛属常绿小灌木或灌木，高0.4～1.5m，全体无毛。根肥壮，肉质，外皮微红色。叶互生，常聚集枝顶；叶片椭圆形、椭圆状披针形至倒披针形，长6～14cm，宽1.8～4cm，先端渐尖或急尖，基部楔形，边缘皱波状，具圆齿，齿缝间有黑色腺点，两面具点状凸起的腺体，侧脉12～18对，连成不规则的边脉；叶柄长约1cm。伞形花序或聚伞花序，生于侧枝顶端和叶腋；花枝长4～10cm，近顶端常具2～3片叶，稀无叶，每花序有花5～10朵；花梗长7～15mm；花萼仅基部连合，萼裂片卵状椭圆形，长约1.5mm，具腺点；花冠裂片5，卵形，基部连合，淡红色，盛开时常反卷，具腺点；雄蕊较花冠略短，花药箭状卵形，背而具脉点；雌蕊与花冠近等长，子房具腺点。果球形，直径5～6(7)mm，鲜红色。花柱与花萼宿存，经久不凋。花期6～7月，果期10～11月。

(2)类型：目前未见形态差异明显的类型。

(3)分布：自然分布于我国长江流域以南及西藏东南部。印度、缅甸、马来西亚、印度尼西亚与朝鲜、日本也有。浙江产于全省山区、半山区各地。生于海拔60～880m的常绿阔叶林、竹林或混交林下，多在阴湿的灌丛中，土壤属酸性红黄壤。

(4)生态特性：喜温暖、湿润、荫蔽或半荫环境，在庇荫不足的环境生长不良甚至死亡。喜排水良好、肥沃土壤，也能耐阶段性积水。不耐寒，寒冷地区温室内或林下越冬。

(5)繁殖：种子繁殖和扦插繁殖。种子繁殖：在12月果实转色充分后采收，除去果皮，洗净晾干后即播，或经低温层积沙藏后于翌春播种。扦插繁殖：剪取半木质化嫩枝作插穗，插于沙床，保持湿润和温暖，置半荫通风处，约月余可发根，新叶长出后移植。

(6)栽培管理：长江流域可在林下或荫棚下栽培，北方盆栽室内越冬。盆栽夏、秋季要充分浇水，放置半荫、通风良好的场所，冬季减少水量，保持稍湿润，室内越冬。朱砂根侧枝2~3年后会从基部脱落，造成植株下部光秃。因此，每隔1~2年在春季3月从植株基部留桩高8~10cm重剪，使植株重新萌芽成形，可达到良好的观赏效果。

(7)用途：朱砂根株形优美，四季翠绿，秋、冬季红果成串，经久不落，鲜艳夺目，十分雅致，为优良的观叶、观果植物。适于盆栽或林下、岩石园配置栽培，也可盆栽供室内装饰植物布置，特别适合在上层植物已成型的绿地改造时作为地被植物使用，而在新建绿地中应用则要注意避免遮荫不足造成的生长不良或死亡。

7.21 紫金牛 *Ardisia japonica*(Thumb.)Bl.

(1)形态特征：也叫矮地茶、不出林、平地木、野枇杷叶，系紫金牛科紫金牛属常绿小灌木，高10~30cm。地下茎作匍匐状，具有纤细的不定根。茎单一，圆柱形，径约2mm，表面紫褐色，有细条纹，具有短腺毛。叶互生，通常3~4叶集生于茎梢，呈轮生状；叶柄长5~10mm，密被短腺毛；无托叶；叶片椭圆形，长3.5~7cm，宽1.5~3cm，先端短尖，边缘具细锯齿，基部楔形，上面绿色，有光泽，下面淡紫色，老时带革质，除叶的中肋疏生细柔毛外，全体光滑。花着生于茎梢或顶端叶腋，2~6朵集成伞形；花两性；花萼5裂，裂片三角形；花冠白色或淡红色，5深裂，裂片卵形而先端锐尖，两面无毛，具有赤色斑点；雄蕊5；雌蕊1，子房球形，花柱细，顶端尖而弯曲。核果，球形，径5~10mm，熟时红色，经久不落。花期7~8月。

(2)类型：目前未见形态差异明显的类型。

(3)分布：自然分布于福建、江西、湖南、四川、江苏、浙江、贵州、广西、云南等地。

(4)生态特性：喜温暖、湿润环境，喜荫蔽，忌阳光直射。适宜生长于富含腐殖质、排水良好的土壤。

(5)繁殖：同朱砂根。

(6)栽培管理：苗木培育需遮荫，园林应用须根据其生态特性配置在上层植物量较多的地方。由于植株低矮，可不需修剪。

(7)用途：同朱砂根。

7.22　杜茎山 *Maesa japonica*(Thumb.) Moritzi ex Zoll.

(1)形态特征：紫金牛科杜茎山属灌木，高达5m，小枝无毛，髓心中空。叶椭圆形、披针状椭圆形、倒卵形或披针形，长约10cm，宽约3cm，先端渐尖、尖或钝，有时尾尖，基部楔形或圆、近全缘或基部、中部以上具锯齿，无毛，上面中、侧脉微隆起，侧脉5~8对，叶柄长0.5~1.3cm，无毛。总状或圆锥形花序，长1~3cm，无毛。花梗长2~3mm，花萼长约2mm，萼片具腺纹及缘毛，花冠白色，长钟形，筒长4~4.5mm，具腺纹。果球形，茎4~6mm，肉质，具腺纹，宿萼全包果，花期1~3月，果期5~10月。

(2)类型：目前未见形态差异明显的类型

(3)分布：自然分布于长江流域以南各省区和台湾，越南、日本也有分布。浙江为海拔200~2000m山坡或石灰岩山区林下阳处，林缘、沟谷旁或灌丛中常见灌木，有成片分布。

(4)生态特性：喜阴湿，忌强光，耐干旱，耐瘠薄，耐寒性略差。

(5)繁殖：播种繁殖与扦插繁殖。杜茎山枝条长，采穗容易，扦插成活率高，扦插苗生长快，扦插是主要的繁殖方式。以1年生枝条或当年生半木质化枝条为插条，剪成8~12cm长的插穗，直接插入搭有荫棚的插床中，入土深度5~8cm，扦插密度5×10cm或15×20cm，防止插床过干过湿，成活率可达85%以上。

(6)栽培管理：杜茎山适应性强，生长快，病害少，在适生的庇荫环境管理简便。因为杜茎山分枝少，枝条纤小细长，极易匍匐使树冠混乱，管理过程中可不施或少施肥，防除杂草也可适当粗放，管理主要任务是适时修剪和防除食叶害虫。

(7)用途：适宜作为粗放型管理、乔木层丰富的林下地被植物使用，并可收到自然野趣的绿化效果，也可作为室内观叶植物使用。

7.23　白棠子树 *Callicarpa dichtoma* (Lour.) K. Koch

(1)形态特征：马鞭草科紫珠属落叶灌木，高1~2.5m。小枝细长，略呈四棱形，淡紫红色，嫩梢略有星状毛。叶片纸质，倒卵形，长 3 ~ 6cm，宽 1 ~ 2.5cm，先端急尖至渐尖，基部楔形，边缘上半部疏生锯齿，两面近无毛，下面密生下凹的黄色腺点；叶柄长 2 ~ 5mm。聚伞花序着生于叶腋上方，2 ~ 3 次分歧；总花梗纤细，长 1 ~ 1.5cm，略有星状毛；花萼无毛而有腺点，顶端有不明显的裂齿；花冠淡紫红色，长约 2mm，无毛；花丝长约为花冠的 2 倍，花药卵形，长约 1.1mm，药室纵裂；子房无毛而有腺点。果实球形，紫色，径约 2mm。花期 6 ~ 7 月，果期 9 ~ 11 月。

(2)类型：目前尚未发现明显不同的类型。

(3)分布：自然分布在浙江、江苏、安徽、江西、福建、台湾、湖北、湖南、广东、广西、贵州、山东、河南及河北，日本和越南也有分布。浙江产于杭州、临安、浮安、建德、余姚、开化、金华、东阳、武义、天台、临海、遂昌、龙泉、庆元、景宁等地，生于海拔 700m 以下的低山丘陵、溪沟边或山坡灌丛中。

(4)生态特性：亚热带树种，适应性强，常见于山野溪沟边。喜温暖湿润气候，对土壤要求不甚严格，但喜肥沃湿润的土壤，在溪沟边卵石滩上也能生长良好。较耐寒，喜光，也能耐阴。根系发达，萌蘖性强。

(5)繁殖：常用种子、扦插或分株法繁殖。播种可于 11 月随采随播，也可采种阴干后袋装藏阴凉处于翌春 3 月底播种，1 个月可发芽出苗。分株可于早春芽萌动前，整株挖起，分株带根分栽。扦插可在 6 月中旬进行，选取健壮枝条，剪成 5 ~ 6cm 长度，插入素沙中，易成活。

(6)栽培管理：宜在水体边种植，在沙质或石砾土壤中生长较好，土壤黏重，通气不良，生长则受影响。萌芽力强，修剪可使树冠紧凑，枝叶和花果密集。多施磷、钾肥可促进花繁果密，色彩鲜艳。

(7)用途：植株低矮，枝繁叶茂，夏季繁花簇簇，色彩柔和，美艳悦目，入秋紫果累累，莹润如珠，玲珑剔透，为花果兼美的观赏树种。果期较长。适植于草坪边缘、假山旁、阶前、墙角、路边，如栽于常绿树丛前效果更佳，用于基础栽植也极适宜。还可以盆栽供阳台、室内点缀观赏。果经久不落，果枝可作切花使用。

7.24 兰香草 *Caryopteris incana* (Thunb.) Miq.

(1)形态特征：马鞭草科莸属直立半灌木，高 20 ~ 80cm。枝圆柱形，略带紫色，被向上弯曲的灰白色短柔毛。叶片厚纸质，卵状披针形或长圆形，长 1.5 ~ 6cm，宽 0.8 ~ 3cm，先端钝圆或急尖，基部宽楔形或近圆形至截形，边缘有粗齿，两面密被稍弯曲的短柔毛，下面中脉稍隆起；叶柄长0.5~1.7cm，被毛与枝同。聚伞花序紧密，腋生和顶生，无苞片和小苞片；花萼杯状，长约2mm，果时增大，宿存，长达5mm，外面密被短柔毛；花冠淡紫色或紫蓝色，二唇形，外而具短柔毛，花冠筒长约3.5mm，喉部有毛环，裂片长约1.5mm，下唇中裂片较大，边缘流苏状；雄蕊与花柱均伸出花冠筒外；于房顶端被短毛，柱头2裂。果实倒卵状球形，上半部被粗毛，直径约2.5mm。花果期8~11月。

(2)类型：浙江有狭叶型狭叶兰香草，与原种的主要区别在于叶片狭披针形，长3~3.5cm，宽0.4~0.8cm，先端锐尖，两面疏被短柔毛，叶柄较短，长3~7mm。

(3)分布：分布浙江、江苏、安徽、江西、福建、湖北、湖南、广东及广西，日本、朝鲜也有。浙江产于全省各地，生长于海拔1600m以下较干燥的山坡、草坡、林缘及路旁，多见于略有薄土的石坡石缝。

(4)生态特性：性喜光，耐半荫，较耐寒，适应性强，在排水良好的土壤上生长尤佳。江浙地区多作一年生栽培，华北可露地越冬。

(5)繁殖：种子繁殖，果熟时及时采收，日晒待蒴果开裂取种，装布袋挂通风处干藏。翌春3月初播种，宜用条播，覆盖过筛焦泥灰，厚1~1.5cm，盖稻草。并喷水。约20天开始出苗，掀去稻草，每天早晚2次喷水保证土壤湿度。待苗出现2~3对真叶即可上容器培育，当年就能开花结果。分株繁殖，可在生长季节中任何时间进行，但以梅雨季节较合适。

(6)栽培管理：兰香草喜光，耐干旱，种植地应选择向南地块，排水良好。具有较强的萌芽能力，适当修剪，可使枝叶密集，花量增加。

(7)用途：兰香草花色艳丽，清香浓郁，宜在岩石园、屋顶花园、花境使用，也适作鲜切花。根用全草均可入药，治感冒、肝炎、胃病、风湿痹痛、外伤出血等。

7.25　水团花 *Adina pilulifera* (Lam.) Franch. ex Drake

(1)形态特征：茜草科水团花属常绿灌木至小乔木，高达5m。小枝褐色，具皮孔，无毛或仅幼枝被粉尘状微毛。叶片纸质或坚纸质，倒卵状长椭圆形、倒卵状披针形或长椭圆形，长4~10cm，宽1~3cm，先端渐尖至长渐尖而略钝，基部楔形，全缘，两面无毛，有时下面脉腋内有束毛，侧脉8~10对，连同中脉在上面平坦，下面凸起；叶柄长3~9mm，无毛或被微毛；托叶2深裂，裂片三角状披针形。头状花序单生于叶腋，稀顶生，直径(不连花柱)约10mm；总花梗纤细，长 2.5 ~ 4.5cm，被微柔毛，下半部有 5 枚轮生的小苞片；萼筒长 1.5 ~ 2mm，基部被毛，萼檐 5 裂，裂片近匙形；花冠白色，长 3 ~ 4mm，顶端 5 裂，裂片宽卵形；雄蕊 5，花柱长 8 ~ 10mm，蒴果楔形，长 3 ~ 4mm，具纵棱。花期 6 ~ 8 月，果期 9 ~ 11 月。

(2)类型：目前未见形态明显差异的类型。

(3)分布：自然分布在长江以南各地及陕西南部，日本及越南也有。浙江产于建德、金华、武义、仙居、临海、遂昌、松阳、龙泉、庆元、景宁、缙云、丽水、青田、乐清、泰顺、平阳、苍南，生于海拔 300 ~ 610m 的山坡谷地及溪边路旁灌丛中。

(4)生态特性：水团花喜光，适在空气湿度较大的溪河边生长，耐短期水淹。对土壤要求不严，以沙壤或石砾土为佳。

(5)繁殖：种子和扦插繁殖均可。种子繁殖，果实成熟及时采收，取种，直播或次年 3 月上旬播种，条播，上覆细土或焦泥灰 2cm，盖草，喷水，保湿。种子开始萌发后掀去盖草，并适时喷水。小苗出现真叶后可适当喷施低浓度氮肥。小苗有 3 ~4 对真叶即可移至容器培育。小苗期间最好能搭架 50% 的遮阳网遮阴。扦插繁殖用当年生半熟枝，可于 6 ~ 10 月任何时间进行，扦插圃地应尽可能做得精细平坦，行距 5cm，株距 3cm，插穗通常 2 ~ 3 节，保留顶部 1 对叶片，并用 1/500 的生根粉处理 2 小时。扦插也应在阴棚下进行。

(6)栽培管理：水团花生态适应能力较强，栽培管理比较简单，充足的肥料和水分，可使枝叶繁茂，叶色浓绿，注意修剪可促发新枝和树冠整齐。

(7)用途：水团花叶色亮绿，四季常青，枝叶扶疏，整个夏秋，密集的圆球形花序和果序挂满枝头，是河、塘、湖、池边优良的木本地被植物。根系发达，耐冲击，也是优良的固堤植物。

7.26 栀子 *Gardenia jasminoides* Ellis

(1)形态特征：茜草科栀子属系常绿灌木，高通常 1m 以上。小枝绿色，密被垢状毛。叶对生或 3 叶轮生，叶片革质，倒卵状椭圆形至倒卵状长椭圆形，稀倒卵状披针形或长椭圆形，长 4 ~ 12 (14) cm，宽(1) 1.5 ~ 4cm，先端渐尖至急尖，有时略钝，基部楔形，全缘，两面无毛，侧脉 7 ~ 12 对，叶柄几无至长 4mm，托叶鞘状。花单生于小枝顶端，稀生于叶腋，芳香，花萼长 2 ~ 3.5cm，顶端 5 ~ 7 裂，萼筒倒圆锥形，裂片线状披针形，长 1.5 ~ 2.5cm，花冠白色，高脚碟状，直径 4 ~ 6cm，筒长 3 ~ 4cm，顶端 5 至多裂，裂片倒卵形或倒卵状椭圆形，花丝短，花药线形；花柱粗厚，柱头扁宽。果橙黄色至橙红色，通常卵形，1.5～2.5cm，有5～8纵棱。花期5～7月，果期8～11月。

(2)分布：分布我国东部、中部和南部，东至台湾，日本、越南。浙江产于全省各山区及丘陵，生于海拔900m以下的山谷溪边及路旁林下灌丛中或岩石上。

(3)类型：常见的除原种外，还有1变种和1变型。变种有水栀子 *G. j.* var. *radicans*（Thunb.）Makino，与原种的主要不同在于该变种为匍匐状小灌木，多分枝，高不到60cm，叶片倒披针形，花较小，但花量和结果量明显较多。产于遂昌、龙泉、景宁、乐清、洞头、文成、泰顺、平阳。常生于山谷、溪边灌丛中或石缝。变型有大花栀子 *G. j.* f. *grandiflora*（Lour.）Makino，与原种的主要不同在于该变型花较大直径6～8cm，果实长3～4cm。产于杭州、庆元、泰顺，生于山坡林下灌丛中。该变型野生者为单瓣，能结实，园艺上种植的多为重瓣，通常不结实。

(4)生态特性：喜温暖、湿润气候，喜光，耐阴不耐寒。喜疏松、排水良好、肥沃的酸性土。萌芽力、萌蘖力均强，耐修剪。具有较强的抗烟尘和有害气体的能力。

(5)繁殖：以扦插繁殖为主。成熟枝扦插在3月间进行，选择1～2年生枝作插穗。4月中、下旬萌芽，5月发根，须遮阳。半熟枝扦插在6～7月进行，选择当年生健壮枝作插穗，插后要加强遮阳。20天左右生根。冬季扦插在10月下旬至11月中旬进行，用塑料薄膜拱棚保温。不管何种方法扦插，夏季要遮阳，冬季要保暖。压条、分株亦可，均在春季进行。

(6)栽培管理：移栽在初夏时带土球进行，第一次要浇透水，栀子花喜湿好肥，应勤浇水，多施薄肥。

(7)用途：栀子树姿端整，枝叶茂密，花色洁白，形如莲花，芳香馥郁，常作绿篱和林缘点缀。适于庭中、院隅，阶前、路旁、门侧配植，园林中可大片群植于草坪边缘，亭阁周围以及园路两侧，在城市干道绿带中列植成篱，亦甚相宜。亦常用作盆栽、树桩盆景的素材。同时也是重要的切花材料。此外木材坚重致密，不易开裂，可用于雕刻；花芳香可熏茶及提取香料；果实供药用或作染料。

7.27 鹅毛竹 *Shibataea chinensis* Nakai

(1)形态特征：为禾本科矮竹属植物，秆高60～100cm，直径2～3mm，节间长7～15cm，几实心，无毛，淡绿带紫色。箨鞘膜质，外面无毛；箨耳无；箨片针状；每节分枝3～6枚。叶通常1枚着生于枝之顶端；叶鞘革质，长3～10mm，鞘口无縫毛；叶舌膜质，有时偏于一侧，锥状，高4～10mm，外面有微毛；叶片厚纸质，卵状披针形，先端常因冬季冻伤而呈枯白色，基部圆形，不对称，收缩为长3～5mm之紫色叶柄，两面均无毛，侧脉5～8对，小横脉清晰，边缘有小锯齿。笋期5月。

(2)类型：除原种外还有2个类型，一是细鸡毛竹(变种)*Shibataea chinensis* Naka var. *gracilis* C. H. Hu，与原种的主要区别是竹秆细弱，箨鞘外面基部有一圈棕色小刺毛；二是黄条纹鸡毛竹(栽培变种) *Shibataea chinensis* Naka 'Aureo-striata'，与原种的主要区别是叶片具黄色条纹。

(3)分布：分布于浙江、江苏、安徽、江西、福建。浙江产于杭州、临安、富阳、建德、金华、武义、庆元。

(4)生态特性：中性偏喜光性，在遮光度过大的树荫下，常叶片稀疏，生长不良。对土壤要求不严，在湿润肥沃的沙质土中生长良好。耐水湿，连续淹3～5天生长基本不受影响。

(5)繁殖：分株繁殖，通常地4～10月进行。挖取母竹时应注保留去鞭不少于20cm，母竹的秆柄甚为细小，挖取时不要损伤秆柄与地下竹鞭的连接处，如用于育苗繁殖，种植的株行距以1m左右为宜，如在园林绿地种植，株行距以2m左右为宜。种植深度以竹鞭在土表以下15～20cm为宜，在穴中施足基肥，压实覆土，并浇足水。

(5)栽培管理：鸡毛竹栽培管理比较简单，要控制竹干的疏密度，适时剪除3年以上的老竹，保持25株/m^2左右，足够的氮肥能使叶片宽大，叶色亮绿，如在裸地种植，其上方应稀疏种植树冠阔大的落叶乔木，否则夏日会出现叶片先端和周围枯焦现象。

(6)用途：鸡毛竹株形整齐，叶片宽大，密集、亮绿，在万物枯肃的冬季，更显嫩绿可爱。因其有一定的耐水湿能力和耐短期水淹，可在河、湖、池边应用，在房前屋后，岩石园用为色块或绿篱均适宜，尤其是其栽培变种黄条纹鸡毛竹更另有韵味。

附录 A　浙江野生灌木地被植物资源名录

编号	中名	学名	科名	植物类别	地理分布	生境	生态特性	观赏价值及园林用途
1	草珊瑚	*Sarcandra glabra* (Thunb.) Nakai	金粟兰科	常绿亚灌木	浙南、浙东	生于阴坡、山沟、溪谷或较阴湿草丛中	喜阴湿	观果、叶，性耐阴，适宜于林下地被使用
2	全缘琴叶榕	*Ficus pandurata* Hance var. *holophylla* Migo	桑科	常绿灌木	遂昌、龙泉、丽水、乐清	生于山地灌丛、疏林或村旁	中性偏喜光	观果、花、叶。用于城市道路、林缘等绿化
3	条叶榕	*Ficus pandurata* Hance var. *angustifolia* Cheng	桑科	常绿灌木	全省各地	生于山地灌丛、疏林或村旁	中性偏喜光	观果、花、叶。用于城市道路、林缘等绿化
4	台湾榕	*Ficus formosana* Maxim.	桑科	常绿灌木	宁波、镇海、遂昌、龙泉、云和等地	生于溪旁湿润处	喜光偏中性	观果、花、叶。用于城市道路、林缘等绿化
5	乌冈栎	*Quercus phillyraeoides* A. Gray	壳斗科	常绿灌木或小乔木	浙西北到浙西南各地	在裸岩、陡壁处多组成丛状片林	喜光，耐干旱耐瘠薄	枝叶浓密，观植株及叶，用于道路边坡，公园假山等地被
6	十大功劳	*Mahonia fortunei* (Lindl.) Fedde	小檗科	常绿灌木	丽水、瑞安、泰顺、平阳	生于山坡沟谷林下	中性偏耐阴，略耐湿	观花、果、叶。枝叶浓密，叶小，观枝叶。用于公园、绿化带及道路边坡地被
7	阔叶十大功劳	*Mahonia bealei* (Fort.) Carr.	小檗科	常绿灌木	浙江西部、中部和南部。	生于山坡林下阴凉湿润处	中性偏耐阴，略耐湿	观花、果、叶。用于城市公园、庭院、绿化带地被
8	小果十大功劳	*Mahonia bodinieri* Gagnep.	小檗科	常绿灌木	建德、龙泉、文成、乐清、等县	多生于山地灌丛中	中性偏耐阴	观花、果、叶。用于城市公园、庭院、绿化带地被
9	南天竹	*Nandina domestica* Thunb.	小檗科	常绿灌木	浙北、浙南、浙中各县	生于海拔 1000m 以下山坡、谷地、灌丛中	中性偏喜光	观花、果、叶。用于城市公园、庭院、绿化带地被
10	安徽小檗	*Berberis anhweiensis* Ahrendt	小檗科	落叶灌木	安吉、临安	生于海拔 400 ~ 1500m 山地灌丛中，适应性较强	中性偏喜光	观叶、花、果。用于公园、庭院、绿化带地被

（续）

编号	中名	学名	科名	植物类别	地理分布	生境	生态特性	观赏价值及园林用途
11	庐山小檗	*Berberis virgetorum* Schneid.	小檗科	落叶灌木	浙南、浙中、浙北等各地	生于海拔 700 ~ 1500m 山坡灌丛中，适应性较强	中性偏喜光	观叶，果红色。用于公园、绿化带地被
12	乌药	*Lindera aggregata*（Sims）Kosterm.	樟科	常绿灌木	全省各地	生于山区、半山区海拔 1000m 以下山坡、谷地、林下及灌丛中，适应性强	喜光偏中性	观叶，果黑稀红色。用于公园、绿化带地被
13	黄山溲疏	*Deutzia glauca* Cheng	虎耳草科	落叶灌木	安吉、临安、淳安、开化	生于海拔 350 ~ 900m 山坡，阔叶林或竹林下及山谷溪边岩隙中，喜阴、潮湿环境	中性偏喜光	观叶、花。用于公园，绿化带地被
14	长江溲疏	*Deutzia schneideriana* Rehd.	虎耳草科	落叶灌木	临安、遂昌县	生于山坡林缘（或溪边灌丛中）	中性偏喜光	观花，叶。用于公园、庭院、林下地被
15	宁波溲疏	*Deutzia ningpoensis* Rehd.	虎耳草科	落叶灌木	浙西南、浙东、中部各地	生于谷地溪边、林缘及山坡灌丛中，适应性较强	中性偏喜光	观花，叶。用于公园、庭院、绿化带地被
16	浙江溲疏	*Deutzia faberi* Rhed.	虎耳草科	落叶灌木	浙东、浙西各地	生于海拔 150 ~ 300m 的山谷、溪边、灌丛中及山坡、林下、林缘	中性偏喜光	观花，叶。用于公园、庭院、绿化带地被
17	齿叶溲疏	*Deutzia crenata* Sieb. et Zucc.	虎耳草科	落叶灌木	临安、乐清	生于山坡灌丛，喜光耐寒	中性偏喜光	观花，叶。用于公园、庭院、绿化带地被
18	中国绣球	*Hydrangea chinensis* Maxim.	虎耳草科	落叶灌木	浙西南、浙北及金华、仙居、天台等各地	生于山坡林下，灌丛中的溪沟边	中性	观花，叶。用于公园、庭院、绿化带地被
19	乐思绣球	*Hydrangea rosthornii* Diels	虎耳草科	落叶灌木	浙西南、浙东北及金衢等地	生于海拔 300 ~ 1000m 的林下、溪沟边及山坡灌丛中，稍喜阴湿，耐寒	中性偏耐阴	观花，叶。用于公园、庭院、绿化带地被

（续）

编号	中名	学名	科名	植物类别	地理分布	生境	生态特性	观赏价值及园林用途
20	泽绣球	*Hydrangea serrata* (Thunb.) Ser. f. *acuminata* (Sieb. et Zucc.) Wils.	虎耳草科	落叶灌木	临安、遂昌等地	生于山谷溪流、林下、林缘、路旁	耐阴偏中性	观花，叶。用于公园、庭院、绿化带地被
21	圆锥绣球	*Hydrangea paniculata* Sieb.	虎耳草科	落叶灌木	浙西南、浙东北及金衢等地	生于山谷溪边、山坡灌丛中及林缘。抗水湿、干旱较强	中性偏喜光	观花。用于公园，绿化带地被
22	浙江山梅花	*Philadelphus zhejangensis* (Cheng) S. M. Hwang	虎耳草科	落叶灌木	浙西南、浙东北及金衢等地	生于海拔 300 ~ 1500m 的山地溪沟边及杂木林中，喜阴湿凉爽气候环境	中性偏喜光	观花，叶。用于公园绿化带及道路边坡地被
23	太平花	*Philadelphus pekinensis* Rupr.	虎耳草科	落叶灌木	临安	生于山坡灌丛及沟谷溪边	中性偏喜光	观花，叶。用于公园、庭院、林下、溪沟地被
24	绢毛山梅花	*Philadelphus sericanthus* Koehne	虎耳草科	落叶灌木	临安、金华、遂昌	生于海拔 500 ~ 800m 的山地溪沟边及山坡灌丛中	中性偏喜光	观花，叶。用于公园、庭院、林下、溪沟地被
25	海金子	*Pittosporum illicioides* Makino	海桐花科	常绿灌木	全省各地	生于山沟溪坑边，林下岩石旁及山坡杂木林中，较喜阴湿	中性	观花、叶。用于公园、庭院、林下地被
26	小叶蚊母	*Distylium buxifolium* (Hance) Merr.	金缕梅科	常绿灌木	浙西南开化、庆元、龙泉、景宁、云和、松阳等地	生于山地溪沟边，耐水湿、盐碱，抗高温、寒冷，适应性强	喜光到耐阴	观花、叶、果。用于公园、绿化带地被
27	檵木	*Loropetalum chinense* (R. Br.) Oliv.	金缕梅科	常绿灌木	全省各地常见	喜生于向阳山坡灌丛中，耐干旱贫瘠，适应性强	喜光偏中性	观花、叶。用于公园、绿化带、路旁等处地被
28	棣棠花	*Kerria japonica* (L.) DC.	蔷薇科	落叶灌木	浙西南、浙北、浙中、杭州等地	生于海拔 1200m 以下的山坡或林缘，溪沟边，路旁或灌丛中	中性	观花、叶。用于公园、庭院、绿化带、林下及假山等地被
29	光叶石楠	*Photinia glabra* (Thunb.) Maxim.	蔷薇科	常绿灌木	全省各地	生于海拔 1200m 以下的山坡杂木林中。适应性较强，偏耐阴	喜光偏中性	观花、叶。用于公园、庭院、绿化带、林下、林缘、房边等地被

（续）

编号	中名	学名	科名	植物类别	地理分布	生境	生态特性	观赏价值及园林用途
30	罗城石楠	*Photinia lochengensis* Yü	蔷薇科	常绿灌木或小乔木	浙南	生于海拔 100 ~ 250m 的溪沟边岩石缝隙中，喜阴湿环境	喜光到耐阴	观叶、果。用于公园、庭院、绿化带、路边地被
31	倒卵叶石楠	*Photinia lasiogyna* (Franch.) Schneid.	蔷薇科	常绿灌木	龙泉、丽水、瑞安、泰顺、平阳	生于海拔 200m 以上的林中	喜光偏中性	观叶、果。用于公园、庭院、绿化带地被
32	石斑木	*Rhaphiolepis indica* (L.) Lindl.	蔷薇科	常绿灌木	全省山区、半山区各地	生于海拔 1300m 以下的山坡、溪边灌木丛中	中性偏喜光	观叶、花。用于公园、庭院、绿化带地被
33	厚叶石斑木	*Rhaphiolepis umbellata* (Thunb.) Makino	蔷薇科	常绿灌木	全省中南部岛屿	生于山坡、路旁、岩石中	喜光	观叶、花。用于公园、庭院、绿化带地被色块
34	太平莓	*Rubus pacificus* Hance	蔷薇科	常绿灌木	全省各地	生于山坡、路旁、灌丛中	喜光偏中性	观叶、花。用于公园、庭院、绿化带地被色块
35	绣球绣线菊	*Spiraea blumei* G. Don.	蔷薇科	落叶灌木	临安、淳安、建德、桐庐、仙居、天台、遂昌、龙泉、青田、文成	生于海拔 500 ~ 1300m 的向阳山坡、路旁或杂木林中	喜光偏中性	观叶、花、果。用于公园、庭院、道路边坡地被
36	中华绣线菊	*Spiraea chinensis* Maxim.	蔷薇科	落叶灌木	全省各地	生于海拔 300 ~ 1300m 的山坡、灌丛或山谷、溪边、荒野、路边。适应性强	喜光偏中性	观花、叶。用于公园、绿化块、道路边地被
37	粉花绣线菊	*Spiraea japonica* L. f.	蔷薇科	落叶灌木	全省各地	生于海拔 700 ~ 1800m 的山顶灌丛、山坡、路旁、林缘	喜光偏中性	观花、叶。用于公园、绿化块、道路边地被
38	狭叶粉花绣线菊	*Spiraea japonica* L. f. var. *acuminate* Franch.	蔷薇科	落叶灌木	浙西北、浙南及开化	生于海拔 650 ~ 1300m 山坡旷地，杂木林中，山谷沟边。耐寒	喜光偏中性	观花、叶。用于公园、绿化块、道路边地被
39	硕苞蔷薇	*Rosa bracteata* Wendl.	蔷薇科	常绿匍匐灌木	全省各地	生于低海拔的平原、溪边、山坡、路旁等向阳处	喜光	观花

（续）

编号	中名	学名	科名	植物类别	地理分布	生境	生态特性	观赏价值及园林用途
40	钝叶蔷薇	*Rosa sertata* Rolf.	蔷薇科	半常绿灌木	安吉、临安	生于海拔 400 ~ 1800m 的山坡、路旁、沟边、山顶岩石细缝或疏林中	中性偏喜光	观花
41	野珠兰	*Stephanandra chinensis* Hance	蔷薇科	落叶灌木	全省各地	生于海拔 1300m 以下的山坡、沟谷、溪边、杂木林缘或灌木丛中	喜光	观花、叶。用于公园、绿化块、道路边地被
42	波叶红果树	*Stranvaesia davidiana* Dcne. var. *undulata* (Decne.) Rehd. et Wils.	蔷薇科	常绿灌木	浙南各县、淳安	生于海拔 1300 ~ 1900m 的山坡、山顶、河谷及灌木丛中。耐寒	喜光偏中性	观花、叶。用于公园、绿化块、道路边地被
43	麦李	*Prunus glandulosa* Thunb.	蔷薇科	落叶灌木	杭州、金华、宁波、浙西北、遂昌	生于海拔 300 ~ 600m 的山谷、山坡、沟谷、灌丛中或竹林下	喜光偏中性	观果、叶、花。用于公园、庭院、假山植被
44	郁李	*Prunus japonica* Thunb.	蔷薇科	落叶灌木	杭州、仙居、永嘉、缙云、松阳等地	生于山坡、山谷或溪边灌丛中	喜光偏中性	观花、果、枝叶浓密。用于公园、庭院、城乡绿地地被
45	浙江木蓝	*Indigofera parkesii* Craib	豆科	落叶灌木	浙西北、浙东、浙南及金华、衢州	生于海拔 600m 以下的山坡疏林或灌木丛中	中性偏喜光	观花、叶。用于城乡绿地、道路边坡的地被
46	马棘	*Indigofera pseudotinctoria* Mats.	豆科	落叶灌木	全省各地	生于海拔 1300m 以下的山坡林缘、灌丛及郊野、荒地。适应性强	喜光	观花、叶。用于城乡绿地、道路边坡的地被
47	光叶木蓝	*Indigofera neoglabra* (Chien) Hu	豆科	落叶灌木	仙居、青田	生于海拔 500m 的山坡路旁	中性	观花为主。用于道路边坡优良地被植物
48	华东木蓝	*Indigofera fortunei* Craib	豆科	落叶灌木	安吉、杭州、临安、建德、乐清等地	生于海拔 200 ~ 800m 的山坡疏林或灌木丛中	中性	观花、叶。用于公园、绿地及道路边坡地被
49	锦鸡儿	*Caragana sinica* (Buch.) Rehd.	豆科	落叶灌木	全省各地	生于海拔 1000m 以下的山坡、山谷、路旁灌丛中	中性	观花、叶。用于公园、绿地及道路边坡地被

（续）

编号	中名	学名	科名	植物类别	地理分布	生境	生态特性	观赏价值及园林用途
50	庭藤	*Indigofera dicolor* Lindl.	豆科	落叶灌木	全省各地	生于山坡灌丛或杂木林中	喜光	观花、叶。用于公园、绿地及道路边坡地被
51	胡枝子	*Lespedeza bicolor* Turcz.	豆科	落叶灌木	全省各地	生于山坡、路旁、空旷地灌木丛或疏林下、耐干旱贫瘠，适应性强	喜光	观花、叶。用于公园、绿地及道路边坡地被
52	大叶胡枝子	*Lespedeza davidii* Franch.	豆科	落叶灌木	浙东、浙西及西北部山区	生于向阳山坡，沟边、灌丛中或疏林下。喜光、耐旱	喜光偏中性	观花、叶。用于公园、绿地、庭院、道路边坡地被
53	美丽胡枝子	*Lespedeza formosa* (Vog.) Koehne	豆科	落叶灌木	全省各地	生于向阳山坡，山谷、路边灌丛中或林缘，喜光	喜光	观花、叶。用于公园、绿地、庭院、道路边坡地被
54	湖北算盘子	*Glochidion wilsonii* Hutch.	大戟科	落叶灌木	全省各地	生于山坡、郊野灌丛中	喜光偏中性	观果
55	算盘子	*Glochidion puberum* (Linn.) Hutch.	大戟科	落叶灌木	全省各地	生于山坡、郊野灌丛中	喜光偏中性	观叶、果。用于公园、庭院、绿化带地被
56	东方野扇花	*Sarcococca longipetiolata* M. Cheng	黄杨科	常绿灌木	建德、龙泉、景宁、丽水	生于海拔 700m 左右的山坡、路旁、林下或灌丛中	中性偏耐阴	观叶、花、果。用于公园、庭院、道路旁等绿化地块
57	黄杨	*Buxus sinica* (Rehd. et Wils.) Cheng ex M. Cheng	黄杨科	常绿灌木	全省各地	生于海拔 300 ~ 1400m 的山谷、溪流、林下	喜光偏中性	观叶
58	匙叶黄杨	*Buxus harlandii* Hance	黄杨科	常绿灌木	全省各地	生于海拔 100 ~ 1050m 的溪流旁石缝中、林下	喜光偏中性	观叶
59	尖叶黄杨	*Buxus aemulans* (Rehd. et Wils.) S. C. Li et S. H. Wu	黄杨科	常绿灌木	临安、遂昌、庆元、景宁、丽水、文成、泰顺、平阳	生于海拔 700m 以下的山谷、溪流林下	中性	观叶。用于公园、庭院、绿化带地被

（续）

编号	中名	学名	科名	植物类别	地理分布	生境	生态特性	观赏价值及园林用途
60	钝齿冬青	*Ilex crenata* Thunb.	冬青科	常绿灌木	普陀、天台、开化、遂昌、庆元、龙泉、泰顺等地	生于高山草地或灌丛中	中性	观叶。用于遮阴环境下绿化地块
61	温州冬青	*Ilex wenchowensis* S. K. Hu	冬青科	常绿灌木	文成、青田、泰顺等地	生长于海拔 600 ~ 850m 的地区，见于山坡以及沟谷杂木林中	中性	观果、叶
62	猫儿刺	*Ilex pernyi* Franch.	冬青科	常绿灌木	庆元	生于海拔 1800m 的高山草地	中性	观果、叶
63	枸骨冬青	*Ilex cornuta* Lindl. et Paxt.	冬青科	常绿灌木	全省各地	生于荒地、山坡溪流杂木林或灌丛中	喜光偏耐阴	观果、叶
64	尾叶冬青	*Ilex wilsonii* Loes.	冬青科	常绿小乔木	全省各地	生于海拔 700 ~ 1000m 的山地、沟谷边杂木林中	中性	观果、叶
65	毛冬青	*Ilex pubescens* Hook. et Arn.	冬青科	常绿灌木	浙西、浙东、浙南	生于海拔 500m 以下山坡、山谷沟边、荒草灌丛中	中性	观叶、果。用于公园、庭院、道路旁等绿化地块
66	矮冬青	*Ilex lohfauensis* Merr.	冬青科	常绿灌木	金华、遂昌、松阳、龙泉、丽水、景宁、泰顺、云和	生于海拔 900m 以下山坡、山谷沟边、疏林或灌丛中	中性	观叶、花、果。用于公园、庭院、绿化带地被
67	三花冬青	*Ilex triflora* Bl.	冬青科	常绿灌木	开化、丽水、遂昌、龙泉、庆元、泰顺	生于海拔 300 ~ 600m 的山坡、沟谷边阔叶林中	中性偏喜光	观叶。用于公园、庭院、绿化带地被
68	胶州卫矛	*Euonymus kiautschovicus* Loes.	卫矛科	半常绿灌木	全省各地	生于海拔 20 ~ 1500m 山谷涧或山坡地林中的树上或岩石上	喜光	观叶、果。公园、庭院、林下地被
69	福建假卫矛	*Microtropis fokienensis* Dunn	卫矛科	常绿灌木	临安、遂昌、龙泉、丽水、泰顺	生于山谷或山坡林中	中性偏喜光	观花、叶

（续）

编号	中名	学名	科名	植物类别	地理分布	生境	生态特性	观赏价值及园林用途
70	隔药柃	*Eurya muricata* Dunn	山茶科	常绿灌木	生于浙江省西部、南部、东部大部分山区	生于海拔 1000m 以下山坡，谷地溪流，路旁	中性偏喜光	观叶、果。用于公园、庭院、绿化带地被
71	柃木	*Eurya japonica* Thunb.	山茶科	常绿灌木	宁波、镇海、普陀、洞头等地	生于海拔 400m 以下的山坡路边及溪边灌丛中	喜光偏中性	观叶
72	滨柃	*Eurya emarginata* (Thunb.) Makino	山茶科	常绿灌木	象山、普陀、洞头、平阳	生于海边山坡岩石上	喜光偏中性	观叶
73	微毛柃	*Eurya hebeclados* L. K. Ling	山茶科	常绿灌木	安吉、杭州、临安、建德、开化、金华、遂昌等地	生于海拔 700m 以下山坡、谷地、溪流、路旁林下	中性偏喜光	观叶。用于公园、庭院、绿化带地被
74	翅柃	*Eurya alata* Kobuski	山茶科	常绿灌木	临安、开化、遂昌、龙泉、庆元、景宁、缙云、丽水等	生于海拔 700m 以下山坡、谷地、溪流、路旁林下	中性	观叶。用于公园、庭院、绿化带地被
75	丛化柃	*Eurya metcalfilana* Kobuski	山茶科	常绿灌木	龙泉	生于山谷溪编林下灌丛中	中性	观叶。用于公园、庭院、绿化带地被
76	窄基红褐柃	*Eurya robiginosa* H. T Chang var. *attenuata* H. T. Chang	山茶科	常绿灌木	杭州、台州、丽水、温州四地区的大部分山区	生于海拔 1000m 以下山坡，谷地溪流，路旁	喜光偏中性	观叶。用于公园、庭院、绿化带地被
77	毛花连蕊茶	*Camellia fraterna* Hance	山茶科	常绿灌木	全省山区、半山区及丘陵各地	生于海拔 900m 以下山坡、山谷溪流林中或灌丛中	喜光偏中性	观叶。用于公园、庭院、绿化带地被
78	粉红短柱茶	*Camellia puniceiflora* H. T. Chang	山茶科	常绿灌木	龙泉	生于 300 ~ 1000m 山坡，溪流空旷地中。	喜光	观叶、花。用于公园、庭院、绿化带地被

（续）

编号	中名	学名	科名	植物类别	地理分布	生境	生态特性	观赏价值及园林用途
79	尖连蕊茶	*Camellia cuspidate* Wright et Gard.	山茶科	常绿灌木	浙江西北部、中部、西南部至南部山区	生于海拔 400 ~ 1000m 的山坡、谷地林下或灌丛中	中性偏喜光	观叶。用于公园、庭院、绿化带地被
80	茶	*Camellia sinensis*（L.）O. Kuntze	山茶科	常绿灌木	浙江省山区、半山区及丘陵	生于海拔 300 ~ 1000m 山坡、溪流空旷地中	中性	观叶、花。用于公园、庭院、绿化带地被
81	黄瑞木	*Adinandra millettii*（Hook. et Arn.）Benth. et Hook. f.	山茶科	常绿灌木	开化、温州、丽水	生于海拔约 800m 以下的谷地林中或山坡灌丛中	中性偏喜光	观叶
82	短柱茶	*Camellia brevityla*（Hayata）Cohen-Stuart	山茶科	常绿灌木	开化、龙泉、庆元、丽水、瑞安	生于海拔 300 ~ 1000m 山坡、溪流空旷地中	喜光偏中性	观叶、花。用于公园、庭院、绿化带地被
83	毛枝连蕊茶	*Camellia trichoclada*（Rehd.）Chien	山茶科	常绿灌木	泰顺、苍南、文成、青田	生于山坡林下或灌丛中	喜光偏中性	观叶、花。用于道路等片状丛植或球状点缀
84	厚皮香	*Ternstroemia gymnanthera*（Wight et Arn.）Sprague	山茶科	常绿乔木	建德、诸暨、宁波、衢州、金华、丽水、温州	生于海拔 300 ~ 900m 山坡谷地林中或林缘	喜光，较耐阴	观叶、果、花。适宜种植在林下、林缘等处做地被植物
85	金丝梅	*Hypericum patulum* Thunb. ex Murray	藤黄科	半常绿灌木	临安、萧山、临海、遂昌、龙泉、庆元、云和等地	生于海拔 200 ~ 1000m 的山坡、路边灌草丛及水沟边	中性偏喜光	观叶、花。用于公园、庭院、绿化带地被
86	芫花	*Daphne genkwa* Sieb. et Zucc.	瑞香科	落叶灌木	杭州、淳安、绍兴、嵊县、舟山、衢县、金华、天台	生于向阳山坡、灌丛、路旁或疏林下	喜光	观叶、花。用于公园、庭院、绿化带地被
87	牛奶子	*Elaeagnus umbellata* Thunb.	胡颓子科	落叶灌木	浙江大部	在山坡上的疏林下面及阴湿山谷中	中性偏喜光	观叶。可适合路边、林缘等绿化

（续）

编号	中名	学名	科名	植物类别	地理分布	生境	生态特性	观赏价值及园林用途
88	赤楠	*Syzygium buxifolium* Hook. et Arn.	桃金娘科	常绿灌木	全省各地	于海拔 500m 以下的山坡林下、沟边或灌丛中	喜光稍耐阴	观叶花。用于公园、庭院、绿化地块及道路旁地被
89	轮叶蒲桃	*Syzygium grijsii* (Hance) Merr. et Perry	桃金娘科	常绿灌木	开化、遂昌、龙泉、云和、景宁、丽水等地	生于山麓沟谷或溪滩边	喜光稍耐阴	观叶、花、果。用于公园、庭院、绿化带地被
90	地菍	*Melastoma dodecandrum* Lour.	野牡丹科	半常绿匍匐灌木	全省各地	生于海拔 1300m 以下山坡草丛、疏林下	耐阴偏中性	观叶、花、果。用于公园、庭院、绿化带地被
91	四棱野海棠	*Bredia quadrangularis* Cogn.	野牡丹科	常绿亚灌木	临安、开化、乌义	生于海拔 400 ~ 1000m 的山坡、谷地林下或林缘灌草丛中	中性偏耐阴	观花
92	中华野海棠	*Bredia sinensis* (Diels) Li	野牡丹科	常绿亚灌木	武义、龙泉、庆元、缙云、丽水、瑞安、泰顺等地	生于海拔 400 ~ 1400m 的林下和路边荫湿处	中性偏耐阴	观叶、花、果。适宜作园林地被绿化，也可用于点缀草坪、庭院等
93	秀丽野海棠	*Bredia amoena* Diels	野牡丹科	常绿亚灌木	全省大部分地区均可见	生于海拔 200 ~ 1500m 的沟谷林下或路边灌草丛中	中性偏耐阴	观花，适宜于林下花境等
94	通脱木	*Tetrapanax papyriferus* (Hook.) K. Koch	五加科	落叶灌木	临安、天台、龙泉、景宁、缙云、文成等地	生于林旁、山脚、山谷、疏林、荒坡	中性偏耐阴	观花，适宜于林下花境等
95	青木	*Aucuba japonica* Thunb.	山茱萸科	常绿灌木	武义、龙泉、景宁等地	生于阴湿山谷、溪地、灌丛中	耐阴	观叶、花、果。宜在公路两旁、庭园边缘的大乔大下种植
96	马醉木	*Pieris japonica* (Thunb.) D. Don ex G. Don	杜鹃花科	常绿灌木	全省各地	生于海拔 200 ~ 1900m 的山坡、沟谷和山顶的林下或灌木丛中	喜光偏中性	观花、叶。用于公园、绿地、庭院、道路边坡地被
97	满山红	*Rhododendron mariesii* Hemsl. et Wils.	杜鹃花科	落叶灌木	全省各地	生于海拔 1800m 以下山坡、灌丛或山顶疏林灌丛。适应性强	喜光	观花、叶。用于公园、庭院、绿地等地

（续）

编号	中名	学名	科名	植物类别	地理分布	生境	生态特性	观赏价值及园林用途
98	杜鹃	*Rhododendron simsii* Planch.	杜鹃花科	半常绿灌木	全省各地	生于海拔 1801m 以下山坡、灌丛或山顶疏林灌丛。适应性强，酸性指示植物	喜光	观花、叶。用于公园、庭院、绿化带地被
99	羊踯躅	*Rhododendron molle*(Bl.) G. Don	杜鹃花科	落叶灌木	全省各地	生于海拔 800m 以下的山坡灌丛或林中	中性偏喜光	观花、叶
100	白花杜鹃	*Rhododendron mucronatum* (Blume) G. Don	杜鹃花科	落叶灌木	浙南山区	生于海拔 100 ~ 800m 山坡、岩石、灌木丛中，喜光，耐贫瘠	中性偏喜光	观花、叶。用于公园、庭院、绿化带地被
101	短尾越橘	*Vaccinium carlesii* Dunn	杜鹃花科	常绿灌木	浙南山区、临安、淳安、建德、奉化、金华、台州	生于海拔 200 ~ 1500m 偏酸性土壤的沟谷，山坡林下或灌木丛中	喜光偏中性	观花、叶。用于公园、庭院、绿化带地被
102	乌饭树	*Vaccinium bracteatum* Thunb.	杜鹃花科	常绿灌木	全省各地	生于海拔 1700m 以下的山地，酸性土的山坡灌丛或林下	中性偏喜光	观花、叶。用于公园、庭院、绿化带地被
103	黄背越橘	*Vaccinium iteophyllum* Hance	杜鹃花科	常绿灌木	浙南各县、临安、建德、天台	生于海拔 1000m 以下山坡林中或林缘灌木丛中	中性偏喜光	观花、叶。用于公园、庭院、绿化带地被
104	江南越橘	*Vaccinium mandarinorum* Diels	杜鹃花科	常绿灌木	全省山区、半山区各县	生于海拔 1400m 以下山坡林中或灌木丛中	中性偏喜光	观花、叶。用于公园、庭院、绿化带地被
105	马银花	*Rhododendron ovatum* Planch. ex Maxim.	杜鹃花科	常绿灌木	全省山区各县	生于海拔 300 ~ 1800m 的山坡、丘陵林中、林缘和荒坡灌丛中	中性偏喜光	观花、叶。叶色光亮，花多色艳。适宜园林地栽观赏
106	朱砂根	*Ardisia crenata* Sims	紫金牛科	常绿灌木	全省山区各县	生于海拔 800m 以下的杂木林、混交林下阴湿灌木丛中，酸性红壤土，耐阴	耐阴性	观果、叶。用于公园、庭院、绿化带地被

（续）

编号	中名	学名	科名	植物类别	地理分布	生境	生态特性	观赏价值及园林用途
107	红凉伞	*Ardisia crenata* Sims var. *bicolor* (Walker) C. Y. Wu et C. Chen	紫金牛科	常绿灌木	浙南山区、半山区	生于海拔 800m 以下的杂木林、混交林下阴湿灌木丛中，酸性红壤土，耐阴性	耐阴	观叶、果。用于公园、庭院、绿化带林下地被
108	百两金	*Ardisia crispa* (Thunb.) A. DC.	紫金牛科	常绿亚灌木	浙南、临安、仙居	生于海拔 800 ~ 1200m 的山谷，山坡阔叶林和竹林下，灌木丛中。喜阴湿	耐阴	观叶、果。用于公园、庭院、绿化带林下地被
109	紫金牛	*Ardisia japonica* (Thunb.) Bl.	紫金牛科	常绿灌木	全省山区、半山区	生于海拔 1000m 以下山坡，沟谷林下阴湿处、毛竹林、丘陵林缘、溪边灌木丛中	耐阴	观叶、果。用于公园、庭院、绿化带林下地被
110	大罗伞树	*Ardisia hanceana* Mez	紫金牛科	常绿灌木	浙南各地	生于海拔 400 ~ 1200m 的山坡、山谷阔叶林下。喜阴湿、酸性黄红壤土	耐阴	观叶、果。用于公园、庭院、绿化带林下地被
111	东南紫金牛	*Ardisia sieboldii* Miq.	紫金牛科	常绿灌木	浙南各地	生于海拔 600m 以下丘陵低山杂木林下或溪边潮湿处。	耐阴	观叶、果。用于公园、庭院、绿化带林下地被
112	杜茎山	*Maesa japonica* (Thunb.) Moritzi ex Zoll.	紫金牛科	常绿披散灌木	全省山区、半山区各县	生于海拔 100 ~ 500m 的丘陵低山林下、林缘沟谷旁或路边灌木丛中。	耐阴偏中性	观叶、果。用于公园、庭院、绿化带林下地被
113	光叶铁仔	*Myrsine stolonifera* (Koidz.) Walker	紫金牛科	常绿灌木	全省各地	生于海拔 205 ~ 1200m 的常绿阔叶林或混交林下灌草丛种	耐阴偏中性	观叶、果。用于公园、庭院、绿化带林下地被
114	金钟花	*Forsythia viridissima* Lindl.	木犀科	落叶灌木	全省各地	生于海拔 800m 以下的沟谷或溪边杂木林下或灌木丛中	喜光偏中性	观叶、果。用于公园、庭院、绿化带林下地被

（续）

编号	中名	学名	科名	植物类别	地理分布	生境	生态特性	观赏价值及园林用途
115	流苏树	*Chionanthus retusus* Lindl. et Paxt.	木犀科	落叶灌木	杭州、富阳、淳安、建德、诸暨、金华、遂昌、松阳	生于向阳山坡或山谷疏林中	喜光偏中性	观花、叶。用于公园、庭院、绿化带、道路边坡、水边地被
116	小蜡	*Ligustrum sinense* Lour.	木犀科	常绿小乔木	全省各地	生于海拔 500m 以下的沟谷溪边、树林下、灌木丛中	中性偏喜光	观叶花。用于公园、庭院、绿化地块及道路旁地被
117	醉鱼草	*Buddleja lindleyana* Fort.	马钱科	落叶灌木	全省山区、丘陵地区	生于向阳山坡灌木丛中、溪沟、路旁的石缝中	中性偏喜光	观叶、花。用于公园、庭院、绿化地块及道路旁地被
118	秃红紫珠	*Callicarpa rubella* Lindl. var. *subglabra*（Pei）H. T. Chang	马鞭草科	落叶灌木	余杭、临安、建德、仙居、天台、云和、丽水、庆元等	生于海拔 300 ~ 800m 的山坡沟谷林中和灌丛中	中性	观花、果
119	白棠子树	*Callicarpa dichotoma*（Lour.）K. Koch	马鞭草科	落叶灌木	浙东北、浙中南	生于海拔 700m 以下的低山丘陵、溪沟边或山坡灌丛中	中性	观花、果。用于公园、庭院、绿化带地被
120	紫珠	*Callicarpa bodinieri* Levl.	马鞭草科	落叶灌木	浙南、浙西北、金华、临海、天台	生于海拔 500 ~ 1300m 的溪沟边林中或山坡灌木丛中	中性	观果、叶。用于公园、庭院、绿化带地被
121	臭牡丹	*Clerodendrum bungei* Steud.	马鞭草科	落叶灌木	临安、淳安、建德、鄞县、开化、兰溪、临海、浙南	生于海拔 700m 以下的山坡荒地、路边和屋舍旁	中性	观花、叶。用于公园、庭院、绿化带地被
122	海州常山	*Clerodendrum trichotomum* Thunb.	马鞭草科	落叶灌木	杭州、宁波、普陀、天台、缙云、温州	生于海拔 700m 以下的山坡灌丛地边及村旁	中性	观花、叶

（续）

编号	中名	学名	科名	植物类别	地理分布	生境	生态特性	观赏价值及园林用途
123	兰香草	*Caryopteris incana* (Thunb.) Miq.	马鞭草科	落叶半灌木	全省各地	生长于海拔1600m以下的较干燥的山坡、草坡、林缘及路旁，多见于略有薄土的石坡石缝	喜光较耐阴	观花、叶。用于公园、庭院、绿化带、道路边坡地被
124	水团花	*Adina pilulifera* (Lam.) Franch. ex Drake	茜草科	常绿灌木	浙南、浙中东	生于海拔600m以下山坡谷地及溪边路旁灌木丛中	中性偏喜光	观花、叶。用于公园、庭院、绿化带、道路边坡地被
125	细叶水团花	*Adina rubella* Hance	茜草科	常绿灌木	全省各地	生于海拔600m以下的山谷、溪边、石溪或灌木丛中	中性偏喜光	观花、叶。用于公园、绿化、水边、道路边坡地被
126	栀子	*Gardenia jasminoides* Ellis	茜草科	常绿灌木	全省各山区、丘陵	生于海拔900m以下的山谷溪边、山坡林下、林缘灌木丛中。适应性强	中性	观花、叶、果。用于公园、庭院、绿化带、道路边坡地被
127	狭叶栀子	*Gardenia stenophylla* Merr.	茜草科	常绿灌木	浙南	生于海拔300m以下的山坡谷地、溪边灌木丛中及石隙中	中性	观花、叶、果。用于公园、庭院、绿化带地被
128	白马骨	*Serissa japonica* (Thunb.) Thunb.	茜草科	常绿小灌木	全省各地	生于海拔500m以下的山坡路旁及溪边林下灌木丛中或石缝中	中性	观花、叶。用于公园、庭院、绿化带地被
129	六月雪	*Serissa serissoides* (DC.) Druce	茜草科	常绿小灌木	浙南	生于海拔500m以下的山坡路旁及溪边林下灌木丛中或石缝中	中性	观叶、花。用于公园、庭院、绿化带地被
130	糯米条	*Abelia chinensis* R. Br.	忍冬科	半常绿灌木	浙南、淳安、建德	生于海拔500～1200m的山坡灌木丛中。能耐寒	中性偏喜光	观叶、花。用于公园、庭院、绿化带地被

（续）

编号	中名	学名	科名	植物类别	地理分布	生境	生态特性	观赏价值及园林用途
131	南方六道木	*Abelia dielsii* (Graebn.) Rehd.	忍冬科	半常绿灌木	安吉、临安、遂昌、庆元	生于高山矮林中。耐寒	中性偏喜光	观花(红色,花期长)、叶。用于公园、庭院地被
132	琼花	*Viburnum macrocephalum keteleeri* (Carr.) Rehd.	忍冬科	常绿灌木	德清、杭州	生于低海拔丘陵山坡林下或灌丛中	中性偏耐阴	观花
133	茶荚蒾	*Viburnum setigerum* Hance	忍冬科	落叶灌木	全省山区各地	生于海拔100～900m的山谷林缘、溪流或灌丛中	中性	观花
134	荚蒾	*Viburnum dilatatum* Thunb.	忍冬科	落叶灌木	全省山区及半山区各地	生于海拔50～1050m之山坡或山谷疏林中	中性	观花
135	金腺荚蒾	*Viburnum chunii* Hsu	忍冬科	落叶灌木	浙南、仙居、天台	生于海拔580m以下的山谷林下、蔽荫处及灌木丛中。耐阴性	中性	观花(红色,花期长)、叶。用于公园、庭院地被
136	具毛常绿荚蒾	*Vibumum sempervirens* K. Koch var. *trichophorum* Hand.-Mazz.	忍冬科	常绿灌木	浙南、浙东北、开化、仙居、天台、诸暨	生于海拔100～900m的山谷林缘、溪边或灌木丛中	中性偏耐阴	观叶、果。公园、庭院、林下地被
137	蝴蝶戏珠花	*Viburnum plicatum* var. *tomentosum* (Thub.) Miq.	忍冬科	落叶灌木	全省各山区	生于海拔250～1400m的山坡或山谷林中及沟谷灌木丛中	中性偏喜光	观叶、果。公园、庭院、林下地被
138	水马桑	*Weigela japonica* Thunb. var. *sinica* (Rehd.) Bailey	忍冬科	落叶灌木	浙南、浙东	生于海拔200～1200m的山坡灌木丛中及溪沟边	中性偏喜光	观花、果。公园、庭院、林下地被

（续）

编号	中名	学名	科名	植物类别	地理分布	生境	生态特性	观赏价值及园林用途
139	庆元华箬竹	*Sasa qingyuanensis*（C. H. Hu）C. H. Hu	禾本科	常绿灌木	浙江南部	生于海拔 5400m 之山地	中性	宜作地被绿化、绿篱、庭园配景或与山石点缀
140	华箬竹	*Sasa sinica* Keng	禾本科	常绿灌木	天目山	生于海拔 1000m 之林下或路旁	中性	宜作地被绿化、绿篱、庭园配景或与山石点缀
141	矮雷竹	*Shibataea strigosa* Wen	禾本科	常绿灌木	龙泉	生于坡度较缓的山谷沟边冲积砂壤中，常见于落叶乔木组成的疏林下	中性	宜作地被绿化、绿篱、庭园配景或与山石点缀
142	芦花竹	*Shibataea hispida* McClure	禾本科	常绿灌木	浙江西北部	生于山坡或山脚处或丘陵林缘隙地上	中性	宜作地被绿化、绿篱、庭园配景或与山石点缀
143	鹅毛竹	*Shibataea chinensis* Nakai	禾本科	常绿灌木	浙江西北部	生于山坡、林缘或林下	中性	宜作地被绿化、绿篱、庭园配景或与山石点缀

附录B　浙江野生木本园林地被植物资源综合评价表

评价指标	草珊瑚	全缘琴叶榕	条叶榕	台湾榕	乌冈栎	十大功劳	阔叶十大功劳	小果十大功劳	南天竹	安徽小檗	庐山小檗	乌药	黄山溲疏
观赏期	89.63	75	75	75	75	75	75	75	89.63	80.49	80.49	75	80.49
颜色	76.59	76.59	76.59	76.59	76.59	76.59	76.59	76.59	79.15	76.59	83.41	76.59	76.59
质感	77.32	77.32	77.32	77.32	85.49	77.32	77.32	77.32	85.49	77.32	77.32	77.32	66.83
整齐度	78.29	78.29	78.29	78.29	86.71	86.71	86.71	86.71	86.71	86.71	78.29	86.71	78.29
水适应性	83.61	83.61	83.61	83.61	67.95	83.61	83.61	83.61	83.61	83.61	83.61	83.61	90.12
温度适应性	80.24	80.24	80.24	80.24	80.24	80.24	80.24	66.22	85.49	80.24	80.24	85.49	85.49
土壤适应性	74.63	90.37	74.63	90.37	90.37	90.34	74.63	74.63	74.63	74.63	74.63	90.37	74.63
抗污性	78.54	78.54	78.54	78.54	84.27	78.54	78.54	78.54	78.54	78.54	78.54	78.54	78.54
光适应性	80.12	80.12	80.12	80.12	80.12	80.12	80.12	80.12	87.17	80.12	80.12	80.12	80.12
植物高度	83.45	83.45	83.45	81.07	81.07	83.54	81.07	81.07	81.07	83.45	83.45	81.07	81.07
生长速度	87.86	87.86	87.86	87.86	76.31	87.86	87.86	87.86	87.86	87.86	87.86	80.71	87.86
衰退快慢	62.62	76.9	76.9	76.9	86.67	76.9	76.9	76.9	76.9	76.9	76.9	76.9	76.9
耐修剪性	76.9	76.9	60.95	76.9	76.9	76.9	60.95	76.9	76.9	92.45	92.45	92.45	60.95
枝叶浓密	61.9	79.88	79.88	87.26	87.26	79.88	79.88	79.88	87.26	87.26	87.26	87.26	79.88
繁殖难易	76.79	76.79	76.79	76.79	86.67	86.67	76.79	76.79	86.67	86.67	86.67	76.79	86.67
移植难易	75.1	75.71	75.71	75.71	75.71	75.71	75.71	75.71	90.5	90.5	90.5	75.71	75.71
养护难易	76.71	76.71	76.71	76.71	76.71	76.71	76.71	76.71	90.36	76.71	76.71	76.71	76.71
病虫害防治	93.57	78.1	78.1	78.1	93.57	78.1	78.1	78.1	93.57	93.57	93.57	78.1	78.1
观赏性	81.28348	76.54190	76.54190	76.54190	79.81834	78.09202	78.09202	78.09202	85.27801	79.87133	80.23422	78.09202	76.10467
适应性	79.48142	83.59901	79.48142	83.59901	81.37101	83.59116	79.48142	76.21196	81.78649	79.48142	79.48142	84.82331	82.00447
生长特性	73.97144	80.61209	76.74421	81.74987	81.57776	80.62597	76.37722	80.24509	81.74987	85.88775	85.88775	84.15438	76.37722
栽培特性	80.86305	76.87341	76.87341	76.87341	82.97526	78.84941	76.87341	76.87341	90.50937	86.27787	86.27787	76.87341	78.84941
综合得分	79.27557	79.72020	77.62809	79.92671	81.20548	80.53886	78.04000	77.63825	84.35975	81.93488	82.04691	81.25498	78.61855
资源类别	Ⅱ类	Ⅱ类	Ⅲ类	Ⅱ类	Ⅱ类	Ⅱ类	Ⅱ类	Ⅲ类	Ⅱ类	Ⅱ类	Ⅱ类	Ⅱ类	Ⅱ类

（续）

评价指标	长江溲疏	宁波溲疏	浙江溲疏	齿叶溲疏	中国绣球	乐思绣球	泽绣球	圆锥绣球	浙江山梅花	太平花	绢毛山梅花	海金子	小叶蚊母
观赏期	80.49	80.49	80.49	80.49	80.49	80.49	80.49	80.49	80.49	80.49	80.49	75	89.63
颜色	76.59	76.59	76.59	76.59	76.59	76.59	76.59	76.59	76.59	76.59	76.59	76.59	76.59
质感	66.83	66.83	66.83	66.83	77.32	77.32	77.32	77.32	77.32	77.32	77.32	77.32	85.49
整齐度	78.29	78.29	78.29	78.29	78.29	78.29	78.29	78.29	61.59	61.59	61.59	86.71	86.71
水适应性	90.12	90.12	90.12	90.12	83.61	83.61	83.61	83.61	83.61	83.61	83.61	83.61	90.12
温度适应性	85.49	85.49	85.49	85.49	66.22	66.22	66.22	85.49	80.24	80.24	80.24	85.49	85.49
土壤适应性	74.63	74.63	74.63	74.63	74.63	74.63	74.63	74.63	74.63	74.63	74.63	90.37	90.37
抗污性	78.54	78.54	78.54	78.54	78.54	78.54	78.54	78.54	60.12	60.12	60.12	78.54	84.27
光适应性	80.12	80.12	80.12	80.12	80.12	80.12	80.12	87.17	80.12	80.12	80.12	87.17	87.17
植物高度	81.07	81.07	81.07	81.07	85.24	83.45	83.45	83.45	81.07	81.07	81.07	81.07	85.24
生长速度	80.71	80.71	80.71	80.71	87.86	87.86	87.86	87.86	87.86	87.86	87.86	87.86	87.86
衰退快慢	76.9	76.9	76.9	76.9	76.9	76.9	76.9	76.9	76.9	76.9	76.9	76.9	86.67
耐修剪性	60.95	60.95	60.95	60.95	76.9	76.9	76.9	76.9	60.95	60.95	60.95	76.9	92.45
枝叶浓密	79.88	79.88	79.88	79.88	87.26	79.88	79.88	79.88	61.9	61.9	61.9	79.88	87.26
繁殖难易	86.67	86.67	86.67	86.67	86.67	86.67	86.67	86.67	76.79	76.79	76.79	76.79	86.67
移植难易	75.71	75.71	75.71	75.71	90.5	90.5	90.5	90.5	75.71	75.71	75.71	75.71	90.5
养护难易	76.71	76.71	76.71	76.71	76.71	76.71	76.71	76.71	76.71	76.71	76.71	90.36	90.36
病虫害防治	78.1	78.1	78.1	78.1	93.57	93.57	93.57	93.57	78.1	78.1	78.1	93.57	93.57
观赏性	76.10467	76.10467	76.10467	76.10467	78.32121	78.32121	78.32121	78.32121	75.24674	75.24674	75.24674	78.09202	84.55993
适应性	82.00447	82.00447	82.00447	82.00447	76.21196	76.21196	76.21196	81.78649	76.60054	76.60054	76.60054	85.90407	88.09899
生长特性	75.01085	75.01085	75.01085	75.01085	82.39289	80.61209	80.61209	80.61209	72.71110	72.71110	72.71110	80.24509	88.19885
栽培特性	78.84941	78.84941	78.84941	78.84941	86.27787	86.27787	86.27787	86.27787	76.87341	76.87341	76.87341	85.23076	90.50937
综合得分	78.37056	78.37056	78.37056	78.37056	79.71827	79.39506	79.39506	81.27702	75.52367	75.52367	75.52367	82.34944	87.43967
资源类别	Ⅱ类	Ⅱ类	Ⅱ类	Ⅱ类	Ⅱ类	Ⅱ类	Ⅱ类	Ⅱ类	Ⅲ类	Ⅲ类	Ⅲ类	Ⅱ类	Ⅰ类

（续）

评价指标	檵木	棣棠花	光叶石楠	罗城石楠	倒卵叶石楠	石斑木	厚叶石斑木	太平莓	绣球绣线菊	中华绣线菊	粉花绣线菊	狭叶粉花绣线菊	硕苞蔷薇
观赏期	89.63	80.49	89.63	89.63	89.63	89.63	89.63	75	80.49	80.49	80.49	80.49	75
颜色	76.59	76.59	83.41	83.41	83.41	76.59	76.59	76.59	76.59	76.59	83.41	83.41	76.59
质感	77.32	77.32	77.32	77.32	77.32	77.32	77.32	66.83	77.32	77.32	77.32	77.32	77.32
整齐度	78.29	61.59	78.29	78.29	78.29	78.29	78.29	78.29	78.29	78.29	78.29	78.29	61.59
水适应性	90.12	83.61	83.61	90.12	83.61	83.61	83.61	83.61	90.12	90.12	90.12	90.12	83.61
温度适应性	85.49	80.24	85.49	85.49	85.49	80.24	80.24	85.49	85.49	85.49	85.49	85.49	85.49
土壤适应性	90.37	90.37	90.37	90.37	90.37	90.37	90.37	90.37	90.37	90.37	90.37	90.37	90.37
抗污性	84.27	78.54	78.54	78.54	78.54	78.54	78.54	78.54	78.54	78.54	78.54	78.54	78.54
光适应性	87.17	80.12	87.17	87.17	87.17	87.17	87.17	87.17	87.17	87.17	87.17	87.17	80.12
植物高度	81.07	83.45	81.07	83.45	83.45	81.07	81.07	85.24	83.45	83.45	83.45	83.45	83.45
生长速度	87.86	80.71	76.31	87.86	76.31	76.31	76.31	87.86	80.71	80.71	80.71	80.71	80.71
衰退快慢	86.67	76.9	86.67	86.67	86.67	76.9	76.9	76.9	76.9	76.9	76.9	76.9	76.9
耐修剪性	92.45	60.95	92.45	92.45	76.9	76.9	76.9	60.95	76.9	76.9	92.45	92.45	92.45
枝叶浓密	79.88	79.88	79.88	87.26	79.88	79.88	87.26	61.9	79.88	79.88	79.88	79.88	87.26
繁殖难易	86.67	86.67	86.67	86.67	86.67	86.67	86.67	86.67	86.67	86.67	86.67	86.67	86.67
移植难易	90.5	75.71	90.5	75.71	75.71	75.71	75.71	90.5	75.71	75.71	75.71	75.71	90.5
养护难易	90.36	76.71	76.71	76.71	76.71	76.71	76.71	76.71	90.36	90.36	90.36	90.36	76.71
病虫害防治	93.57	93.57	78.1	78.1	78.1	78.1	78.1	78.1	93.57	93.57	93.57	93.57	78.1
观赏性	81.28348	75.24674	83.19649	83.19649	83.19649	81.28348	81.28348	74.32536	78.32121	78.32121	80.23422	80.23422	73.46743
适应性	88.09899	83.59901	85.90407	87.20282	85.90407	84.67977	84.67977	85.90407	87.20282	87.20282	87.20282	87.20282	84.82331
生长特性	86.05106	75.37785	83.84385	87.92284	80.43997	78.03789	79.54267	73.35411	79.24572	79.24572	83.01660	83.01660	84.52138
栽培特性	90.50937	82.97526	82.15202	78.84941	78.84941	78.84941	78.84941	82.15202	87.20676	87.20676	87.20676	87.20676	82.15202
综合得分	86.03841	79.42111	84.04821	84.65829	82.86170	81.42185	81.69497	79.40580	83.01753	83.01753	84.29249	84.29249	80.80295
资源类别	Ⅰ类	Ⅱ类	Ⅱ类	Ⅰ类	Ⅱ类	Ⅱ类	Ⅱ类	Ⅲ类	Ⅱ类	Ⅱ类	Ⅱ类	Ⅱ类	Ⅱ类

（续）

评价指标	钝叶蔷薇	野珠兰	波叶红果树	麦李	郁李	浙江木蓝	马棘	光叶木蓝	华东木蓝	锦鸡儿	庭藤	胡枝子	大叶胡枝子
观赏期	80.49	60	89.63	80.49	80.49	80.49	80.49	80.49	80.49	80.49	80.49	80.49	75
颜色	76.59	76.59	79.15	79.15	79.15	79.15	79.15	79.15	79.15	79.15	79.15	79.15	76.59
质感	77.32	77.32	77.32	66.83	66.83	77.32	77.32	85.49	77.32	77.32	77.32	77.32	77.32
整齐度	61.59	78.29	86.71	78.29	78.29	78.29	78.29	78.29	78.29	78.29	78.29	78.29	78.29
水适应性	83.61	83.61	83.61	90.12	90.12	83.61	83.61	83.61	83.61	83.61	83.61	90.12	90.12
温度适应性	85.49	80.24	66.22	85.49	85.49	85.49	85.49	85.49	85.49	80.24	85.49	80.24	85.49
土壤适应性	90.37	74.63	90.37	90.37	90.37	90.37	90.37	90.37	90.37	74.63	90.37	90.37	90.37
抗污性	78.54	78.54	60.12	78.54	78.54	78.54	78.54	78.54	78.54	78.54	78.54	78.54	78.54
光适应性	80.12	80.12	80.12	80.12	80.12	80.12	87.17	80.12	80.12	80.12	80.12	87.17	87.17
植物高度	83.45	83.45	85.24	83.45	83.45	85.24	83.45	85.24	85.24	83.45	85.24	83.45	83.45
生长速度	80.71	80.71	76.31	80.71	80.71	76.31	80.71	76.31	76.31	87.86	76.31	80.71	80.71
衰退快慢	76.9	76.9	86.67	62.62	62.62	86.67	62.62	86.67	86.67	86.67	86.67	76.9	76.9
耐修剪性	92.45	76.9	76.9	76.9	76.9	76.9	92.45	76.9	76.9	76.9	76.9	92.45	92.45
枝叶浓密	79.88	79.88	87.26	79.88	79.88	79.88	79.88	79.88	79.88	79.88	79.88	61.9	61.9
繁殖难易	86.67	76.79	63.21	76.59	76.59	63.21	86.67	63.21	63.21	76.79	63.21	86.67	86.67
移植难易	90.5	75.71	58.09	75.71	75.71	75.71	75.71	75.71	75.71	75.71	75.71	90.5	90.5
养护难易	56.67	76.71	76.71	76.71	76.71	76.71	90.36	76.71	76.71	76.71	76.71	90.36	90.36
病虫害防治	78.1	93.57	78.1	78.1	78.1	93.57	93.57	93.57	93.57	93.57	93.57	93.57	93.57
观赏性	75.24674	71.68040	83.55169	76.82275	76.82275	79.03929	79.03929	80.76561	79.03929	79.03929	79.03929	79.03929	76.54190
适应性	84.82331	79.48142	77.44866	86.12205	86.12205	84.82331	85.90407	84.82331	84.82331	79.48142	84.82331	85.97852	87.20282
生长特性	83.01660	79.24572	82.22077	76.27120	76.27120	80.71599	80.04207	80.71599	80.71599	82.64718	80.71599	79.35048	79.35048
栽培特性	75.93962	80.99926	70.22287	76.83341	76.83341	78.28326	87.20676	78.28326	78.28326	80.99926	78.28326	90.50937	90.50937
综合得分	80.00933	77.29184	78.95452	79.86392	79.86392	81.16611	82.94528	81.69902	81.16611	80.18089	81.16611	83.41360	83.05598
资源类别	Ⅱ类	Ⅱ类	Ⅱ类	Ⅱ类	Ⅱ类	Ⅱ类	Ⅱ类	Ⅱ类	Ⅱ类	Ⅱ类	Ⅱ类	Ⅱ类	Ⅱ类

（续）

评价指标	美丽胡枝子	湖北算盘子	算盘子	东方野扇花	黄杨	匙叶黄杨	尖叶黄杨	钝齿冬青	温州冬青	猫儿刺	构骨	尾叶冬青	毛冬青
观赏期	75	80.49	80.49	75	75	75	75	75	89.63	89.63	89.63	89.63	89.63
颜色	76.59	76.59	76.59	76.59	76.59	76.59	76.59	76.59	76.59	76.59	76.59	76.59	76.59
质感	77.32	66.83	77.32	85.49	85.49	85.49	85.49	77.32	77.32	77.32	77.32	77.32	77.32
整齐度	78.29	61.59	78.29	78.29	86.71	86.71	86.71	86.71	86.71	78.29	78.29	86.71	61.9
水适应性	90.12	90.12	90.12	83.61	83.61	83.61	83.61	83.61	83.61	83.61	83.61	83.61	83.61
温度适应性	85.49	85.49	85.49	80.24	66.22	85.49	66.22	80.24	80.24	85.49	85.49	85.49	85.49
土壤适应性	90.37	90.37	90.37	74.63	90.37	90.37	90.37	90.37	90.37	90.37	90.37	90.37	90.37
抗污性	78.54	78.54	78.54	78.54	78.54	78.54	78.54	78.54	78.54	78.54	78.54	78.54	78.54
光适应性	87.17	67.07	67.07	67.07	80.12	80.12	80.12	80.12	67.07	67.07	67.07	80.12	80.12
植物高度	83.45	81.07	83.45	85.24	83.45	83.45	83.45	83.45	83.45	83.45	83.45	83.45	83.45
生长速度	80.71	76.31	87.86	76.31	87.86	87.86	87.86	76.31	76.31	76.31	76.31	76.31	76.31
衰退快慢	76.9	86.67	76.9	86.67	76.9	76.9	76.9	86.67	86.67	86.67	86.67	86.67	76.9
耐修剪性	92.45	92.45	92.45	76.9	92.45	92.45	92.45	76.9	76.9	76.9	76.9	76.9	92.45
枝叶浓密	79.88	79.88	87.26	79.88	87.26	87.26	79.88	79.88	79.88	79.88	87.26	79.88	79.88
繁殖难易	86.67	76.79	86.67	86.67	86.67	86.67	86.67	86.67	86.67	86.67	86.67	86.67	86.67
移植难易	90.5	90.5	90.5	90.5	75.71	75.71	75.71	75.71	75.71	75.71	75.71	75.71	75.71
养护难易	90.36	76.71	76.71	76.71	76.71	76.71	90.5	90.5	76.71	76.71	76.71	76.71	76.71
病虫害防治	93.57	78.1	78.1	93.57	78.1	53.69	93.67	78.1	78.1	78.1	78.1	78.1	78.1
观赏性	76.54190	73.03020	78.32121	78.26822	79.81834	79.81834	79.81834	78.09202	82.83361	81.28348	81.28348	82.83361	78.26608
适应性	87.20282	84.12149	84.12149	77.48086	80.32954	84.82331	80.32954	83.59901	81.59844	82.82274	82.82274	84.82331	84.82331
生长特性	83.01660	83.84385	85.88775	80.71599	85.88775	85.88775	84.38296	80.43997	80.43997	80.43997	81.94476	80.43997	82.17576
栽培特性	90.50937	80.17602	82.15202	86.27787	78.84941	72.33927	87.27683	83.12431	78.84941	78.84941	78.84941	78.84941	78.84941
综合得分	83.72138	79.96781	82.31237	79.82594	80.92567	81.32172	82.10375	81.24389	81.29609	81.23089	81.50401	82.38481	81.28986
资源类别	Ⅱ类	Ⅱ类	Ⅱ类	Ⅱ类	Ⅱ类	Ⅱ类	Ⅱ类	Ⅱ类	Ⅱ类	Ⅱ类	Ⅱ类	Ⅱ类	Ⅱ类

（续）

评价指标	矮冬青	三花冬青	胶州卫矛	福建假卫矛	隔药柃	柃木	滨柃	微毛柃	翅柃	丛化柃	窄基红褐柃	毛花连蕊茶	粉红短柱茶
观赏期	89.63	89.63	75	75	75	75	75	75	75	75	75	75	89.63
颜色	79.15	79.15	76.59	76.59	76.59	76.59	89.63	76.59	76.59	76.59	76.59	76.59	76.59
质感	77.32	77.32	77.32	77.32	77.32	85.49	85.49	85.49	85.49	85.49	77.32	77.32	77.32
整齐度	86.71	86.71	78.29	61.9	78.29	78.29	86.71	86.71	86.71	86.71	78.29	78.29	78.29
水适应性	83.61	83.61	83.61	67.95	90.12	90.12	90.12	90.12	83.61	90.12	83.61	83.61	83.61
温度适应性	85.49	85.49	85.49	80.24	80.24	80.24	80.24	80.24	80.24	80.24	80.24	80.24	80.24
土壤适应性	90.37	90.37	90.37	90.37	90.37	90.37	74.63	90.37	90.37	90.37	90.37	90.37	90.37
抗污性	78.54	78.54	78.54	78.54	78.54	78.54	78.54	78.54	78.54	78.54	78.54	78.54	78.54
光适应性	80.12	80.12	80.12	80.12	87.17	87.17	87.17	87.17	80.12	87.17	80.12	87.17	87.17
植物高度	83.45	83.45	85.24	81.07	81.07	81.07	83.45	85.24	85.24	85.24	81.07	85.24	85.24
生长速度	76.31	76.31	87.86	87.86	80.71	80.71	87.86	80.71	87.86	76.31	80.71	80.71	87.86
衰退快慢	76.9	76.9	76.9	76.9	76.9	76.9	76.9	76.9	76.9	76.9	76.9	76.9	76.9
耐修剪性	92.45	92.45	92.45	60.95	76.9	92.45	92.45	92.45	76.9	92.45	76.9	76.9	76.9
枝叶浓密	87.26	79.88	79.88	76.9	79.88	79.88	87.26	79.88	87.26	79.88	79.88	79.88	79.88
繁殖难易	86.67	86.67	86.67	76.79	86.67	86.67	86.67	86.67	86.67	86.67	86.67	76.79	76.79
移植难易	75.71	75.71	75.71	75.71	75.71	75.71	75.71	75.71	75.71	75.71	75.71	75.71	75.71
养护难易	76.71	76.71	76.71	76.71	76.71	76.71	76.71	76.71	76.71	76.71	76.71	76.71	76.71
病虫害防治	78.1	78.1	78.1	78.1	78.1	78.1	78.1	78.1	78.1	78.1	78.1	78.1	78.1
观赏性	83.55169	83.55169	76.54190	73.52450	76.54190	78.26822	83.47606	79.81834	79.81834	79.81834	76.54190	76.54190	81.28348
适应性	84.82331	84.82331	84.82331	80.47484	85.97852	85.97852	81.86093	85.97852	83.59901	85.97852	83.59901	84.67977	84.67977
生长特性	83.68054	82.17576	84.65898	75.76960	78.87873	82.64960	85.88775	83.29262	82.39289	82.45178	78.87873	79.52174	80.88811
栽培特性	78.84941	78.84941	78.84941	76.87341	78.84941	78.84941	78.84941	78.84941	78.84941	78.84941	78.84941	76.87341	76.87341
综合得分	83.19464	82.92152	81.20831	76.85510	80.54919	81.76652	82.57181	82.36175	81.39513	82.20914	79.74587	79.88717	81.59890
资源类别	Ⅱ类	Ⅱ类	Ⅱ类	Ⅲ类	Ⅱ类	Ⅱ类	Ⅱ类	Ⅱ类	Ⅱ类	Ⅱ类	Ⅱ类	Ⅱ类	Ⅱ类

（续）

评价指标	尖连蕊茶	茶	黄瑞木	短柱茶	毛枝连蕊茶	厚皮香	金丝桃	芫花	牛奶子	赤楠	轮叶蒲桃	地菍	四棱野海棠
观赏期	75	75	75	75	89.63	89.63	89.63	80.49	80.49	89.63	89.63	80.49	89.63
颜色	76.59	76.59	76.59	76.59	76.59	76.59	76.59	76.59	76.59	76.59	76.59	76.59	76.59
质感	77.32	77.32	77.32	77.32	77.32	85.49	85.49	77.32	77.32	85.49	85.49	85.49	77.32
整齐度	78.29	86.71	78.29	78.29	78.29	86.71	78.29	78.29	61.59	86.71	86.71	86.71	78.29
水适应性	83.61	83.61	83.61	83.61	83.61	67.95	90.12	67.95	90.12	83.61	83.61	83.61	83.61
温度适应性	80.24	85.49	80.24	80.24	80.24	85.49	80.24	80.24	85.49	80.24	80.24	66.22	80.24
土壤适应性	90.37	90.37	90.37	90.37	90.37	90.37	74.63	90.37	90.37	90.37	90.37	90.37	74.63
抗污性	78.54	78.54	78.54	78.54	78.54	84.27	78.54	78.54	84.27	78.54	78.54	78.54	78.54
光适应性	87.17	87.17	87.17	87.17	87.17	87.17	87.17	80.12	80.17	87.17	87.17	80.12	67.07
植物高度	85.24	81.07	83.45	83.45	83.45	81.07	85.24	85.24	83.45	81.07	83.45	85.24	85.24
生长速度	87.86	87.86	80.71	87.86	80.71	76.31	80.71	80.71	80.71	87.86	87.86	87.86	87.86
衰退快慢	76.9	86.67	76.9	76.9	76.9	86.67	76.9	76.9	76.9	86.67	86.67	76.9	62.62
耐修剪性	76.9	92.45	76.9	76.9	76.9	76.9	92.45	92.45	92.45	92.45	92.45	60.95	76.9
枝叶浓密	79.88	87.26	79.88	79.88	79.88	79.88	79.88	79.88	61.9	87.26	87.26	87.26	79.88
繁殖难易	76.79	86.67	76.79	76.79	76.79	76.79	76.79	86.67	86.67	86.67	86.67	8.67	76.79
移植难易	75.71	90.5	75.71	75.71	75.71	75.71	90.5	90.5	90.5	75.71	75.71	90.5	58.09
养护难易	76.71	90.36	76.71	76.71	76.71	76.71	76.71	76.71	76.71	90.36	90.36	76.71	76.71
病虫害防治	78.1	93.57	78.1	78.1	78.1	93.57	78.1	78.1	78.1	78.1	78.1	78.1	78.1
观赏性	76.54190	78.09202	76.54190	76.54190	81.28348	84.55993	83.00980	78.32121	75.24674	84.55993	84.55993	81.59765	81.28348
适应性	84.67977	85.90407	84.67977	84.67977	84.67977	83.67607	81.86093	80.47484	87.02589	84.67977	84.67977	80.32954	77.48086
生长特性	80.88811	87.55584	79.24572	80.61209	79.24572	80.07298	83.29262	83.29262	79.35048	87.55584	87.92284	78.52501	77.91358
栽培特性	76.87341	90.50937	76.87341	76.87341	76.87341	80.99926	80.17602	82.15202	82.15202	83.08091	83.08091	66.55202	72.93887
综合得分	80.13517	84.58532	79.83708	80.08507	81.30080	82.83401	82.18530	80.61025	81.15730	84.88946	84.95607	78.02100	77.95114
资源类别	Ⅱ类	Ⅰ类	Ⅱ类	Ⅱ类	Ⅱ类	Ⅱ类	Ⅱ类	Ⅱ类	Ⅱ类	Ⅰ类	Ⅰ类	Ⅱ类	Ⅱ类

（续）

评价指标	中华野海棠	秀丽野海棠	通脱木	青木	马醉木	满山红	杜鹃	羊踯躅	白花杜鹃	短尾越橘	乌饭树	黄背越橘	江南越橘
观赏期	89.63	89.63	75	75	75	80.49	89.63	80.49	80.49	89.63	89.63	89.63	89.63
颜色	76.59	76.59	76.59	80.61	76.59	76.59	76.59	76.59	76.59	76.59	76.59	76.59	76.59
质感	77.32	77.32	77.32	77.32	77.32	77.32	77.32	77.32	77.32	85.49	77.32	77.32	77.32
整齐度	78.29	78.29	78.29	86.71	78.29	78.29	78.29	78.29	78.29	78.29	78.29	78.29	86.71
水适应性	83.61	83.61	83.61	83.61	83.61	67.95	67.95	83.61	83.61	83.61	83.61	83.61	83.61
温度适应性	80.24	80.24	80.24	66.22	85.49	80.24	80.24	85.49	85.49	85.49	85.49	85.49	85.49
土壤适应性	74.63	74.63	74.63	74.63	90.37	90.37	90.37	90.37	90.37	90.37	90.37	90.37	90.37
抗污性	78.54	78.54	78.54	78.54	78.54	78.54	78.54	78.54	78.54	78.54	78.54	78.54	78.54
光适应性	67.07	67.07	80.12	67.07	87.17	80.12	80.12	87.17	87.17	87.17	87.17	87.17	87.17
植物高度	85.24	85.24	83.45	85.24	83.45	83.45	83.45	83.45	83.45	83.45	81.07	81.07	83.45
生长速度	76.31	87.86	87.86	76.31	76.31	87.86	87.86	76.31	76.31	76.31	76.31	76.31	76.31
衰退快慢	62.62	62.62	86.67	86.67	86.67	76.9	76.9	86.67	86.67	86.67	86.67	86.67	86.67
耐修剪性	76.9	76.9	60.5	76.9	76.9	76.9	76.9	76.9	76.9	92.45	92.45	92.45	92.45
枝叶浓密	79.88	79.88	79.88	79.88	87.26	79.88	79.88	61.9	79.88	87.26	87.26	87.26	87.26
繁殖难易	76.79	76.79	76.79	76.79	86.67	76.79	76.79	63.21	76.79	63.21	63.21	63.21	76.79
移植难易	58.09	58.09	75.71	75.71	90.5	90.5	90.5	75.71	75.71	90.5	90.5	90.5	90.5
养护难易	76.71	76.71	76.71	76.71	76.71	76.71	76.71	76.71	76.71	76.71	76.71	76.71	76.71
病虫害防治	78.1	78.1	78.1	93.57	93.57	78.71	78.71	93.57	93.57	93.57	93.57	93.57	93.57
观赏性	81.28348	81.28348	76.54190	79.21963	76.54190	78.32121	81.28348	78.32121	78.32121	83.00980	81.28348	81.28348	82.83361
适应性	77.48086	77.48086	79.48142	74.21139	85.90407	80.47484	80.47484	85.90407	85.90407	85.90407	85.90407	85.90407	85.90407
生长特性	75.70638	77.91358	78.67018	80.71599	81.94476	80.61209	80.61209	76.77385	80.43997	85.71563	85.34864	85.34864	85.71563
栽培特性	72.93887	72.93887	76.87341	80.99926	86.27787	80.33871	80.33871	78.28326	80.99926	81.58587	81.58587	81.58587	84.30187
综合得分	77.55053	77.95114	77.97765	78.10689	82.35972	79.81148	80.72594	80.59380	81.72690	84.23281	83.63329	83.63329	84.64612
资源类别	Ⅱ类	Ⅱ类	Ⅱ类	Ⅲ类	Ⅱ类	Ⅱ类	Ⅱ类	Ⅱ类	Ⅱ类	Ⅱ类	Ⅱ类	Ⅱ类	Ⅰ类

（续）

评价指标	马银花	朱砂根	红凉伞	百两金	紫金牛	大罗伞树	东南紫金牛	杜茎山	光叶铁仔	金钟花	流苏树	小蜡	醉鱼草
观赏期	89.63	89.63	89.63	89.63	89.63	89.63	89.63	75	75	80.49	80.49	75	80.49
颜色	76.59	76.59	76.59	76.59	76.59	76.59	76.59	76.59	76.59	76.59	76.59	76.59	76.59
质感	77.32	77.32	77.32	77.32	77.32	77.32	77.32	66.83	85.49	77.32	77.32	77.32	77.32
整齐度	78.29	78.29	78.29	78.29	86.71	78.29	78.29	78.29	78.29	86.71	78.29	78.29	61.59
水适应性	83.61	83.61	83.61	83.61	83.61	83.61	83.61	83.61	83.61	83.61	83.61	90.12	90.12
温度适应性	85.49	80.24	80.24	80.24	80.24	80.24	80.24	80.24	80.24	85.49	85.49	85.49	85.49
土壤适应性	90.37	74.63	74.63	74.63	74.63	74.63	74.63	90.37	74.63	74.63	90.37	90.37	90.37
抗污性	78.54	78.54	78.54	78.54	78.54	78.54	78.54	78.54	78.54	84.27	84.27	84.27	84.27
光适应性	87.17	67.07	67.07	67.07	80.12	67.07	67.07	80.12	67.07	80.12	80.12	87.17	80.12
植物高度	83.45	85.24	85.24	85.24	85.24	85.24	85.24	85.24	85.24	83.45	83.45	81.07	83.45
生长速度	76.31	76.31	76.31	76.31	76.31	62.62	76.31	80.71	76.31	80.71	87.86	80.71	80.71
衰退快慢	86.67	62.62	62.62	62.62	62.62	62.62	62.62	76.9	86.67	76.9	76.9	76.9	76.9
耐修剪性	76.9	76.9	76.9	76.9	60.95	60.95	60.95	76.9	76.9	92.45	76.9	92.45	92.45
枝叶浓密	79.88	79.88	79.88	79.88	79.88	79.88	79.88	79.88	79.88	79.88	79.88	87.26	79.88
繁殖难易	76.79	86.76	86.76	76.79	76.79	76.79	76.79	86.67	76.79	86.67	76.79	86.67	86.67
移植难易	75.71	58.09	58.09	58.09	75.71	58.09	58.09	90.5	75.71	75.71	75.71	90.5	90.5
养护难易	76.71	56.67	56.67	56.67	56.67	56.67	56.67	90.36	76.71	90.36	76.71	90.36	76.71
病虫害防治	93.57	78.1	78.1	78.1	78.1	78.1	78.1	78.1	78.1	78.1	78.1	93.57	93.57
观赏性	81.28348	81.28348	81.28348	81.28348	82.83361	81.28348	81.28348	74.32536	78.26822	79.87133	78.32121	76.54190	75.24674
适应性	85.90407	77.48086	77.48086	77.48086	79.48142	77.48086	77.48086	83.59901	77.48086	81.60190	85.71948	88.09899	87.01822
生长特性	80.43997	75.70638	75.70638	75.70638	71.83850	69.22234	71.83850	79.52174	80.71599	83.01660	80.61209	84.15438	83.01660
栽培特性	80.99926	68.72047	68.72047	66.72647	70.66101	66.72647	66.72647	86.38352	76.87341	83.08091	76.87341	90.50937	86.27787
综合得分	82.64135	76.82412	76.82412	76.48075	77.61018	75.30390	75.77873	80.47570	78.20649	81.57913	80.98535	84.23044	82.53058
资源类别	Ⅱ类	Ⅲ类	Ⅲ类	Ⅲ类	Ⅲ类	Ⅲ类	Ⅲ类	Ⅱ类	Ⅱ类	Ⅱ类	Ⅱ类	Ⅱ类	Ⅱ类

（续）

评价指标	秃红紫珠	白棠子树	紫珠	臭牡丹	海州常山	兰香草	水团花	细叶水团花	栀子	狭叶栀子	白马骨	六月雪	糯米条
观赏期	80.49	80.49	80.49	80.49	80.49	80.49	60	60	89.63	89.63	75	75	75
颜色	76.59	76.59	76.59	76.59	76.59	76.59	76.59	76.59	76.59	76.59	76.59	76.59	76.59
质感	77.32	77.32	77.32	66.83	77.32	77.32	77.32	77.32	77.32	77.32	85.49	85.49	77.32
整齐度	78.29	78.29	78.29	78.29	78.29	78.29	78.29	78.29	78.29	86.71	86.71	86.71	61.59
水适应性	83.61	83.61	83.61	90.12	83.61	83.61	83.61	83.61	83.61	83.61	83.61	83.61	83.61
温度适应性	80.24	80.24	80.24	85.49	85.49	66.22	80.24	80.24	85.49	80.24	80.24	80.24	85.49
土壤适应性	90.37	90.37	90.37	90.37	90.37	90.37	90.37	90.37	90.37	74.63	90.37	90.37	90.37
抗污性	78.54	78.54	78.54	84.27	78.54	84.27	78.54	78.54	84.27	78.54	78.54	78.54	78.54
光适应性	80.12	80.12	80.12	80.12	80.12	80.12	87.17	87.17	87.17	80.12	87.17	87.17	80.12
植物高度	83.45	83.45	83.45	81.07	85.24	85.24	81.07	81.07	81.07	83.45	85.24	85.24	85.24
生长速度	87.86	87.86	87.86	80.71	80.71	80.71	80.71	80.71	87.86	87.86	76.31	76.31	87.86
衰退快慢	76.9	76.9	76.9	76.9	62.62	62.62	76.9	76.9	76.9	76.9	86.67	86.67	76.9
耐修剪性	60.95	76.9	60.95	76.9	92.45	92.45	76.9	76.9	92.45	76.9	76.9	76.9	76.9
枝叶浓密	61.9	79.88	61.9	79.88	79.88	79.88	61.9	79.88	79.88	87.26	79.88	79.88	79.88
繁殖难易	76.79	76.79	76.79	86.67	86.67	86.67	76.79	76.79	76.79	76.79	76.79	76.79	76.79
移植难易	75.71	75.71	75.71	90.5	90.5	90.5	75.71	75.71	75.71	75.71	75.71	75.71	75.71
养护难易	76.71	76.71	76.71	76.71	76.71	76.71	76.71	76.71	76.71	76.71	76.71	76.71	76.71
病虫害防治	93.57	93.57	93.57	78.1	93.57	78.1	78.1	78.1	78.1	78.1	78.1	78.1	78.1
观赏性	78.32121	78.32121	78.32121	76.10467	78.32121	78.32121	71.68040	71.68040	81.28348	82.83361	79.81834	79.81834	73.46743
适应性	83.59901	83.59901	83.59901	87.01822	84.82331	81.22572	84.67977	84.67977	86.80024	79.48142	84.67977	84.67977	84.82331
生长特性	73.07809	80.61209	73.07809	78.87873	80.31809	80.31809	75.21261	78.87873	84.01597	82.11687	80.71599	80.71599	80.88811
栽培特性	80.99926	80.99926	80.99926	82.15202	86.27787	82.15202	76.87341	76.87341	76.87341	76.87341	76.87341	76.87341	76.87341
综合得分	79.61253	80.97995	79.61253	81.33393	82.24889	80.32387	77.60432	78.26972	82.88247	80.54548	81.11537	81.11537	79.23454
资源类别	Ⅱ类	Ⅱ类	Ⅱ类	Ⅱ类	Ⅱ类	Ⅱ类	Ⅲ类	Ⅲ类	Ⅱ类	Ⅱ类	Ⅱ类	Ⅱ类	Ⅱ类

（续）

评价指标	南方六道木	琼花	茶荚蒾	荚蒾	金腺荚蒾	具毛常绿荚蒾	蝴蝶戏珠花	水马桑	庆元华箬竹	华箬竹	倭雷竹	芦花竹	鹅毛竹
观赏期	89.63	89.63	80.49	80.49	89.63	89.63	80.49	80.49	75	75	75	75	75
颜色	76.59	80.61	76.59	80.61	76.59	76.59	76.59	76.59	76.59	76.59	76.59	76.59	76.59
质感	85.49	77.32	77.32	77.32	77.32	77.32	77.32	77.32	85.49	85.49	85.49	85.49	85.49
整齐度	78.29	78.29	78.29	78.29	78.29	78.29	78.29	61.59	78.29	78.29	78.29	78.29	78.29
水适应性	83.61	83.61	83.61	83.61	83.61	83.61	83.61	90.12	83.61	83.61	83.61	83.61	83.61
温度适应性	85.49	85.49	85.49	85.49	80.24	85.49	80.24	80.24	85.49	80.24	85.49	85.49	85.49
土壤适应性	90.37	74.63	74.63	74.63	74.63	74.63	74.63	90.37	74.63	74.63	74.63	74.63	74.63
抗污性	78.54	78.54	78.54	78.54	78.54	78.54	78.54	78.54	78.54	78.54	78.54	78.54	78.54
光适应性	80.12	80.12	80.12	80.12	80.12	80.12	80.12	80.12	80.12	80.12	80.12	80.12	80.12
植物高度	85.24	83.45	81.07	81.07	81.07	81.07	81.07	81.07	83.45	83.45	83.45	83.45	83.45
生长速度	87.86	87.86	87.86	87.86	87.86	87.86	87.86	87.86	80.71	80.71	80.71	80.71	80.71
衰退快慢	76.9	76.9	76.9	76.9	76.9	76.9	76.9	62.62	86.67	86.67	86.67	86.67	86.67
耐修剪性	76.9	60.95	60.95	60.95	60.95	76.9	76.9	76.9	76.9	76.9	76.9	76.9	76.9
枝叶浓密	79.88	79.88	79.88	79.88	79.88	79.88	79.88	61.9	87.26	87.26	87.26	87.26	87.26
繁殖难易	76.79	76.79	76.79	76.79	76.79	76.79	76.79	76.79	76.79	76.79	76.79	76.79	76.79
移植难易	75.71	75.71	75.71	75.71	75.71	75.71	75.71	75.71	90.5	90.5	90.5	90.5	90.5
养护难易	76.71	76.71	76.71	76.71	76.71	76.71	76.71	76.71	76.71	76.71	76.71	76.71	76.71
病虫害防治	78.1	78.1	78.1	78.1	78.1	78.1	78.1	78.1	78.1	78.1	78.1	78.1	78.1
观赏性	83.00980	82.41109	78.32121	79.44882	81.28348	81.28348	78.32121	75.24674	78.26822	78.26822	78.26822	78.26822	78.26822
适应性	84.82331	80.70572	80.70572	80.70572	79.48142	80.70572	79.48142	84.89775	80.70572	79.48142	80.70572	80.70572	80.70572
生长特性	80.88811	76.74421	76.37722	76.37722	76.37722	80.24509	80.24509	73.60445	82.78560	82.78560	82.78560	82.78560	82.78560
栽培特性	76.87341	76.87341	76.87341	76.87341	76.87341	76.87341	76.87341	76.87341	80.17602	80.17602	80.17602	80.17602	80.17602
综合得分	82.18027	79.85323	78.52408	78.87217	79.02521	80.14055	78.81277	78.48696	80.23955	79.82622	80.23955	80.23955	80.23955
资源类别	Ⅱ类	Ⅱ类	Ⅱ类	Ⅱ类	Ⅱ类	Ⅱ类	Ⅱ类	Ⅱ类	Ⅱ类	Ⅱ类	Ⅱ类	Ⅱ类	Ⅱ类

小叶赤楠
籽播育苗生产技术规程

（丽水市绘景园林发展有限公司企业标准 Q/LSHJ02-2008）

（2008 年 12 月 8 日发布，2008 年 12 月 15 日实施）

前　言

为规范小叶赤楠的苗木生产，确保小叶赤楠籽播苗的质量，特制定本生产技术规程标准。

本标准由丽水市绘景园林发展有限公司提出。

本标准起草单位：丽水市绘景园林发展有限公司、丽水市林业科学研究所。

本标准主要起草人：练发良、雷珍、汤兆成。

本标准属首次发布。

小叶赤楠播种育苗生产技术规程

1　范围

本标准规定了小叶赤楠籽播育苗生产的术语和定义、生产环境、播种地整地、播床准备、种子准备、播种、出苗期管理、幼苗移栽、移后管理、苗木出圃、交货验收等。

本标准适用于小叶赤楠播种育苗栽培。

2　规范性引用文件

下列文件中的条款通过本标准的引用而成为本标准的条款。凡是注日期的引用文件，其随后所有的修改单(不包括勘误的内容)或修订版均不适用于本标准，然而，鼓励根据本标准达成协议的各方研究是否可使用这些文件的最新版本。凡是不注日期的引用文件，其最新版本适用于本标准。

GB3095-96　环境空气质量标准
GB5084-2005　农田灌溉水质量标准
GB15618-95　土壤环境质量标准
GB4285-89　农药安全使用标准
GB/T17419-98　含氨基酸叶面肥料
GB/T17420-98　含微量元素叶面肥料
NY/T394-2000　肥料使用准则

3　术语和定义

下列术语和定义适用于本标准。

3.1　籽播育苗

通过种子播种培育苗木的育苗方式。

3.2　熟地

指进行正常生产的圃地、耕地或园地。

3.3　生荒地

指未开垦过或荒芜多年的土地。

3.4 播床

用于播种的苗床。

3.5 出苗期管理

指从种子播到圃地后至幼苗移植之前这一时段的生产管理。

3.6 移后管理

指把幼苗从播种地移栽到容器以后的生产管理。

4 生产环境

4.1 场地条件

生产地宜建于背风向阳、地势平坦、水源充足、设施齐全、交通便利之处。

4.2 土壤条件

符合 GB15618-95 的标准。

4.3 水质条件

符合 GB5084-2005 的标准

4.4 大气质量

符合 GB3095 的标准。

5 播种地整地

5.1 熟地整地

(1)深翻土壤，翻耕深度 25～30cm。

(2)结合深翻，施入基肥。基肥以腐熟后的有机肥为主，复合肥料为辅。

(3)土壤消毒，应定期进行土壤药物消毒，消毒药物符合 GB4285 的标准。

(4)四周修筑大排灌沟，沟宽 40～50cm，深 35～50cm；内结合插床设置小排灌沟，与大排灌沟相通。

5.2 生荒地整地

生荒地应先浅耕灭茬，然后再按本规程 5.1.1 标准整地。

6 播床准备

6.1 准备时间

在开始播种前 2～3 天。

6.2 播床整理

(1) 按床宽 0.8～1m，床高 20cm 左右设置插床，相邻插床间设宽 25～30cm 的小排水沟。

(2) 浅耕 15 ~ 20cm，碎土、整平。

(3)用 50% 的多菌灵可湿粉 500 倍液或 70% 甲基托布津可湿性粉 600 倍液，或敌克松粉 600 倍液喷淋进行消毒。

7 种子准备

7.1 种子采集

宜在 11 ~ 12 月种子充分成熟时选择健壮、无病虫害母株采集。

7.2 种子处理

采集后的种子在室内堆数天，待果皮充分软化后，捣碎果皮，放入清水中漂洗，去除果皮杂质，薄薄摊在室内空地上阴晒 1 ~ 2 天。

7.3 种子贮藏

处理后不马上用于播种的种子必须进行贮藏，贮藏方法可选用湿沙层积法。贮藏期不宜过长，宜在种子萌芽前用于播种。

7.4 净种

种子贮藏后催芽前应用清水净种，以去除种子表面的沙粒和杂质，同时去除浮在水面的种子，保证播种种子的质量。

7.5 种子催芽

将种子用 20 ~ 30℃ 温水浸种 40 ~ 50 小时后捞出，置于湿砂中，砂的湿度保持在捏紧松手后不散亦无滴水状，采用保温措施，使种子温度保持在 25℃ 左右。

8 播种

8.1 播种时间

宜在采种当年 12 月至翌年 2 月中旬播种。

8.2 播种方式

可采用条播或撒播。

8.3 覆土深度

种子上覆土 1 ~ 2cm 的细土。

8.4 床面覆盖

覆土后，在苗床上覆一层疏松覆盖物，如稻草或杂草。

9 出苗期管理

9.1 揭除覆盖物

当有相当量的幼苗出土后，即可去除苗床上面的覆盖物。

9.2 除草

覆盖物除去后，要及时开始除草，除草掌握除早、除小、除了的原则，除草时不要伤及杂草周围的小苗。

9.3 病虫害防治

出苗期要防止苗木猝倒病、地老虎、蜗牛等对小叶赤楠幼苗的危害。

10 幼苗移栽

10.1 移栽时间

宜在4月中旬至5月中旬，幼苗4～6cm高时移植。

10.2 移后培苗方式

宜用容器培苗。

10.3 容器选择

容器一般可选用10cm×12cm或12cm×12cm营养钵，具体规格由目标产品要求决定。

10.4 基质选择

可选用适合常规灌木小苗生产应用的商品配方基质，也可自行选材配制，如可用废菌棒40%+粗木屑25%+珍珠岩15%+泥炭10%+稻壳10%，另每立方米基质加3～4kg全营养进口缓释肥。

10.5 移植方法

选择3～4株新鲜匀称的幼苗成丛植于装好基质的容器中，深度以基质面与苗木原土痕齐平为准；栽后当日用雾喷式喷洒苗木和基质，至基质充分湿透。

11 移后管理

11.1 水分管理

栽植后前20天为苗木成活关键期，也是水分管理的关键期，这期间每2～3天浇一次水，防止基质过干过湿。其他时期根据不同生长季节、不同气候进行，基本上盆土见干见湿，夏季高温干旱期，避开中午高温时节喷水。

11.2 养分管理

原则是薄肥多施，4～8月，每月1次肥料，肥料种类以全元素复合肥为好，8月下旬停止施肥。

11.3 病虫害防治

主要在9～11月份防治叶部虫害，药剂选用菊酯类农药。

11.4 冬季防冻

小叶赤楠在冬季冻害来临前，应进行防冻，防冻方法可以采用在苗木上方搭设遮荫棚或塑料棚，棚四周通透不密封，并结合秋冬基质控水防止新芽萌发。

12　苗木出圃

12.1　出圃准备

苗木出圃前应对在圃苗木进行调查，将准备出圃的苗木的规格、数量和质量加以统计，以便按计划出圃。

12.2　苗木分级

根据苗木规格进行产品分级，分级标准如表1所示。

表1　小叶赤楠紫播苗等级质量控制表

苗木等级	规格要求		质量要求
	高度(cm)	冠幅(cm)	其他
Ⅰ级	>25	>20	生长正常、枝叶完整、无破损
Ⅱ级	>20	>15	生长正常、枝叶完整、无破损

12.3　苗木装运

(1)苗木运往生产地以外的其他县(市、区)，需按批次持有生产地植物检疫机构开具的植物检疫证，并随苗木交给购苗单位。

(2)苗木出圃应带育苗容器一起装运，装车时应将苗木横放，运输工具最好选择箱式运输车。

13　交货验收

13.1　验收地点

产地或销地。

13.2　验收内容

13.2.1　规格验收

检查苗木等级是否与要求相符。

13.2.2　质量验收

检查苗木质量是否与要求相符。

13.3　验收方法

采用随机抽检的方法，抽检强度如下表标准执行。

表 2 小叶赤楠紫播苗抽检强度表

苗木数量(株)	检验株数
500 ~ 1000	50
1000 ~ 10000	100
10000 ~ 50000	250
50000 ~ 100000	350
100000 ~ 500000	500
500000 以上	750

小叶蚊母
扦插苗生产技术规程

（丽水市绘景园林发展有限公司企业标准 Q/LSHJ01-2008）

（2008 年 12 月 10 日发布，2008 年 12 月 10 日实施）

前　言

为规范小叶蚊母的苗木生产，确保小叶蚊母扦插苗的质量，特制定本生产技术规程标准。

本标准由丽水市绘景园林发展有限公司提出。

本标准起草单位：丽水市绘景园林发展有限公司、丽水市林业科学研究所。

本标准主要起草人：练发良、雷珍、汤兆成。

本标准属首次发布。

小叶蚊母扦插苗生产技术规程

1 范围

本标准规定了小叶蚊母扦插苗生产的术语和定义、生产环境、苗圃整地、插床准备、遮荫措施、扦插、苗期管理、苗木出圃、交货验收等。

本标准适用于小叶蚊母扦插育苗栽培。

2 规范性引用文件

下列文件中的条款通过本标准的引用而成为本标准的条款。凡是注日期的引用文件，其随后所有的修改单(不包括勘误的内容)或修订版均不适用于本标准，然而，鼓励根据本标准达成协议的各方研究是否可使用这些文件的最新版本。凡是不注日期的引用文件，其最新版本适用于本标准。

GB3095-96	环境空气质量标准
GB5084-2005	农田灌溉水质量标准
GB15618-95	土壤环境质量标准
GB4285-89	农药安全使用标准
GB/T17419-98	含氨基酸叶面肥料
GB/T17420-98	含微量元素叶面肥料
NY/T394-2000	肥料使用准则

3 术语和定义

下列术语和定义适用于本标准。

3.1 扦插苗

指用扦插方法培育的供给苗木生产单位生产工程苗木的小苗。

3.2 熟地

指进行正常生产的圃地、耕地或园地。

3.3 生荒地

指未开垦过或荒芜多年的土地。

3.4 插床

指用于扦插苗木的苗床。

3.5 床基

指插床的表面以下部分。

3.6 床面

指插床的面层部分。

4 生产环境

4.1 场地条件

生产地宜建于背风向阳、地势平坦、水源充足、设施齐全、交通便利之处。

4.1.2 土壤条件

符合 GB15618-95 的标准。

4.1.3 水质条件

符合 GB5084-2005 的标准。

4.1.4 空气质量

符合 GB3095 的标准。

5 苗圃整地

5.1 熟地整地

(1)深翻土壤，翻耕深度 25～30cm。

(2)结合深翻，施入基肥。基肥以腐熟后的有机肥为主，复合肥料为辅。

(3)土壤消毒，应定期进行土壤药物消毒，消毒药物符合 GB4285 的标准。

(4)四周修筑大排灌沟，沟宽 40～50cm，深 35～50cm；内结合插床设置小排灌沟，与大排灌沟相通。

5.2 生荒地整地

生荒地应先浅耕灭茬，然后再按本规程 5.1.1 标准整地。

6 插床准备

6.1 准备时间

在开始扦插前 2～3 天。

6.2 床基整理

(1) 按床宽 0.8～1m，床高 20cm 左右设置插床，相邻插床间设宽 25～30cm 的小排水沟。

(2) 浅耕 15～20cm，碎土、整平。

6.3 床面处理

(1) 在整理好的床基上铺设一层 2～3cm 厚的扦插基质。

(2) 基质可用泥炭:山泥:蛭石 =3:3:1 或新鲜河砂。

(3) 用50%的多菌灵可湿粉500倍液或70%甲基托布津可湿性粉600倍液，或敌克松粉600倍液喷淋进行消毒。

7 遮阴措施

扦插前，插床要搭设高2m以上的遮荫棚，棚顶和棚侧四周要铺设90%的遮荫网。

8 扦插

8.1 扦插时间

硬枝扦插在3~5月，嫩枝扦插(当年半木质化枝)一般在9~10月进行。

8.2 插穗采集

8.2.1 插条选择

在优良母株上选择健壮无病虫害的1年生或当年生半木质化枝条，直径3~5mm，带叶的枝条作为插穗，插枝要求枝龄一致，粗细均匀。

8.2.2 插穗剪取

插穗长7~10cm为宜，下切口45°，上切口平，保留3~7张叶片。

8.2.3 切口处理

上切口封蜡处理，下切口用生根剂处理。

8.3 扦插方法

8.3.1 扦插深度

插穗长度1/2~3/5为宜。

8.3.2 扦插密度

以插穗之间相互不挤压，叶片能自然伸展，俯视能看到插穗的基部为好。

8.3.3 苗床保湿

宜用70%甲基托布津可湿性粉剂兑水600倍液喷洒至基质湿透。插完后用竹条在插床搭设高50cm的拱架，覆盖塑料农膜，用湿泥土将插床四周农膜压实。

9 苗期管理

9.1 浇水

视苗床基质湿度及插穗生长情况少量多次，以保持叶片水分。

9.2 施肥

新梢定梢后，用浓度0.1%~0.2%磷酸二氢钾+0.2%~0.3%尿素喷施2~3

次。视生长情况及时追肥，生长旺季每15～20天施肥一次。

9.3 炼苗

待新根达到6根以上时，在傍晚或阴天陆续揭除覆盖物。

9.4 除草

应清除床面、步道和沟渠中的杂草。一般不宜采用化学除草，雨后和灌水后表土微干时应进行中耕。

9.5 病虫害防治

在揭去塑料后喷施2次药剂进行病虫害防治。药剂用多菌灵和菊酯类农药混喷。

10 苗木出圃

10.1 出圃准备

(1)苗木出圃前应到当地植物检疫部门申请苗木的产地检疫。

(2)苗木出圃前应对在圃苗木进行调查，将准备出圃的苗木的数量和质量加以统计，以便出圃，出圃苗木应符合园林苗木产品标准的各项规定。

10.2 起苗

起苗前1～2天要充分浇水；起苗时用铁铲铲松苗木根际土壤，而后拔起苗木，保持苗木完整根系，并带少量宿土。

10.3 苗木分级

起苗后要根据苗木的规格和质量进行分级，不同等级苗木要分级堆放和标记。

表1 小叶蚊母扦插苗等级质量控制表

苗木等级	规格要求		质量要求		
	苗高(cm)	地径(mm)	苗龄(月)	根系	其他
Ⅰ级	20～25	5～7	9～13	完整、发达	生长正常、枝叶完整、无破损
Ⅱ级	15～19.9 或>25	3～4.9 或>7	<9或>13	完整、发达	生长正常、枝叶完整、无破损

10.4 苗木包装

(1)小件包装：边起苗边按每扎50株或100株扎成捆，然后按捆用塑料袋或其他包装袋包扎根部，按等级堆放。

(2)大件包装：用硬质纸箱包装，一箱内只能放一个等级的苗木。每箱封面需配挂苗木标签。

苗 木 标 签		
树树种(品种):	产　　地:	数　　量:
苗苗龄:	苗木种类:	起苗日期:
生生产证号:	经营证号:	检疫编号:
质质量等级:	质检员:	签发时间:
签签发单位(盖章):	经营单位(盖章):	

10.5　苗木运输

(1)苗木运往生产地以外的其他县(市、区),需按批次持有生产地植物检疫机构开具的植物检疫证,并随苗木交给购苗单位。

(2)可根据苗木数量选择运输工具和方式,在运输过程中必须采取保湿、降温和通风措施,严防日晒、挤压和运输时间过长。

11　交货验收

11.1　验收地点

产地或销地。

11.2　验收内容

11.2.1　规格验收

检查标注等级与苗木所达到的等级是否相符。

11.2.2　数量验收

随机抽取大件数的5%核查每箱内的苗木捆数,又从中每箱抽取3~5捆检查每捆的苗木株数。

11.2.3　质量验收

苗木质量检验包括对苗木根、径、干、顶芽和木质化程度的检验,按下表要求进行随机抽样。

表2　小叶蚊母扦插苗抽查数量表

苗木数量(株)	检验株数
500~1000	50
1000~10000	100
10000~50000	250
50000~100000	350
100000~500000	500
500000以上	750

朱砂根
籽播容器苗生产技术规程

（丽水市绘景园林发展有限公司企业标准 Q/LSHJ03-2008）

（2008 年 12 月 8 日发布，2008 年 12 月 15 日实施）

前　言

为规范朱砂根的苗木生产，确保朱砂根籽播容器苗的质量，特制定本生产技术规程标准。

本标准由丽水市绘景园林发展有限公司提出。

本标准起草单位：丽水市绘景园林发展有限公司、丽水市林业科学研究所。

本标准主要起草人：练发良、雷珍、汤兆成。

本标准属首次发布。

朱砂根籽播容器育苗生产技术规程

1　范围

本标准规定了朱砂根籽播容器育苗生产的术语和定义、生产环境、设施建设、种子准备、播种、幼苗期管理、容器更换、成苗期管理、苗木出圃、交货验收等。

本标准适用于朱砂根籽播容器育苗栽培。

2　规范性引用文件

下列文件中的条款通过本标准的引用而成为本标准的条款。凡是注日期的引用文件，其随后所有的修改单(不包括勘误的内容)或修订版均不适用于本标准，然而，鼓励根据本标准达成协议的各方研究是否可使用这些文件的最新版本。凡是不注日期的引用文件，其最新版本适用于本标准。

GB3095-96　　环境空气质量标准
GB5084-2005　　农田灌溉水质量标准
GB15618-95　　土壤环境质量标准
GB4285-89　　农药安全使用标准
GB/T17419-98　　含氨基酸叶面肥料
GB/T17420-98　　含微量元素叶面肥料
NY/T394-2000　　肥料使用准则

3　术语和定义

下列术语和定义适用于本标准。

3.1　籽播苗

用种子萌发培育而成的苗木。

3.2　种子催芽

以一定的方式对种子进行处理，提高其发芽势，促进种子发芽的过程。

3.3　幼苗期

指种子出苗后至更换育苗容器之前的这一段苗期。

3.4 成苗期

指苗木更换到更大的育苗容器后的育苗阶段。

4 生产环境

4.1 生产地选择

生产场地宜选择在交通便利、地势平坦、排水条件好、水源方便，夏季防风有利于降温、冬季有利于防寒保温的地方。

4.2 土壤条件

符合 GB15618-95 的标准。

4.3 水质条件

符合 GB5084-2005 的标准。

4.4 空气质量

符合 GB3095 的标准。

5 设施建设

5.1 荫棚建造

应在生产地搭设荫棚，荫棚类型可用连栋大棚、单体钢架大棚。大棚走向与主道垂直并有利于通风换气。遮荫网选用遮荫度 90% 的遮荫网单层遮荫，或用遮荫度 60% 左右的遮荫网夏季双层遮荫、其他季节单层遮荫。

5.2 排水设施

中小型基地采用两级排水沟排水，棚内利用床间操作道作为一级排水通道，基地四周设置宽 50 ~ 80cm、深 35 ~ 60cm 的二级排水通道。

5.3 灌水设施

配设有效的供水管网，并与有效水源相衔接，最好在棚内安装喷灌系统。

5.4 建床

床面平实、床体均衡、床缘牢固，在保证排水前提下，床高一般 10 ~ 20cm，床宽 100 ~ 120cm，操作道宽 35 ~ 45cm。

6 种子准备

6.1 种子采集

宜在 11 ~ 12 月种子充分成熟时选择健壮、无病虫害母株采集。

6.2 种子处理

采集后的种子在室内堆数天，待果皮充分软化后，捣碎果皮，放入清水中漂洗，去除果皮杂质，薄薄摊在室内空地上阴晒1~2天。

6.3 种子贮藏

处理后不马上用于播种的种子必须进行贮藏，贮藏方法可选用湿沙层积法。贮藏期不宜过长，宜在种子萌芽前用于播种。

6.4 净种

种子贮藏后催芽前应用清水净种，以去除种子表面的沙粒和杂质，同时去除浮在水面的种子，保证播种种子的质量。

6.5 种子催芽

将种子用20~30℃温水浸种40~50h后捞出，置于湿砂中，砂的湿度保持在捏紧松手后不散亦无滴水状，采用保温措施，使种子温度保持在25℃左右。

7 播种

7.1 播种方式

宜采用育苗容器直接点播。

7.2 播种时间

宜在2~4月。

7.3 容器选择

选用育苗穴盘、小型营养钵和育苗杯。育苗穴盘一般可选用32孔、50孔、孔等规格。育苗杯或营养钵选用6.5cm×6.5cm、8cm×8cm等规格。

7.4 基质配比

基质配比为3份泥炭，1份珍珠岩，此外可在混合物中添加粉碎的石灰石、过磷酸钙、硝酸钾和微量元素等营养性物质或少量缓释肥。

7.5 播种深度

2~3cm。

8 幼苗期管理

幼苗期管理主要包括水分管理、养分管理和病虫害防治。

8.1 水分管理

幼苗初期要少喷水，苗木大且气温高，在少雨时段需根据苗木及基质水分状况适时浇水；在夏季高温晴天，一般每2~3天喷一次，秋季晴日，每4~6天喷一次；冬季可15天喷一次。

8.2 养分管理

从幼苗有2~3张真叶开始，采用基质补肥和根外施肥，基质补肥选用全素营养复合肥撒施基质表面，宜少量多次，根外追肥可用 0.1% 尿素 +0.1% KH_2PO_4 结合病虫害防治进行。

8.3 病虫害防治

主要对象是茎腐病、食叶蛾类、蜗牛。

茎腐病有效药物可选择适乐时；食叶蛾类有效药物为20% 灭幼脲3 号，或苦参碱水剂。蜗牛喷有效药剂克蜗净。

9 容器更换

72 孔育苗盆育苗，8 ~9 月换盆，用50 孔、32 孔穴盘育苗，10 ~11 月换盆。用5cm ×5cm、6cm ×6cm 育苗杯育苗，一般以播种次年的3 月份换盆。

换盆容器宜选用10cm ×10cm ~16cm ×16cm 营养钵，具体规格与苗木大小、产品要求等有关。

10 成苗期管理

换盆后即进入新的管养阶段，主要任务有防冻越冬管理、水分管理、养分管理、株形控制、病虫害防治。

10.1 防冻越冬管理

越冬防冻是朱砂根生产管理的重要环节，在冬季低温来临前必须采取防冻措施，方法主要采用塑料薄膜覆盖。遇较冷的霜冻晴天天气，白天最好开口调温调湿，以减少昼夜温差。

10.2 水分管理

根据不同生长季节、不同气候进行，基本上盆土见干见湿，夏季高温干旱期，避开中午高温时节喷水，浇水频度可参照苗期进行。

10.3 养分管理

原则是薄肥多施，4 ~8 月，每月一次肥料，肥料种类以全素复合肥为好，8 月下旬停止施肥。

10.4 株形控制

利用多效唑等植物生长调节剂控制朱砂根的高生长，促进分枝，形成紧密树冠。可在第二次抽梢前用15% 可湿性粉剂700 ~1500 倍液喷洒。

10.5 病虫害防治

病虫害防治参照技术规程8.3 进行。

11 苗木出圃

11.1 出圃准备

苗木出圃前应对在圃苗木进行调查，将准备出圃的苗木的规格、数量和质量加以统计，以便按计划出圃。

11.2 产品分级

根据朱砂根籽播容器苗高度、冠幅和侧枝数，进行产品分级，标准如表1。

表1 朱砂根籽播容器苗质量等级分级表

容器规格（cm×cm）	一级苗			二级苗		
	冠幅	高度	侧枝数	冠幅	高度	侧枝数
10×10～12×12	≥20	20～30	≥5	<20	<20或>30	<5
14×14～16×16	≥25	20～30	≥6	<25	<20或>30	<6

11.3 苗木出圃

出圃苗木应设专人检查，做到四不出圃，即：品种不对、规格不符、质量不合格、有检疫对象不出圃。

11.4 苗木装运

(a)苗木运往生产地以外的其他县(市、区)，需按批次持有生产地植物检疫机构开具的植物检疫证，并随苗木交给购苗单位。

(b)苗木出圃应带育苗容器一起装运，装车时应将苗木横放，运输工具最好选择箱式运输车起苗后分级，作等级标记。

12 交货验收

12.1 验收地点

产地或销地。

12.2 验收内容

12.2.1 规格验收

检查苗木等级是否与要求相符。

12.2.2 质量验收

检查苗木质量是否与要求相符。

12.3 验收方法

采用随机抽检的方法，抽检强度如下表标准执行。

表 2　朱砂根籽播容器苗抽检强度表

苗木数量(株)	检验株数
500 ~ 1000	50
1000 ~ 10000	100
10000 ~ 50000	250
50000 ~ 100000	350
100000 ~ 500000	500
500000 以上	750

参考文献

1. 丁炳扬,陈根荣,程秋波 等. 2000. 浙江凤阳山自然保护区种子植物区系的统计分析[J]. 云南植物研究, 22(1):27 – 37.

2. 中国科学院中国植物志编写委员会. 2004. 中国植物志[M]. 北京. 科学技术出版社.

3. 尹擎, 但国丽, 吕元林 等. 2001. 昆明园林绿化乡土植物选择初探[J]. 云南大学学报, 23(植物学专辑): 52 – 56.

4. 王玉生. 1995. 地被植物用作园林的新趋势[J]. 乌鲁木齐园林, (2): 10 – 14.

5. 王昌腾,林云跃. 2006. 丽水乡土地被植物资源及在园林中的选用[J]. 安徽农业科学, 34(4):653 – 654.

6. 王莲英,秦魁杰 等. 1990. 花卉学[M]北京:中国林业出版社.

7. 冯学华,林爵平. 2001 . 南岭国家自然保护区野生观赏植物资源调查[J]. 林业科技开发, (3): 32 – 34.

8. 伍世平,王君健,于志熙. 1994. 10 种草坪和地被植物的耐荫性研究[J]. 武汉植物学研究, 12(4):360 – 364.

9. 刘云, 张萍, 肖宜安 等. 2006. 蚕用桑不同品种叶表皮形态和结构的比较研究[J]. 广西植物, 26 (2): 125.

10. 刘建秀,周久亚 等. 2001. 草坪、地被植物、观赏草[M]. 南京:东南大学出版社.

11. 孙磊,章铁,李宏开 等. 2006. 柿树光合速率日变化及其影响因子的研究[J]. 北方果树, (2):4 – 6.

12. 朱万泽,王金锡,薛建辉 等. 2001. 四川桤木光合生理特性研究[J]. 西南林学院学 报, 12,196 – 204.

13. 张希明,斯蒂堪 W,龙格 M. 1993. 自然条件下幼龄欧洲山毛榉的光合速率与气候因子的关系[J]. 植物学报, 35(8):611 – 618.

14. 张玲慧, 夏宜平. 2003. 地被植物在园林中的应用及研究现状[J]. 中国园林, (09).

15. 张振贤,艾希珍,邹琦 等. 2000. 生姜光合效率日变化的研究[J]. 园艺学报, 27(2): 107 – 111.

16. 李根有,楼炉焕,吕正水 等. 1994. 泰顺县乡土观赏植物资源[J]. 浙江林学院学报, 11(4):402 – 418.

17. 李辉; 赵卫智. 1998. 北京 5 种草坪地被植物生态效益的研究[J]. 中国园林,(4).

18. 李德全,赵世杰,高辉远. 1999. 植物生理学[M]. 北京:中国农业科技出版社.

19. 杨江山,常永义,种培芳. 2005. 3 个樱桃品种光合特性比较研究[J]. 园艺学报, 32(5), 773 – 777.

20. 邱新军,陈孝泉,王淑芬. 1990. 冬杜鹃新品种“雪中笑”与双亲关系的探讨[J]. 园艺学报, 11(2):145 – 148.

21. 陈曦,周忠泽,阮龙. 2003. 不同烟草品种下表皮微形态学特征的研究[J]. 西北植物学报, 23(3):374.

22. 陈有民. 1988. 园林树木学[M]. 北京:中国林业出版社.

23. 陈兵红,王昌腾 等. 2004. 浙江丽水生态示范区野生观赏植物资源多样性及持续利用对策[J]. 林业调查规划, 22(5):156-158.

24. 陈启银, 陈俊福. 1994 . 江苏乡土地被植物的选择和应用[J]. 南京师大学报: 自然科学版, 17 (2):64-78.

25. 周家琪, 吴涤新. 1982. 秦岭南坡火地塘等地区野生花卉和地被植物种质资源调查初报[J]. 北京林学院学报, 4 (2):78-92.

26. 郑万钧 等. 1985. 中国树木志[M]. 北京. 中国林业出版社.

27. 段新玲, 段黄金, 任东岁 等. 2000. 塔里木河流域野生观赏地被植物资源[J] . 西北农业大学学报, 9 (4):96-97.

28. 赵溪竹,姜海凤,毛子军. 2007. 长白落叶松、日本落叶松和兴安落叶松幼苗光合作用特性比较研究[J]. 植物研究, 27(3):361-366.

29. 赵锡惟. 2000. 园林地被植物的应用与发展[A],中国花卉科技二十年(1978-1998)[C]. 北京:科学出版社.

30. 赵遵田, 贾泽峰, 赵洪东 等. 2001 . 济南市常见绿化地被植物研究[J] . 山东科学, 14 (1) :20-25.

31. 夏宜平,顾颖振. 2006. 园林地被植物呼唤理性回归[J]. 中国花卉园艺,(23):29.

32. 徐斌芬,王国明,陈斌 等. 2007. 舟山新木姜子和普陀樟容器育苗试验[J]. 林业科技开发, (5):71-73.

33. 浙江植物志编委会. 1993. 浙江植物志[M]. 杭州:浙江科学技术出版社.

34. 高小辉. 2001. 浙西南野生观赏树木资源多样性[J]. 浙江林学院学报, 18(4):389-391.

35. 高聚林,赵涛,王志刚 等. 2007. 高丹草水分利用效率与叶片生理特性的关系[J]. 作物学报, 33(3):455-460.

36. 梅笑漫,刘鹏. 2002. 浙江丽水白云山野生观赏植物资源研究[J]. 亚热带植物科学, 31 (2):35-39.

37. 黄苏珍,顾姻,善安. 1997. 鸢尾属(*Iris*)植物的杂交育种[J]. 植物资源与环境学报, 7 (1):35-36.

38. 曾小平,赵平,蔡锡安 等. 2006. 25 种南亚热带植物耐阴性的初步研究[J]. 北京林业大学学报, 28(4):88-95.

39. 程金水. 2000. 园林植物育种学[M] . 北京: 中国林业出版社.

40. 楼炉焕,金水虎. 2000. 浙江古田山自然保护区种子植物区分析[J]. 北京林业大学学报, 22(5):33-39.

41. 谭继清, 李清明, 王世宇. 1988. 重庆原林地被植物资源及其利用调查报告[J]. 生态学杂志, 7 (3):18-20,24.

42. 潘瑞炽. 2001. 植物生理学[M]. 北京:高等教育出版社,94-95.

43. 缴丽莉,路丙社,白志英 等. 2006. 四种园林树木抗寒性的比较分析[J]. 园艺学报,(3):210 - 213.

44. 瞿辉. 2008. 观赏苗木容器育苗技术综述[J]. 江苏林业科技. (2):50 - 53.

45. Arisumi K J. 1992. Breeding for Heat Resistant Rhododendron(v.) Cross 2 Compatibiliy and Evaluation of Breeding Materials in Section [R]. Rhododendron of Subgenus of the Faculty of Kagoshima Unversity, 28.

46. Culter D F. Leaf Surface Studies in Aloe and Haworthia Species (Liliaceae):Taxonomic Implications-Trop[J]. Suntrop. Pflanzenwelt(Acad. Wiss. Lit. Mainz),28:449 - 471.

47. David S. 1997. Mackenzie Perennial Ground Covers [M]. Timbcr Press Portland.

48. Dexter S T, Tottingham W. E, Crebe L. F. 1930. Preliminary Results in Measu-reing the Hardiness of Plants[J]. Plants Physiology, (5): 215 - 223.

49. Dikey R D. 1971. Select Ground Covers for Reda Homes BuUetlon[R]. Florida A Cuhme Experiment Stations, 41.

50. Dymovao O V, Golovka T K. 1988. Light Adaptation of Pphotosythetic Apparatus in Ajuga Reptans a Shade-Tolevant Plant as an Example[J]. Russ Plant Physil, 45(4):440 - 446.

51. Flemer W. 1977. Choosing Attrative Ground Covers to Reduce Maintenance Costs[J]. Am Nurseryman, 10:7 - 8.

52. Fortgens G, Hofman Mha. 1992. Thymus Investigation of the Range[J]. Dendroflora, 29: 19 - 33.

53. Francios L E. 1980. Saltinjuryto Ornament al Shurbs and Ground Covers Homeand Garden[J]. Home Bull, 231:10.

54. Fu W G, Li P P, Bian X M, Wu Y Y, Cao Q Y. 2006. Diurnal Photosynthetic Changes of Phragmites Communisin the Wetland Lying in Beigushan Mountain of Zhengjianprefecture[J]. Acta Bot. Boreal. - Occident. Sin., 26(3):496 - 501.

55. Graham D F, Farquhar. 2001. Moddls of Photosynthesis[J]. Plant Physiology.

56. Percy D G. 1985. Cost Cutting Canopies [J] . Gcand HTJ, 197 (4) : 25 - 27.

57. Powell R H. 1973. Ground Covers for Australia [J] . Seed and Nursery Trader, 71: 167 - 186.

58. Rajashekar C. 1979. Membrerance Structural Transitions: Probable Relation to Frost Damage in Hardy Herbaceous Species, Low Temperature Stress in Crop Plants[C]. Academic Press.

59. Sire Y G, Han Y. 1998. Efec of Shadeing Lreentan Ground vering native Cover Plants[J]. Jagro Environ Sel, 40(2):118 - 125.

60. Spruyt J. 1982. Herbaceous Plants tls Ground Cover[J]. Lierbondsnleuws Voorde Belgische Sierteett, 26(5):185 - 187.

61. Sukumaran N P. 1972. An Excise Leaflet Test for Evaluating Potato Frost Tolerance[J]. Hortisci, (7): 467 - 468.

62. Sulgrove S M. 1987. Six Hardey Ground Covci from the Ameria Ivy Scoitey[J]. Am Nursery-

man, (1):116 – 129.

63. Uosukaimen. M J . 1998. Breeding of Frost Hardy Rhododendrons [J]. Agric Sci Finland , 60 (4): 235 – 254.